喀斯特地区农业旱灾机理与抗旱减灾管理

——以贵州省为例

徐建新　商崇菊　王小东　黄　鑫　杨　静　著

科学出版社

北京

内 容 简 介

本书是在水利部公益性行业科研专项项目（201301039）"变化环境下贵州旱灾形成机理及管理信息系统"支撑下完成的，基于自然地理、气象、水文要素、人类活动等进行贵州旱灾孕灾环境主要影响因子识别，对贵州旱灾风险进行审视、判断，以 SPEI 作为研究区干旱指标识别方法的分析结果与史料进行了一致性探讨，提出了基于趋势分析的非一致性旱灾损失频率分析方法。以旱灾风险管理为切入点，基于信息扩散理论，开展了贵州干旱灾害风险评估，建立了干旱灾害风险指数和作物产量相关模型；基于作物缺水率建立的改进多元集对模糊干旱灾害预测、预警模型不仅适用于作物生育期以及年尺度的预测，且弥补了气象干旱分析不考虑水利工程抗旱效益的弊端。同时，本书构建的贵州省干旱灾害风险管理框架，对于完善区域干旱灾害风险管理体系具有重要参考价值；开发的贵州旱灾综合管理信息系统，实现了贵州旱灾综合智能化管理，为贵州旱灾管理实现由被动抗旱向主动抗旱转变提供科技支撑。

本书主要面向水利、农业、气象等单位从事防灾减灾及相关工作的研究人员和其他专业技术人员。

图书在版编目（CIP）数据

喀斯特地区农业旱灾机理与抗旱减灾管理：以贵州省为例/徐建新等著. —北京：科学出版社，2017.6
ISBN 978-7-03-052901-5

I. ①喀… II. ①徐… III. ①农业–抗旱–研究–贵州 IV. ①S423

中国版本图书馆 CIP 数据核字(2017)第 116430 号

责任编辑：万 峰 朱海燕 / 责任校对：张小霞
责任印制：肖 兴 / 封面设计：北京图阅盛世文化传媒有限公司

科 学 出 版 社 出版
北京东黄城根北街 16 号
邮政编码：100717
http://www.sciencep.com

天津市新科印刷有限公司 印刷
科学出版社发行　各地新华书店经销

*

2017 年 6 月第 一 版　开本：787×1092　1/16
2017 年 6 月第一次印刷　印张：19
字数：450 000
定价：**169.00 元**
(如有印装质量问题，我社负责调换)

编 辑 委 员 会

前　　言

　　旱灾是世界上影响面积最广，造成农业损失最大的自然灾害类型之一。近几十年来旱灾的影响愈加严重，其造成的损失显著增加，除直接导致农业减产、食物短缺外，持续旱灾还导致部分地区土地资源退化、农业资源耗竭、生态环境破坏等，成为制约经济社会可持续发展的瓶颈。从旱灾表现形式看，显性旱灾频次递增伴随隐性干旱隐患加大。偏离旱灾形成机理的传统抗旱模式，在获得短期农业产量的同时，也导致了农业系统的干旱累积，诱发一系列水文、地质和环境灾害，破坏了资源利用的代际平衡，制约了生态与社会和谐发展。

　　贵州地处我国西南，境内喀斯特充分发育，地貌以山地和丘陵为主，是全国唯一没有平原支撑且喀斯特山地环境典型的内陆高原山区省份。特殊的地形地貌特点导致区内干旱灾害频繁发生，因旱社会经济损失愈趋严重。近年典型的旱灾有 2009~2010 年连年旱、2011 年夏秋连季旱、2013 年夏旱，其伴生灾变链式演化对旱区社会经济发展产生了直接或间接深度影响。

　　本书是在水利部公益性行业科研专项项目（201301039）"变化环境下贵州旱灾形成机理及管理信息系统"支撑下完成，基于贵州旱灾孕灾环境，分析了贵州旱灾灾变规律与致灾机理，开展了贵州农业干旱风险评估与区划、旱灾预测预警、旱灾管理体系等方面的分析研究，并开发了贵州旱灾综合管理信息系统。

　　（1）贵州干旱灾害的主要变化环境因子。从气象角度分析了主要气象要素变化的 Hurst 现象和变化周期、降水量持续性和反持续性以及蒸发量演变态势；从水文角度分析了研究区不同时间尺度的径流量变化规律；从气候、水文和人类活动等角度对研究区水资源变化情况进行了定量化研究，探索了水文径流要素变化的主要影响因素及相应的影响程度。

　　（2）贵州旱灾灾变规律及致灾机理。以 SPEI 作为研究区干旱指标识别方法的分析结果与历史记载的一致性进行了探讨，以成灾率为指标，对研究区旱灾时空分布规律、演变态势、抗旱防御重点区域等进行了深入研究，得出了 SPEI 与降水量、相对湿度以及日照时数显著相关的结论；提出了基于趋势分析的非一致性旱灾损失频率分析方法，结果表明，贵州频率低的极端旱灾成灾率呈现降低趋势，频率高的旱灾成灾率呈现增加趋势。同时，贵州社会防御旱灾、应急抗旱水平总体相对较低；干旱发生时间、持续时间是贵州干旱致灾的核心因素，就农业影响而言，孕灾环境和抗旱能力是使成灾结果扩大或缩小的因素，而非干旱致灾的决定性因素。

　　（3）贵州干旱灾害风险评估。基于信息扩散理论的风险评估结果表明，随着贵州省各市（州）旱灾成灾程度增加，成灾风险概率值总体上呈现下降势态。农业干旱灾害风险区划成果表明：风险较高的区域为北部的遵义一带和西部的毕节一带，风险较低的为中部的贵阳、黔南和黔东南一带及铜仁和黔东南东部小部分区域。从致灾因子危险性、承灾体暴露性和脆弱性以及抗旱减灾能力角度出发，对典型区年尺度的干旱灾害风险进行分析，并通过各典型区旱灾风险指数与因旱粮食损失、综合减产系数的相关分析，建立旱灾风险指数与因旱粮食损失、综合减产系数的联系；同时，以玉米、小麦作为典型区干旱风险评估研究对象，对其不同生育阶段干旱灾害风险的时间和空间分布情况进行分析，并将得到的干旱灾害风险指数和玉米、小麦的产量波动情况进行了相关性分析，建立了干旱灾害风险指数和产量的联系。

（4）贵州典型区干旱灾害预测。基于作物缺水率建立的改进多元集对模糊干旱灾害预测、预警模型不仅适用于作物生育期和年尺度的预测，还能体现出水利工程在贵州抗旱减灾中发挥的巨大作用。实时动态修正的农业旱情旱灾预测模型能够与天气预测、土壤含水率监测和灌溉管理等相结合，可以准确地对农作物旱情及旱灾损失进行动态预测，尤其适用于以县级行政区划为评价区、以乡镇为单元的小区域尺度上的旱情旱灾预测与抗旱管理决策。

（5）贵州干旱风险管理体系。构建贵州省干旱灾害风险管理框架，提出了适合贵州的抗旱措施，完善了贵州干旱灾害风险管理体系。

（6）贵州旱灾综合管理信息系统开发。基于 MicroSoft Visual Stutio 2010 可视化开发平台，采用嵌入 ArcGIS Engine 二次开发组件，实现了对贵州旱灾数据的管理与分析，能够完成旱灾基础数据的载入、旱灾区划、旱灾预测、旱灾风险评估和干旱预警等多个功能，并能够将分析结果以图形、图表的形式进行表达并按指定格式输出，实现贵州旱灾综合智能化管理，为贵州旱灾管理实现由被动抗旱向主动抗旱转变提供科技支撑。

参与本书撰写的人员有：徐建新、商崇菊、王小东、黄鑫、杨静、张泽中、雷宏军、樊华、郝志斌、李彦彬、慎东方等。本书共计 45 万字，其中徐建新 2 万余字，商崇菊 12.2 余万字，王晓东 6 万余字，黄鑫 7.3 万余字，杨静约 2 万字，张泽中约 2.5 万字，雷宏军约 2 万字，樊华 2.2 万字，慎东方 0.6 万字，黄丽约 2 万字，贵州省水利水电勘测设计研究院郝志斌约 4.2 万字，其余人员约 2 万字。

在本书编写过程中，编委会成员通力合作，从野外实地调查到成果形成，进行了大量的资料分析工作。书稿撰写期间，得到了贵州省气象、农委、国土等多部门的专家不吝指导，并得到贵州省兴仁县水务局、湄潭县水务局和修文县水务局等单位的大力配合，同时书中参阅了大量文献，借此机会，著者向所有智库、文献贡献者表示衷心感谢！科学出版社对本书的出版给予了大力支持，编辑为此付出了辛勤劳动，在此表示诚挚谢意！

限于编者水平有限，书中难免存在诸多不足之处，敬请读者不吝赐教！

2016 年 6 月 25 日

目　　录

1 绪 论

1.1 研 究 背 景

干旱是世界上最严重的自然灾害之一，也是联合国政府间气候变化专门委员会（IPCC）所关注的热点之一，它具有出现频率高、持续时间长、波及范围广等特点，而旱灾，尤其是周期性爆发的特大旱灾，往往并不是一种孤立的现象，而是和其他各类重大灾害一样，会引发蝗灾、瘟疫等各种次生灾害，形成灾变链式演化，也可能与其他灾害如地震、洪水、寒潮等同时或相继出现，形成大水、大寒、大风、大震、大疫等自然灾害交织群发，进一步加重对人类社会的影响。已列入"世界 100 灾难排行榜"的 1199年年初的埃及大饥荒、1896 年的印度大饥荒和 1876 年的中国大饥荒都是因为干旱缺水造成的，千百万人死于非命。20 世纪内，全世界发生的"十大灾害"中，洪灾榜上无名，地震有 3 次，台风和风暴潮各一次，而旱灾却以 5 次高居首位，其中 1920 年中国北方大旱、1928~1929 年中国陕西大旱、1943 年中国广东大旱等名列其中，且均发生在新中国成立前。新中国成立后发生过 1959~1961 年的"三年自然灾害时期"、1978~1983 年的全国连续 6 年大旱两次规模较大历时较长的旱灾，并被纳入近 50 年来我国"十大灾害"之列。回顾生物进化和人类文明的历史长河，干旱不仅导致恐龙灭绝，使生物界几度濒临毁灭，也曾使人类文明的发展遭受过许多挫折。

我国大陆东濒太平洋，西部耸立号称"世界屋脊"的青藏高原，大部分地区属于亚洲季风气候区，大气系统受海陆分布、地形等因素影响，气象要素时空分布严重不均。在时间分布上，大部分地区年内降水 60%~80%集中在 5~9 月的汛期，甚至年径流由几次或一次降水形成，地表径流年际丰枯变化一般相差 2~6 倍，最大达 10 倍以上，且往往出现连续枯水年段，天然来水过程与用水需水过程不相匹配；在空间分布上，水资源分布格局也与经济社会发展格局不匹配。特殊的自然地理和气候条件，决定了我国干旱频发且不可能从根本上消除。

根据历史旱灾资料，自公元前 206 年至公元 1949 年共 2155 年中，共发生旱灾 1056次，平均两年发生一次。1950~2010 年共 61 年间，全国发生严重、特大旱灾的年份为24 年，发生频次为 41.2%，其中，1990~2012 年发生严重、特大旱灾的年份为 11 年，发生频次为 47.8%，旱灾发生频次高，且呈现明显增长趋势。20 世纪 50 年代每年的因旱受灾面积达 1133 万 hm² （1.7 亿亩[①]），因旱粮食减产率为 2.5%；20 世纪 90 年代达到2733 万 hm²（4.1 亿亩），因旱粮食减产率则达 4.7%。特别是 20 世纪 90 年代以来，随着人口增长和城镇化发展进程的加快，区域经济社会和生态环境对旱灾的敏感性增强，

[①]1 亩≈666.67m²。

耐受性逐渐降低，极大加剧了旱灾损失和影响。旱灾影响范围已经由原来的农业为主扩展到城乡生活、工业、生态等领域，其发生频率急剧增加，对社会经济及生态环境的影响也愈发严重。

当前和今后一段时期，是我国全面建设小康社会的关键时期。为了保持经济平稳较快发展，保障和改善民生，推进农业现代化，促进区域协调发展，积极应对气候变化等国家重大战略对抗旱减灾工作提出的更高要求，我国抗旱减灾面临着严峻形势，任重道远。

贵州省位于中国西南喀斯特地区的腹心地带，喀斯特出露面积达 10.9km^2，占全省土地总面积的 61.9%，区内生态环境极其脆弱，"工程性"缺水问题突出，干旱灾害是从古至今最主要的自然灾害之一，素有"年年有旱情，三年一小旱，五年一中旱，十年一大旱"之称，且旱灾有明显的阶段性与连续性、区域性与插花型、严重的灾害性以及相对可控性等特点。近年来旱灾发生频率及其对社会经济的影响显著加大，近年典型的事件有 2009 年的秋旱、2009~2010 年的连年特大干旱、2011 年和 2013 年的夏秋连季旱等。随着社会经济发展和人口持续增加，预计未来贵州易旱地区将继续扩大，旱灾发生频率将进一步加剧，因灾社会经济损失也随之持续上升。

近 10 年来，频发的干旱灾害对社会经济造成了显著影响，旱情、旱灾的社会关注度迅速增加。但与其他自然灾害相比，旱灾的发生、发展和演变过程更为复杂，且因旱损失都是非结构性损失，难以定量评估。另一方面，当前重汛轻旱观念依然严重，既成规范标准及其他相关技术文件仍然以防洪减灾较多，旱情旱灾较少，不能满足抗旱减灾实际需求。目前，旱情监测、旱情预测、旱灾评估、旱灾管理等研究尚处于起步阶段，旱灾形成机理尚未进行深入研究，同时，旱灾风险管理作为一种应对和减轻未来旱灾损失的重要手段，对于实现从被动抗旱到主动防旱的转变具有重要意义，是未来开展科学抗旱减灾工作的必由之路，而旱灾综合信息管理在贵州几乎空白。因此，开展变化环境下贵州旱灾形成机理研究及综合信息管理研究，对于提升贵州抗旱减灾工作水平具有重要意义。

1.2　研　究　现　状

1.2.1　干旱与旱灾的变化环境

1.2.1.1　气候变化

近百年来，中国乃至全球的气候正经历一场以变暖为主要特征的显著变化，它对我国甚至全世界的生态系统和社会经济产生并将持续产生重大的影响，而全球气候变化是目前国际社会普遍关注的重大全球性问题，它不仅会对全球环境和生态产生重大影响，而且还涉及人类社会的生产、消费和生活方式等社会经济的诸多领域。

中国降水变化研究领域取得了重要的成果。近 100 年来，我国的年降水量总体变化趋势不明显，但年际与年代际振荡特征显著，20 世纪 30~40 年代和 80~90 年代降水偏多，其他年代降水偏少。同时，年降水量变化存在着明显的区域差异，近 50 年来华北、东北东部和南部、西北东部等区域的年降水量出现了显著的下降态势，而长江下游、江淮地区、华南和西北地区大部的降水量却明显增多。丁一汇等（2007）用各种代用资料研究了西部的降水情况。陈隆勋（1998）、翟盘茂（2003）和潘晓华（2003）等对近 40~50 年的中国降水研究表明，全国年降水量呈总体减少趋势，但西部降水量增长趋势明显，其中西北最明显，而西南局部地区有减少趋势；同时，冬季降水普遍增多，秋季大部分地区降水趋于减少。卢爱刚（2009）对中国半个世纪降水区域变化的稳定性进行了研究。徐利岗等（2008）对我国北方荒漠化地区降水在时间、空间上的变化趋势进行了分析。向辽元等（2007）分析了近 55 年中国大陆地区降水突变的区域特征。宁亮和钱永甫（2008）对我国全年和各个季节的总降水量和各级降水的线性趋势进行分析，并对两种不同的极端降水定义方法所得的变化趋势进行了比较，发现全年总降水量在西北、长江中下游和华南地区具有明显的增加趋势，而在华北和四川盆地区具有明显的减少趋势。王小玲和翟盘茂（2008）指出我国 8 个区域年降水量、年降水频率和平均降水强度均存在明显的区域变化特征。曲迎乐等（2008）分析了我国东、西部气温和降水变化趋势的异同，并讨论了其可能原因，结果表明：我国东、西部地区年、季平均气温变化有较好的一致性，降水变化则有一定差异。近 50 年来，我国东、西部年平均气温均呈升温趋势，降水从 20 世纪 50 年代开始减少，至 20 世纪 90 年代又增加。东部年平均气温的上升趋势大于西部，降水受大气环流影响较大。房巧敏等（2007）研究中国近 46 年来冬半年日降水变化特征发现：中国总体冬半年降水总量、日降水强度以及强降水日数都有不同程度的增加趋势；西北地区的变化相对显著，其平均降水量、降水日数及日降水强度都呈增加趋势，特别是 20 世纪 80 年代后期发生跃变；华北和中部地区降水总量趋于减少；南部地区多为增加趋势，其中，东南和华南与冬季风及欧亚遥相关型有显著的负相关关系，而西南地区日降水参数则与温度和北极涛动指数显著相关；东北地区降水指标没有明显的一致趋势。

在全球气候变暖的背景下，不同地区对全球气候变暖的响应各不相同。近年来，很多科学家和学者对我国不同地区的气候变化进行了研究。袁素芬和唐海萍（2008）研究了全球气候变化下黄土高原泾河流域近 40 年的气候变化特征。郭娟和师庆东（2008）分析了近 41 年南疆地区≥10℃积温，平均温度年、季变化倾向和周期性变化特征及对农业生产的影响。李振朝等（2008）分析了黄土高原地区气温和降水的地理分布特征和气候变化特征。孙卫国等（2009）分析了黄河源区实测径流量与区域降水量、蒸发量，以及最高、最低气温之间的时频域统计特征，讨论了黄河源区径流与区域气候变化之间的多时间尺度相关。田红（2007）研究了江淮地区极端气候事件的空间结构及年代际变化特征。赵少华等（2007）模拟分析了 1966~1999 年共 34 年时间序列上河北平原的蒸散、降水和气温等气候变化。王鹏祥等（2007）分析了近 44 年中国西北地区地面气候变化基本特征。汪青春等（2007）分析了青海高原近 44 年来的气温、降水量变化特征。马振锋等（2006）对西南地区近 40 年来气候的年际和年代际变化特征进行了分析。魏芳芳（2012）利用国家气象中心提供的东北地区近 50 年的逐日气温、降水和日照时数的数据资料，分别运用线性回归法、小波分析法和 Mann-Kendall 法（下称 M-K 法）对东北地区的气温、降水及日照时数等气候敏感性因子进行了趋势、周期分析和突变检测，此外，还对积温、干湿等气候资源进行了分析研究。

对于西南地区气候变化研究，许多学者也从多个方面进行了探讨及分析。冯新灵等（2008）利用青藏高原 1953~2002 年 77 个气象台站的常规地面观测资料，选择不同类型变化趋势的部分台站，选取年平均气温、年平均最低气温、年平均最高气温、年极端最低气温、年极端最高气温等气候要素，运用 R/S 分析法研究并预测了青藏高原未来冷暖气候变化趋势，研究表明：青藏高原未来冷暖气候变化趋势与过去 50 年以来的变化有着很好的自相似性。今后一段时间，青藏高原总体将继续变暖，用分形理论的原理，设计了一种 Hurst 指数试验，对青藏高原北部和南部的年平均气温、年平均最低气温进行了试验研究，结果表明：依据青藏高原北部和南部的区域平均气候倾向率，未来 10 年，年平均气温、年平均最低气温、年平均最高气温、年极端最低气温、年极端最高气温都将有不同程度的升高，其中，年平均气温、年平均最低气温升高趋势的持续性很强，期间没有转折，没有冷暖变化的突变点。李祚泳和彭荔红（1999）应用变维分形法分析了四川旱、涝的时间分布特性，并将此特性与经典统计分析的时间分布特性进行了灰关联分析比较。结果表明：变维分形法分析旱、涝的时间特性可以揭示两种分析方法之间有内在的联系，具有较普遍的意义。罗隆诚等（2007）根据 1951~2003 年的地面气候资料，应用分形理论的 R/S 方法，对南充近 50 年来平均气温、极端气温、降水量和日照时数进行了分析，结果显示，该地区年平均气温呈下降趋势，且具有较强的持续性，具体表现为秋冬升、春夏降的季节性差异；极端最低气温和极端最高气温均呈升高趋势，且极端最低气温比极端最高气温明显，但持续性都不强；降水量略呈下降趋势，但波动大，趋势不甚明显。李政和苏永秀（2009）以广西 91 个气象站 1961~2004 年的降雨资料为基础，运用 M-K 参数检验法，系统分析了近 44 年来广西降水的时空变化特征，结果表明：1961~2004 年广西年平均降雨总体呈上升趋势，但上升趋势不显著；广西年降水量有 3 个时间突变点，分别是 1967 年、1984 和 1994 年；全区大部分站点年降水日数呈明显下降趋势，夏季和冬季的极端强降水事件呈上升趋势变化；在空间变化方面，年降雨量呈明显上升趋势的有 6 个站点，年降雨日数全区大部分站点呈显著下降的趋势。伍红雨和王谦谦（2003）利用近 49 年（1951~1999 年）贵州省 19 个站和全国 160 个站月降水资料，采用模糊聚类分析、EOF 分析、功率谱分析、合成分析等方法分析了贵州降水气候异常的时空分布特征，结果表明：贵州降水具有显著的年际、年代际变化特征，夏季降水异常存在 2.8 年的显著周期，并与长江、淮河流域夏季降水呈同位相。陈静、吴战平（2008）应用 EOF 方法对贵州省 46 个气象观测站 47 年（1961 年 1 月~2007 年 12 月）的月、季降水量距平场的时空分布变化进行统计分析，结果表明:贵州省降水量场的空间分布主要以全省一致型为主，其中冬季降水量场的空间分布具有大尺度特征，夏季则年际变化比冬季大；夏季降水量场空间分布变化的显著周期为 10 年左右，冬季则为 3 年，而春季和秋季则无显著周期存在。吴战平等（2011）通过对贵州夏旱时空特点及成因分析的结果表明：近 30 年贵州夏半年降水量呈明显的阶段性特征，表现为少雨期-多雨期-少雨期的年代际振荡；赤道太平洋海温异常导致的大气环流异常具有稳定性和持续性，其对次年夏季贵州降水产生明显滞后效应，尤其在 La Ni-Na 事件的次年，其影响更为显著。

1.2.1.2　水文时间序列的研究

时间序列方法是研究水文问题强有力的理论工具，可归结为传统的线性方法、不确定性分析方法以及当代非线性分析方法等，用以分析由趋势性、突变性、周期性和随机性线性叠加而成的水文时间序列。

目前趋势性分析的方法很多，常用的有线性倾向估计、二次平滑法、滑动平均法、三次样条函数、累计距平法，以及 M-K 法等。其中，M-K 法是由 Mann 和 Kendall 提出的，且被世界气象组织（WMO）推荐并广泛使用的非参数检验方法，该法能够有效地提取时间序列中的趋势成分。由于受气候与人为因素的双重影响，水文序列在某个时间点前后统计特征值如果发生了显著变化，这个时间点通常称为时间序列的变异点，并将水文变异点分为趋势性变异和突变性变异两类。目前趋势性水文序列变异点的检测主要采用线性趋势回归法、Sperman 秩次相关检验和 Mann-Kendall 秩次相关检验法等；突变性变异的检测方法主要有贝叶斯变点分析模型、Pettitt 检验法、有序聚类法、Lee-Heghinan 法、滑动秩和法、R/S 重标极差分析法、两阶段线性回归、滑动 t 检验法、Brown-Forsythe 法、滑动 F 检验法、最优信息二分割法等。时间序列中一般含有周期性成分，这里所谓的周期性并不是严格的周期，而是基于统计概率意义上的周期。由于水文要素过程的复杂性，表面上不易直接判断是否存在周期，因此，对周期性的识别一般借助于一些数理统计的方法。目前常用的水文要素周期性识别方法，由最初的离散周期图、方差周期图、方差分析（简单分波法）等时间域分析过程，逐步过渡到傅里叶分析法、功率谱分析法、最大熵谱分析，再发展到基于小波函数的多尺度等时频域分析过程。

1927 年，英国统计学家尤尔（Yule）在研究市场变化规律时提出并建立了自回归（AR）模型，揭开了时间序列分析方法的序幕。1931 年，数学家瓦尔格（Walker）在尤尔的研究成果启发下，建立了滑动平均（MA）模型和自回归滑动平均（ARMA）模型，初步奠定时间序列分析方法的基础。1982 年，Nemec 等分析了干旱与湿润地区径流对气候变化的响应，得出气候变暖径流却不完全增加的结论。Jayewardene 等运用 M-K 法对香港日降水序列和径流序列进行了研究。Wilcox 等分析了美国 Reynolds 流域近 24 年逐日融雪径流过程，得到其混沌特性。Michaela Rigor 等采用 M-K 法对河流 N-NO$_3$（硝基氮）浓度演变趋势进行了分析。Dae 等对韩国近 34 年 139 个流域降水-径流时空演变特性进行调查分析，且采用 PRMS 模型来分析变化环境下水文要素的响应，运用 M-K 法检验及回归分析法对年、季、月尺度降水-径流的演变趋势进行了研究。张磊等（2013）利用 1961~2011 年临沂市水文气象资料，采用线性倾向估计、累积距平法、M-K 法对临沂市水文气象变化趋势进行了研究。刘康平等（2011）利用一元线性回归、M-K 法对德阳市近 52 年降水序列进行分析，得出降水量有倾向率为–45.2mm/10a 的明显减少趋势。殷红等（2011）利用沈阳地区 5 个气象站近 50 年的年平均气温数据，采用线性倾向估计、累计距平、山本法分析出沈阳地区气温以 0.238℃/10a 的增率上升。徐宗学和张楠（2006）用非参数检验法对黄河流域内 77 个气象站点近 50 年的降水资料进行了年、月降水序列趋势检验，并用线性回归方法进行了比较，结果表明：有 65 个气象台站呈现下降的趋势。Pauline Coulibaly 用协小波（cross-wavelet）分析法识别出加拿大 1900~2000 年的季降水变点位置为 1940 年。刘海涛等（2009）利用和田河流域和田市气象站 1954~2007 年的逐月气温资料，采用 M-K 法、山本法、滑动 t 检验法联合检验出和田河流域气温发生了以变暖为主的显著变异。王璨等（2012）以黄河流域窟野河 1954~2006 年的洪峰序列数据为基础，利用水文序列变异点综合诊断方法得出与水文调查结果基本一致的发生在 1979 年和 1998 年的两个窟野河流域洪水突变点。桑燕芳等（2010）利用海河流域黑龙洞泉城近 50 年降水序列和黄河利津站 54 年径流序列，应用小波分析方法深入分析研究，并且定量描述了水文序列主周期、复杂特性变化规律与序列长度的相互关系，研究表明：由于局部特性发生变化造成了时间序列的复杂性随着序列长度而变化，从而引起序列主周期值及复杂度随序列长度而变化。雷红富等（2007）通过设计的水文变异序列生成器以统计试验的方法分析比较了 10 种常用水文序列变异点检验方法，结果显示：M-K 法、滑动 t 检验、贝叶斯检验法对均值变异类序列检验效果明显，滑动 F 检验法对变差系数 C_v 变异序列检验效率优于其他方法，并且各方法对偏态系数 C_s 变异序列检验效率较低。拜存有等（2010）针对水文过程变异点这一热点问题，查阅分析总结出流域水文过程变异点分析今后一段时间的发展方向为：水文过程变异点诊断理论与方法研究应该进一步深入，建立简单并且行之有效的定性与定量诊断方法。1993 年，Kumar 等运用正交小波变换研究了空间降水的振荡特性。郭文献等（2008）基于 1956~2006 年长江中游宜昌水文站月均水温和年均水温数据，采用复 Morlet 小波函数进行了小波分析，揭示了宜昌水文站水温变化的多时间尺度复杂结构，分析了水温序列不同时间尺度下的周期性和变异点，同时根据主周期对未来水文的走势进行了预测。邵骏等（2008）论述了用 Burg 算法作为求解 AR 模型参数的可行性，并将最大熵谱估计理论应用于岷江紫坪铺站年径流序列周期成分的提取当中，发现岷江紫坪铺站存在 4 年左右的准周期。赵利红（2007）采用统计试验检验的方法研究了水文序列周期成分提取时常用的简单分波法、傅里叶分析法、功率谱分析法、最大熵谱法和小波分析法五种方法在实际应用中的优劣，结果表明：5 种方法都能检测出周期成分，但最大熵谱法和小波分析法能够较好地识别出时间序列的周期值，可作为识别周期成分的主要方法，并且发现时间序列的长度会影响周期成分识别的准确性，序列越长，其检测结果越接近于真实值。

1.2.2 干旱灾变规律及致灾机理

国外对于干旱灾害的形成机理机制方面的研究，早期是伴随着洪水灾害机制的研究而产生，典型的有 Riebsame、T·R Karl 等认为干旱是人类利用水资源不当的结果。Park.C 从孕灾环境入手，对地球系统的不同圈层变化进行分析，认为干旱地区相对湿度下降，干旱灾害的范围扩大且相对强度增加，发生频率也明显增加。Chung.RM 从承灾体入手分析干旱灾害的形成，认为没有承灾体就没有灾害，灾害的发生与承灾体的脆弱性有直接的关系。Blaikie 等在研究大量灾害案例基础上，从致灾因子、孕灾环境、承灾体等综合作用角度，系统总结了区域资源开发与自然灾害的关系，形成了区域灾害系统理论的雏形。

旱灾作为一种影响范围广、危害程度大的自然灾害，近年来尤其受到国内学者的广泛关注，但由于旱灾研究涉及气象、水文、农业和社会经济等领域，不同学科的着眼点不同，对于干旱研究的侧重点也有所不同。

在干旱致灾理论方面，学者史培军先后做了系列研究与尝试，其于 1991 年提出了致灾因子、承灾体及孕灾环境共同组成灾害系统的理念，并阐述了灾害链、灾害群、灾害机制、灾度与灾害区划；1996 年，评述了灾害研究的致灾因子论、孕灾环境论、承灾体论和区域灾害系统论，并阐述了致灾因子与承灾体的分类和区域灾害形成机制；2002 年，提出了灾害科学与技术的框架，即明确了其由灾害科学、灾害技术与灾害管理 3 个分支学科组成，并进一步把灾害科学划分为基础灾害学、应用灾害学和区域灾害学，还阐述了灾害脆弱性评估、灾害风险评估、灾害系统动力学及区域灾害过程，明确了减灾战略作为可持续发展战略的主要组成内容；2005 年，进一步明确了区域灾害系统的结构与功能体系，区域灾害系统的理论框架，即灾害分类体系、灾害链、灾害评估、灾害形成过程、灾害系统动力学及区域综合减灾模式；并于 2009 年阐述了对区域灾害系统本质的新认识，介绍了综合灾害损失评估的新途径，论证了综合灾害风险防范的新模式，构建了综合灾害风险防范学科的新体系。

在实践应用方面，宫德吉等（1996）研究了内蒙古地区旱灾致灾因子，认为作物需水和供水状况是旱灾发生与否的关键，降水时空变异、土壤含水层调蓄、作物不同生育期对旱灾也产生了影响；李维京等（2003）对中国北方干旱成因进行了初步分析，指出亚洲季风、东亚阻塞高压和西太平洋副热带高压是直接影响夏季降水和旱灾趋势的 3 个主要东亚环流系统，东面的海洋和西面的高原是间接影响夏季降水的主要下垫面热力因素；符淙斌和温刚（2003）指出不合理的人类活动对生态环境的破坏是加剧干旱的一个主要因素，有序的人类活动可改善生态环境，生态环境改善是防治北方干旱化和实现可持续发展的根本措施；游珍（2003）等以重庆市秀山县为例，分析了人为因素在农业旱灾中的作用，认为人类活动既有加剧干旱的作用，又有缓解干旱的作用；李茂稳和李秀华（2002）分析了承德旱灾成因，指出旱灾形成因素包括气候因素、环境因素和人为因素 3 个方面，气候因素主要体现为全球大气环流影响导致降水量偏少且时空分布不均；环境因素是水土流失严重造成生态环境破坏；人为因素是指用水需求增长较快，且抵御旱灾的水利工程建设滞后；王建华和郭跃（2007）分析了 2006 年重庆市特大旱灾的特征及其驱动因子，认为 2006 年特大旱灾的发生是自然因素与人为因素的叠加，自然驱动因子与社会驱动因子共同作用的结果；李景保等（2008）指出洞庭湖区农业旱灾是其特定孕灾环境、致灾因子、承灾体相互作用的结果，与农业用水高峰期降水量偏少，蒸发量大，洞庭湖汛期入湖水量减少，湖泊水位偏低有关，各受旱年份承灾体的数量、密度、价值以及湖区自身抗旱能力的差异性等因素密切相关；张家团和屈艳萍（2008）分析了近 30 年来我国干旱灾害特点及其演变规律，得出东北、西南地区的旱情灾情呈明显的增加趋势，干旱灾害加重的趋势是降水变化、气温变化和河川径流变化等自然因素和水资源刚性需求增加、水资源利用率较低、抗旱基础设施建设严重滞后等人类活动共同影响的结果；史东超（2011）采用长系列降水资料及调查数据分析了唐山市旱灾特征，从气候等自然因素和下垫面变化等方面阐述了唐山市旱灾的成因。商崇菊等（2010）通过对 2009~2010 年贵州省特大干旱灾害灾情统计数据的分析，从干旱灾害成因、旱情特点、旱情缓解过程的时序变化及其对经济社会各方面的影响等进行了定量或定性的阐述。结果表明，2009~2010 年贵州省特大干旱灾害的发生和发展过程综合了主客观两方面的原因，旱灾除了具有贵州省一般干旱灾害所具有的特点外，还呈现出持续时间更长、范围更广、旱情更重、危害更大等特点，同时表现出人饮对干旱灾害的敏感性最强的特点。池再香等（2011）利用 2009 年 9 月~2010 年 5 月贵州 88 个气象站地面观测资料，800 个自动气象站温度、降水资料以及 NCEP 再分析资料，分析了贵州 2009~2010 年持续干旱过程中的大尺度环流背景及气象要素分布特征，同时运用气候干湿指数、综合气象干旱指数对 2009~2010 年持续干旱程度进行了模拟。结果表明，贵州 2009~2010 年持续干旱过程主要发生在西太平洋副热带高压呈带状分布，强度偏强、位置偏西、南支系统偏弱及冷空气活动路径偏北偏东的环流条件下。白慧等（2013）从气象干旱出发，考虑前期干旱指数衰减累积效应，在前期降水指数（API）和标准化前期降水指数（SAPI）的基础上，结合时间序列标准化统计学方法，对 SAPI 算法进行了简化，并在贵州进行了适用性分析,结果表明:简化后的 SAPI 有效刻画出贵州省 2009~2010 跨年干旱和 2011年的夏秋连旱过程的干旱累积效应，客观反映干旱的发生、发展和结束过程，未出现"不合理旱情加剧"的问题。吴战平等（2014）利用贵阳近 500 年（1470~2008 年）旱涝等级资料，对贵阳旱涝展开气候变化特征及趋势分析。结果表明:近 58 年，贵阳出现极端旱、偏旱的频次明显高于过去近 500 年的平均状况;汛期出现偏旱和旱的次数明显增多，旱重于涝的趋势非常明显。从年代际和百年际尺度看，210 年周期是贵阳旱涝振荡的主周期，而 50 年周期是次周期，且 20 世纪 80 年代的干旱程度高于历史上任何一个年代;从年际和年代际尺度上，24 年周期是贵阳旱涝振荡的主周期，而 7 年周期是次周期。

1.2.3　农业旱灾监测预测

旱情是旱灾发生的必要条件，旱灾预测主要包括对旱情旱灾发展态势的预测以及因旱灾损结果预测。一些研究者从旱情和旱灾之间关系入手来预测旱灾损失，但由于干旱致灾机理较为复杂，目前多数研究还是主要集中在对干旱的预测上。

1.2.3.1　干旱监测预测研究

干旱包括气象干旱、水文干旱、农业干旱、社会经济干旱以及其他生命体的受旱，通常研究的干旱主要是气象干旱和农业干旱。干旱预测的研究历来都受到国内外专家的重视，很多研究者都进行了有益的探索。

1）基于气象指标的干旱监测预测研究

气象干旱方面的研究一般集中于反映干旱的一些气象指标上。例如，韩萍等（2008）利用不同时间尺度的标准化降水指数（SPI）值，运用 ARIMA 模型对关中地区进行 12

步预测，结果表明，ARIMA 模型较适合 SPI3、6、9 序列的短期预测和 SPI12、24 序列的长期预测。许文宁等（2011）将 Kappa 系数引入到关中平原地区加权马尔可夫和自回归移动平均两种干旱预测模型的精度评价中，基于标准化降水指数和条件温度植被指数两种干旱指标，对干旱监测数据和模型预测数据建立误差矩阵，得到了错估误差、漏估误差、总体精度和 Kappa 系数 4 种评价指标的预测模型，结果表明，当参与预测的样本数目增加到一定程度时，Kappa 系数可以更准确地评价模型预测精度。李艳春等（2008）建立了基于最长连续无降水日的宁夏不同程度干旱预测的概念模型。王澄海等（2012）利用一种新的基于广义极值分布干旱指数，结合中国地区 160 个气象台站的逐月降水资料建立了干旱预测模型，结果表明，该方法与目前广泛使用的 CI 指数监测结果较为一致。李俊亭等（2010）利用河南省 1956~2008 年的降水量资料及 NCEP 的 500hPa 高度场和 850hPa 风场资料，分析了河南省春季降水的气候特征，同时从短期气候角度预测春季干旱。陈涛等（2008）利用国家气候中心下发的环流特征量，利用 SPSS 统计分析软件进行方差分析，找到通过一定信度检验的干旱预测因子，建立预测方程，对衡阳市 2006、2007 年的干旱预测取得了满意的效果。杨娟（2009）利用分布于贵州省 84 个气象台站 1971~2008 年的降水资料，计算分析标准化降水指数（SPI），并对比参考降水距平百分率。结果表明：SPI 能较好的运用于贵州地区的干旱监测业务。龙俐等（2014）采用贵州省 32 个代表站的逐日综合干旱指数 CI，利用累积频率的方法，进行干旱等级阈值修订，并根据订正前后的阈值对干旱的日、月、季、年等不同时间尺度变化以及干旱强度的空间分布、典型个例的持续性差异等进行对比分析。结果表明：订正后的阈值与 CI 阈值等级范围上有细微的差别；订正后的指标在不同时间尺度以及干旱过程强度的分布范围等都比原指标偏大，且判断出来的干旱过程次数更多、连续性更强，能较好地反映贵州省干旱特征。

2）基于土壤墒情的农业干旱监测预测研究

土壤干旱的重要指标是土壤水分含量（亦称"土壤墒情"），多采用田间、卫星监测或预测的方式获得。赵同应等（1998）根据山西农业干旱规律，采用多种方法建立关键时段土壤水分预测模式，确定农业干旱指标进行预测。景毅刚（2010）等利用天气预测、土壤相对湿度观测值、地面植被等信息，分别建立了综合气象和综合农业干旱预测模型，开发了陕西省干旱预测预警系统平台。杨太明等（2006）利用卫星资料与土壤水分观测资料建立了安徽省干旱灾害预测模型。胡家敏等（2010）根据贵州省的参考作物日蒸散量、需水特性及土壤水分平衡原理，建立了贵州省烤烟地水分预测模型。祁宦等（2009）分别建立了逐旬降水、逐月和逐旬土壤墒情预测模型。李涵茂等（2012）建立了基于前期降水量和蒸发量的土壤湿度预测模型，并进行试报和验证。王玉萍，房军（2009）为了研究不同栽培保水措施对烤烟水分利用效率以及对烟叶产质量的影响程度，根据烤烟生育期内烟地畦面进行施用保水剂、施用秸秆、秸秆覆盖、地膜覆盖和对照等保水处理试验对比，分析了不同保水抗旱栽培措施对土壤含水率、农艺性状和产量产值的影响。结果表明，施用秸秆能很好地保水抗旱，对提高烟叶的总产量，提升中上等烟比例，增加产值等大有好处。谷晓平等（2012）以影响贵州粮食作物最严重的两种农业气象灾害——干旱、秋风为主要研究对象，通过农业背景分析、灾害监测评估技术、灾害影响等一系列研究，建立贵州首个农业气象灾害评估数据库，从气象、土壤、遥感三方面提出适合贵州喀斯特山地环境的干旱监测指标，提出秋风强度表征方法及对水稻危害影响分析，实现干旱、秋风风险分析与影响评估；实现基于 NDVI-TS 的贵州遥感干旱监测，揭示了喀斯特山区土壤容重、田间持水量等土壤水文物理特征的分布规律，制定了喀斯特山区 TDR 土壤水分标定曲线，有效提高土壤水分观测数据的可用性和干旱监测水平。

3）基于作物生长机理的农业干旱监测预测研究

作物生长受旱主要是由于作物细胞缺水引起的代谢功能异常，因此基于作物生长机理的干旱研究主要侧重于从光合作用和作物水分亏缺两个方面。例如，刘建栋等（2003）从作物代谢的角度利用辐射量子照度仪及便携式光合作用测定仪开展了华北地区冬小麦的水分胁迫实验，提出了农业干旱指数和农业干旱预警指数，进而建立了具有明确生物学机理的华北农业干旱预测模型，对华北大部分地区冬小麦干旱动态过程进行了模拟。康西言等（2011）利用冬小麦全生育期农业气象观测数据及常规气象资料，基于 Jensen 模型建立了河北冬小麦返青-拔节、拔节-抽穗、抽穗-乳熟、乳熟-成熟 4 个生育阶段的轻旱、中旱、重旱、严重干旱的干旱预测模型。结果表明模型的中旱、重旱、严重干旱预测正确率达 75.0%。赵艳霞等（2001）将作物生长模式引入冬小麦干旱识别和预测，结果表明该冬小麦干旱识别和预测模型具有较好的识别和预测能力。张秉祥（2013）以河北省冬小麦干旱综合监测模型为基础建立了冬小麦干旱预测模型，对土壤相对湿度指数、作物水分亏缺距平指数、降水量距平指数进行未来 10 天的预测。王备等（2011）利用黔西南州 1961~2010 年月降水和气温资料，通过对该区域历年降水量和蒸散量的变化，越冬作物生长季内相对湿润度指数的变化趋势以及气象干旱发生的频次等研究和分析表明：近 50 年来，黔西南州气象干旱的发生次数增多，强度增大；11 月处于越冬作物的播种期和幼苗生长期，作物耐旱水平低，因此更应该采取积极、有效的措施加强该时段的农业抗旱。

4）趋势预测模型在干旱预测中的应用研究

趋势预测是一种物理意义相对简明的干旱预测方法，它的原理是假定干旱发生在时空上是服从一定规律的，因而也是可以利用历史资料采用一定的数学模型进行预测的，通常用的数学模型包括灰色灾变理论、马尔可夫预测、时间序列预测、神经网络、支持向量机等方法。张遇春和张勃（2008）运用灰色系统的灾变预测方法，建立黑河各县区的灾变预测模型 GM（1，1），对该地区未来一定时期内干旱发生的时间进行预测。刘俊民等（2008）根据宝鸡峡灌区 1981~2003 的年降水资料建立了灌区干旱年预测的修正 GM（1，1）模型。王英和迟道才等（2006~2011）利用阜新地区的实测降水量资料建立灰色预测 GM（1，1）模型对干旱灾害进行预测。王彦集等（2007）基于不同时间尺度标准化降水指数的干旱监测结果，采用加权马尔可夫链方法对关中平原和渭北平原未来干旱状态进行预测和分析，结果表明该方法对无旱的预测比较准确，但随着干旱程度的加剧其预测能力也逐渐降低。姜翔程和陈森发（2009）提出一种用于农作物干旱受灾面积预测的加权马尔可夫 SCGM（1，1）c 模型，适用时间短、数据量少且随机波动大的动态过程预测，具有较高的精度。汪哲荪等（2010）结合马尔可夫链、自相关技术和熵权构建了可调整状态转移概率矩阵的改进马尔可夫链预测模型用于干旱强度指数状态预测中。罗哲贤和马镜娴（1997）利用混沌动力学对干旱进行预测。田苗等（2013）利用条件植被温度指数结合相空间重构与 RBF 神经网络模型建立了干旱预测模型，该模型的面上预测精度较好，适合关中平原的干旱预测研究。侯姗姗等（2011）利用混沌和相空间重构理论并与径向基函数神经网络模型相结合，建立了基于条件植被温度指数（VTCI）的干旱预测模型，结果表明干旱预测结果精度较高。樊高峰等（2011）根据干旱与气候因子的非线性复杂关系建立了 SVM 方法，利用 8 月南方涛动指数、副高强度指数、极涡强度指数等 15 项因子，基于径向基核函数建立浙江省秋季的干旱预测模型，结果表明模型对秋季干旱预测准确率较高。迟道才等（2013）针对支持向量机参数人工选择的盲目性和依靠经验的缺陷，采用遗传算法优化支持向量机的参数建立了浑河流域干旱预测模型。张国桃（2004）基于变结构遗传算法建立了干旱预测的自回归模型。迟道才等（2006）运用时间序列分析对辽宁朝阳地区干旱年份进行预测。魏凤英（2003）根据华北地区干旱具有显著的年代际和年际变化的特性，利用奇异谱动力学重构的方法建立多时间尺度预测模型将干旱序列的年代际和年际时间尺度变化进行分离，然后分别建立两种时间尺度变化的预测模型，最后将两者进行组合，结果表明该模型能较好地反映华北干旱的变化趋势。李军等（2010）为预测贵州省黄壤墒情的变化趋势，采用时间序列的 ARIMA 模型进行研究，并用实测数据与模型的预测结果进行比较。吴战平等（2014）借助 IPCC AR4 最新的模式预估数据集，预估贵阳 2011~2020 年夏季降水处于旱涝交替频发期，且从本世纪 20 年代初至 40 年代中期将处于少雨阶段，可能会出现较长时期的干旱期。

5）基于统计学方法的干旱预测研究

统计学方法是建立干旱影响结果与影响因素之间的某种关系，然后通过对这些影响因素的预测间接对干旱的影响或旱情等级进行预测。郝润全等（2006）利用数理统计方法对内蒙古农区春旱和夏秋旱进行分析建立了干旱预测模型，可预测来年夏秋季干旱趋势。张存杰等（1999）建立了一种适合于西北地区干旱预测的 EOF 模型，利用均生函数法、多元回归法和典型相关法对模型进行了有效的预测试验，结果表明该模型对西北干旱有一定的预测能力。赵俊芳和郭建平（2009）选取蒸降差作为草原干旱指标建立生长季 4~9 月逐日统计预测模型，结果表明 4~8 月预测模型较为准确，9 月逐日统计预测偏差较大。李玉爱等（2001）利用多种统计学方法对大同市干旱预测。彭高辉等（2012）基于可公度理论中的 3、4、5 元可公度式统计了安徽省 1949~2006 年间严重干旱的可公度数，预测和验证了 2007~2011 年间可能发生严重干旱及特大干旱。王志南等（2007）用逐步回归方法，按点、时段分别建立干旱预测模式群利用最优化理论求解了较优集成权重组合。林盛吉（2012）利用 1961~2000 年 NCEP 集合、主成分分析及支持向量机建立大尺度气候预测因子与各月降水的统计降尺度模型，应用于三种全球气候模式 HadCM3、CCSM3、ECHAM5 预测未来钱塘江流域干旱，结果表明多时间尺度 SPI 更符合钱塘江流域的实际情况。韩爱梅等（2007）利用最优子集回归方法对大气环流特征量、500hP 高度场、西太平洋海温场、地面气象要素等因子与旬降水距平百分率和旬降水量距平等级关系的分析建立区域干旱指数预测方程。白玉双等（2007）利用呼伦贝尔地区 40 年短期气候资料，建立了多元回归方法预测春末至初夏干旱趋势。刘义军和唐洪（2003）通过分析全区初夏降水量、水汽压、气温、日照时数和 10cm 平均地温之间以及与前期冬季之间的相关性，提出了针对西藏主要农区夏干旱预测的热力概念模型。

6）遥感技术在干旱预测中的应用研究

利用遥感技术预测干旱是由于地面遥感影响能够反映土壤水分与作物长势之间的关系，从而能够在一定程度上反映作物对干旱的响应。田苗等（2013）基于时间序列遥感数据反演的条件植被温度指数（VTCI）和自回归移动平均模型（SARIMA）建立了关中平原分区域干旱预测模型，得出 SARIMA 模型适用于关中平原 VTCI 1-2 步预测研究的结论。田苗等（2012）针对大面积遥感干旱预测结果无法应用点上的问题引入 Kappa 系数对一阶自回归模型和季节性求和自回归移动平均模型对关中平原干旱进行预测，得出 Kappa 系数或修正后的 Kappa 系数结合阳性一致率可用于干旱预测。张树誉等（2009）基于 MODIS 卫星遥感资料开发了农业干旱预测模型，实现了省、市、县干旱监测-预测预警-影响评估的系列化服务。康为民等（2008）基于遥感技术的温度植被干旱指数（TVDI）综合了遥感陆面温度或遥感植被指数两类土壤水分检测方法的长处，有效地减小了植被覆盖度的影响，提高了遥感干旱监测的准确性。应用 TVDI 法和贵州 2006年 7 月和 8 月，2007 年 8 月的 EOS/MODIS 遥感资料，分析并揭示了山区复杂独特的NDVI-Ts 空间结构特征，反演了贵州表层土壤干旱情况，并与同期当地气象站土壤湿度观测数据进行定量验证，证明 TVDI 与土壤湿度显著相关。该方法适宜于较大区域、复杂地形的干旱监测与预警。谷晓平等（2012）研制出基于 GIS 组件的贵州干旱、秋风监测评估系统。

1.2.3.2 旱灾预测研究

旱灾损失预测的研究主要集中在粮食作物产量和经济损失上。龚宇和张红红（2011）利用唐山地区夏粮作物旱灾面积，从产量损失和经济损失两方面对旱灾损失进行了估算。段晓凤等（2012）在分析历年旱灾情况的基础上，建立了反映土壤水分供应状况和降水状况的旱灾累计指数评估模型，评估宁夏中部干旱带和南部山区各县冬小麦产量，结果表明该模型能够较准确地反映旱情和小麦产量。丛建鸥等（2010）通过对冬小麦生育期不同程度水分胁迫下的生长、产量及生理指标和冠层高光谱反射率监测，建立冬小麦减产率与生长、生理及冠层光谱反射率的相关模型。薛昌颖等（2003）应用河北及京津地区 53 年的冬小麦实际产量资料，采用直线滑动平均法分离出趋势产量和气象产量分析了该区在干旱气候条件下冬小麦不同减产率范围出现的概率。蒲金涌等（2005）运用统计学方法分析了气象因子对冬小麦产量的影响，建立了气候产量预测模型并评估了甘肃省冬小麦种植风险程度。肖志强等（2002）从冬小麦生长关键时段所对应的农业气象条件入手，建立均生函数预测模型预测春旱指数和冬小麦的产量。金彦兆等（2010）通过对甘肃省近 58 年长系列干旱受灾面积、成灾面积与因旱粮食损失的分析，分别建立了干旱半干旱区基于旱灾受灾面积、成灾面积和时间变化的二元因旱粮食损失评估模型。张琪等（2011）利用辽宁省朝阳市 1970~2006 年逐旬降水量数据和玉米产量数据，采用多尺度 SPI 指数、判别式分析法、滑动直线平均法建立玉米干旱灾害风险预测模型，研究表明，将多尺度 SPI 与判别式分析法相结合进行风险预测准确率较高，尤其适合于干旱为主导灾害的地区。于飞等（2009）为了明确贵州省不同区域内主要农业气象灾害类型以及综合研究农业气象灾害的风险，以县为基本评价单元，基于信息扩散理论、不确定性理论以及风险矩阵法，对贵州省 8 种主要农业气象灾害风险进行综合评价与区划。利用聚类分析将贵州省分为 5 类农业气象灾害风险区域，以不同聚类区域为研究对象进行灰色关联分析，在灰色关联分析基础上建立了贵州省综合农业气象灾害风险评价模型，并计算了贵州省各县的综合农业气象灾害风险性，利用 GIS 空间分析进行综合农业气象灾害风险区划。区划结果表明：贵州农业气象灾害高风险区主要分布在西部及中部地区，低风险区域主要分布在南部地区以及东部地区。

1.2.4　干旱预警

在干旱预警研究与服务方面，国外主要采用统计模式和马尔可夫链转移概率，利用与降水有关的因子、标准化降水指数开展干旱预警。用 1963~1987 年印度佐代普尔区的资料建立了农业干旱预警系统预测主要粮食作物珍珠粟的产量。采用由降水资料衍生而来的播种延迟日期、月降水量、月降水日数等因子建立多元线性回归模型 IW 在作物收获一个月前估计其产量，建立最终预警模型 FW 在作物即将收获的时候估测作物产量。模式验证结果超过 74%和 81%的产量变化可以分别由 IW 和 FW 模式解释。1988~1991 年的数据验证模型时，估测产量的绝对误差分别是 18.5%和 11.2%。通过改进，模型得到进一步的优化。2009 年 Kumar 又采用生长季累计土壤湿度指数（CSMI）、8 月份降水天数和播种期延迟日数建立逐步回归方程。改进的模型将印度珍珠粟产量预测的绝对误差从 18.5%降低到 13.7%，作者认为土壤湿度指数和其他与降水有关的变量可以用于开发其他干旱地区的预警模式。

徐启运等（2005）通过分析我国干旱预警现状，结合国家社会预警体系建设，提出我国 4 级干旱预警应急等级、预警管理和综合预警标准，并将全国划分为特旱、重旱、干旱 3 类预警区；重点探讨了干旱预警系统建设的目标、行动计划，以及干旱预警 5 大系统建设内容等。我国的干旱预警等级按照灾害严重性和紧急程度可以分为特大干旱、重旱、中旱和轻旱四级，分别用红色、橙色、黄色和蓝色表示，并且将全国划分为 3 类预警区。在东北-西南走向"川"字形的干旱预警分类中，西部年降水量 400mm 以下的地区为特旱区，中部为重旱区，东部沿海为干旱区。

顾颖等（2007）建立了干旱预警指标体系，指标包括主要控制站流量、面均雨量、作物综合缺水率和粮食估计减产率。实践证明，应用以干旱风险技术为核心的干旱预警系统对农业干旱进行预警是切实可行的，并可以分析出各时段不同程度干旱发生概率，通过应用马尔可夫链方法,可以得到各时段间干旱转移概率的稳定状况。因此,根据本时段所发生干旱的状况,就可以从干旱概率转移矩阵中查出下一时段发生不同程度旱情的概率。王让会和卢新民(2002)在 RS、GIS 及 GPS 等技术支持下,研究各自然灾害的孕灾机理及过程,建立自然灾害的监测评价及预警系统,成灾条件及一般孕灾模式进行研究。

王石立和娄秀荣(1997)开展了农业气象灾害预警技术研究,围绕我国农业气象灾害频繁而预警技术薄弱的问题,借鉴国内外有关气候预测和农业气象灾害预测的理论和方法,探讨农业气象与天气气候结合的途径,采用直接预报农业气象灾害方法、区域气候模式与农业气象模型相结合等多种手段,通过数理统计模型和机理性农业气象模型相结合,区域气候模式与作物生长模拟模式嵌套,长、中、短不同预报时效相结合,进行农业气象灾害预警预报。厉玉升等(2000)采用区域气候模式与土壤水分模型相结合的技术,建立黄淮平原农业干旱预警系统,其中土壤水分模型采用适合于黄淮平原冬小麦、夏玉米等作物的土壤水分平衡方程。试运行结果表明,利用区域气候模式和土壤水分模型构建的区域性土壤水分模型,土壤水分预报的平均相对误差在15%以下,可以较好地模拟出土壤水分变化和干旱分布状况,应用于土壤水分预报。

青海省李凤霞等(2003)在干旱预警模式的建立时考虑了土壤水分、降水量、气温和未来降水趋势等因素的影响,建立干旱预警经验模式。冯蜀青等(2006)以遥感信息为主要信息源,结合土地利用/土地覆盖、高程、植被覆盖与植被类型等地理信息,扣除云、水、非植被地段的信息,结合预报的温度、降水量等资料,根据青海省气象灾害标准,将干旱划分为正常、轻、中、重 4 个等级,然后利用这个旱情等级分析结果、与准同时相的 MODIS 遥感资料计算的温度植被旱情指数、植被覆盖与植被类型进行匹配分析,提出不同作物干旱预警指标,制作旱情预警图。杨启国等(2006)通过对甘肃河东地区当前作物旱情指标的分析,选取了依据农田水量平衡原理而建立的作物水分供需比作为作物旱情指标,利用田间试验资料,建立了旱作小麦农田干旱监测预警指标模型,并确定出小麦旱情分级标准,对旱作物旱情的监测预警最终归结为与同期的降水、土壤水分变化和农田实际蒸散量三因素有关。因此,只要获得这三因素的相应计算式,建立作物旱情指标模型,就可开展对作物旱情的监测预警。席北风等(2007)用旬降水距平百分率,土壤相对湿度距平百分率等构建综合干旱指数,并指定预警标准,开展干旱预警。景毅刚等根据自干旱监测产品制作日起后 15d 内保证率>80%降水量,利用简化农田水分平衡方程计算土壤含水量,结合土壤容重、田间持水量和凋萎湿度,计算土壤的相对湿度,再按照中国气象局规定的土壤相对湿度划分干旱标准得出相应的干旱等级,作为预警未来干旱发展演变的程度。杨永生(2007)从农业生产实际出发,引入能够判断作物受旱程度的毛管破裂含水量、凋萎含水量等土壤含水量指标来确定干旱指标,根据土壤水分平衡理论,建立干旱监测预警模型。

1.2.5 干旱风险管理

国外一些国家对本国干旱、旱灾以及抗旱减灾管理进行了不同程度的研究。印度的旱灾风险管理主要涉及两个方面：其一是旱灾监测、反应和救济机制；其二是干旱减灾机制。美国的抗旱研究相对深入，在研究本国旱灾规律、旱灾影响和国民抗旱减灾对策的基础上，制定美国国家抗旱政策法案（The National Dought Policy），明确提出本国的抗旱减灾方针，同时成立国家干旱政策委员会（The National Drought Policy Commission），授权对本国抗旱方略进行研究，并向国会提出建议。新加坡国土淡水资源匮乏，地下水资源不足，汇水面积较小，居民的日常用水是通过收集储存雨水解决。在新加坡，水用后通过过滤、反向渗透、紫外线消毒等技术处理成可以直接饮用的新生水。Wllhite 等认为预防性的风险管理方法对干旱管理非常必要，要更加重视备灾和减灾行动的规划。Marchlldonetal 认为制度在降低人类旱灾脆弱性方面起着关键作用，制度在重塑农业易旱环境的努力中对地方、区域、国家和国际都是至关重要的。Wilhite 等认为减少旱灾脆弱性应发展防备计划和缓解措施，如干旱的季节性气候预报的生产和传播；提出建立旱灾影响报告，这是一个基于网络的影响评估工具和数据库；旱灾影响报告能记录旱灾的影响，并能作为主动的旱灾风险管理投资的核心参考资料；政策和其他决策者、科学界和广大市民都希望能从该报告的旱灾影响评估中获得预期的收益。Sonmezetal 认为旱灾的早期预警与规划是至关重要的，应该从危机管理转向风险管理，制订相应的应急计划。Janow 归纳了应对旱灾的策略，如作物多样化与选择，家畜多样化和牲畜迁移、职业多样化和主要食物来源的调整等。Ayers and Huq 强调了管理气候变化风险的战略。

中国国际减灾委员会副主任李学举在 2004 年提出的"以防为主"成为我国建立灾害管理体系的基础。闫淑敏（2008）针对危机管理中的人力资源作出解释，认为决策能力、信息识别、信息处理、执行能力、精神卫生救助能力的缺乏制约了我国危机管理水平的提高。张国庆（2012）将旱灾管理分为危机管理、风险管理和 GCSP 管理，其中危机管理侧重防治，风险管理侧重预防，GCSP 管理由分级管理（Graded management）、分类管理（Classification management）、分区管理（Subarea management）、分期管理（Phased management）组成，工作中综合了危机管理和风险管理。针对旱灾发生的不同等级、不同类型、不同区域、不同时间，采用不同的应对策略，在管理过程中更适合国家大方向的把握和控制。曾玉珍和穆月英（2011）在分析农业旱灾风险管理时，谈到了旱灾发生会导致农业专用性资产发生损坏，要利用现代物质条件装备农业。程静和彭必源（2010）认为我国传统的干旱管理倾向于灾后恢复和重建的危机管理，促进防旱减灾新理念的形成要将被动抗旱转向主动的科学防旱；要建立干旱灾害安全网，做到灾前防范、灾后应对，涵盖制度、保险、救助和服务的综合体系。张润润（2010）提到旱灾风险管理要结合检测系统、风险分析和对策实施，从量化干旱指标到辨识估算评价旱灾风险再到利用法令政策、节水措施、应急预案进行防灾、减灾、抗灾。翁白莎和严登华（2010）提到抗旱模式要从危机管理向风险管理转变，建立干旱预警预报模拟模型、干旱指标体系，绘制出干旱风险图，为干旱预测提供进一步研究。张继权等（2012）以辽西北 29 个农业县（市、区）为研究区域，选取辽西北最主要的玉米作物作为研究对象，从造成农业干旱灾害的致灾因子危险性、承灾体暴露性、脆弱性和抗旱减灾能力 4 个方面着手，利用自然灾害风险指数法、加权综合评价法和层次分析法，建立了农业干旱灾害风险指数

（ADRI），用以表征农业干旱灾害风险程度；借助 GIS 技术绘制辽西北农业干旱灾害风险评价区划图，将风险评价区划图与 2006 年辽西北受干旱影响粮食减产系数区划图对比，发现两者可以较好地匹配。研究结果可为当地农业干旱灾害预警、保险，以及有关部门的旱灾管理、减灾决策制定提供理论依据和指导。顾颖（2006）提到旱灾风险管理包括了对干旱期水资源的管理、干旱早期预警、制订和实施抗旱预案等内容。唐明和邵东国（2008）将旱灾风险管理视为一种政府及其他公共组织对潜在或当前旱灾的不同阶段采取的预防、处理和消灭旱灾的一系列控制行为。桑国庆（2006）则强调了干旱灾害发生前着手准备、监测和预测干旱发生的重要性。吕娟（2013）把干旱管理分为工程措施和非工程措施两个方面，其中工程措施包括蓄水工程、引水工程、提水工程、调水工程等工程体系，非工程措施是由政策法规、抗旱规划、抗旱预案、抗旱信息管理、抗旱服务组织等组成。李智飞和胡泽华（2013）提出旱灾事件集合应对系统，将旱灾风险管理系统分为旱灾风险识别、旱灾风险分析、旱灾风险评价和旱灾风险管理，把旱灾风险管理同旱灾风险预测、旱灾风险识别划为同级，都作为独立体来考虑。王玉萍等（2006）研究认为农村抗旱仍然是贵州抗旱工作的重点，但对城市、生态抗旱要未雨绸缪，统筹考虑，实现抗旱工作与社会经济发展同步，促进贵州跨越式发展；2007 年，提出了解决贵州旱灾问题的思路及战略重点。杨静，郝志斌（2012）分析评价了 2009 年 7 月~2010年 4 月贵州发生的干旱旱情等级，并对水利工程抗旱减灾效益等进行评估。王玉萍等（2013）根据 1949 年以来贵州水旱灾害情况及水利防灾减灾体系建设，从经济社会发展层面总结贵州加强水旱灾害风险管理的战略需求。结合全国水旱灾害情况和水利建设概况，对比总结贵州水旱灾害防灾减灾工作存在的薄弱环节，并提出今后水利防灾减灾的发展重点与方向。由此可见，旱灾风险管理没有固定的管理模式，管理分块也是因人而异。

1.3　研究区概况

1.3.1　自然地理

贵州简称"黔"或"贵"，位于我国西南地区东南部，地理位置介于 103°36′~109°35′E、24°37′~29°13′N 之间，东毗湖南，南邻广西，西接云南，北连四川和重庆，东西长约 595km，南北宽约 509km，国土总面积为 17.62 万 km²，占全国总面积的 1.84%。

贵州省地处云贵高原东侧第二梯级大斜坡上，是一个高起于四川盆地、广西丘陵和湘西丘陵之间的岩溶山区。境内地势西高东低，自中部向北、东、南三面倾斜，平均海拔在 1107m 左右，西部海拔在 1600~2800m 以上，乌蒙山脉地势最高，最高点位于赫章县珠市乡韭菜坪，海拔 2900.6m；中部海拔 1000~1800m，苗岭山脉横亘贵州中部，是贵州省长江流域与珠江流域的分水岭；东北部的武陵山脉是乌江与沅江的分水岭，主峰梵净山海拔 2572m；北部的大娄山脉主峰白马山海拔 1965m。境内最低点黎平县地坪乡水口河出省界处，海拔为 147.8m。在地质上属扬子地台及其东南大陆边缘，以碳酸盐岩广布、喀斯特景观普遍发育为特征。地台基底中最老的中元古界四堡群只出露在东南黔、桂两省交界处；黔东北的梵净山群是一套裂谷型沉积，浅变质碎屑岩中夹有不止一个层位的枕状基性熔岩和幔源变镁铁质、超镁铁质岩。新元古界下部有两处：黔东南广泛出露的下江群是一套变余砂岩、碳质板岩夹凝灰岩系；喀斯特地区所含有的大量碳酸盐岩在地下水的作用下逐渐溶解，从而在地下形成大量溶洞，这也是中国西南一带容易出现地陷、"天坑"地质灾害的主要原因之一。

贵州地貌最显著的特点是高原山区，类型复杂多样，92.5%的面积为山地和丘陵。全省喀斯特面积为 12.85 万 km²，占全省总面积的 73%，是喀斯特地貌发育最典型地区之一。省内土壤面积为 15.91 万 km²，约占全省土地面积的 90.4%，其余 9.6% 为裸石山区。土壤分布不连续，土层厚度与地面坡度有关，地面坡度平缓区（小于 8°），土层厚度 1m 以上，地面坡度较陡地区（大于 15°），土层厚度在 0.5m 以下，有机质层在 0.10m 左右。平均土层厚度在 1m 以上的只占所有土壤面积的 14%。土壤的地带性属中亚热带常绿阔叶林红壤-黄壤地带，中部及东部广大地区以黄壤为主，西南部以红壤为主，西北部多为黄棕壤。此外，还有受母岩制约的石灰土、紫色土、粗骨土和水稻土等。总的来说，贵州山丘土层薄，坡地土壤易侵蚀，风化土层，土质疏松易被冲刷，土层蓄水保墒能力差。

省内森林植被丰富，种类繁多，区系成分复杂。植被类型均属亚热带常绿阔叶林带。根据 2012 年公布的数据，全省森林覆盖率达 42.53%。森林资源分布不均，主要集中在黔东南的清水江、都柳江流域及黔西北赤水河流域的赤水市、习水县一带。

1.3.2 河流水系及气候

1.3.2.1 河流水系及水文

贵州省分属长江流域和珠江流域。以中部偏南的苗岭为分水岭，以北属于长江流域，以南属于珠江流域。长江流域部分面积为 11.57 万 km²，占全省总面积的 65.7%，分为乌江、沅水、赤水河-綦江、牛栏江-横江 4 个水系；珠江流域部分面积为 6.04 万 km²，占全省总面积的 34.3%，分为南盘江、北盘江、红水河、都柳江 4 个水系。

全省河网密布，河流坡度陡，天然落差大，利于水电开发。长度在 10km 以上的河流共 984 条，多数为 10~50km，共有 902 条，占河流总数的 91.7%。流域面积在 100km² 以上的河流有 556 条，占河流总数的 56.5%；河网平均密度为 17.1km/100km²，以东部锦江流域 23.2km/100km² 最大，西部六冲河流域 14km/100km² 最小。河流由西、中部向北、东、南方向呈扇形放射，下切较深、一般为 200~500m，南北山区边缘地区可达 500~700m。

省内径流主要由降雨形成，径流深年均值在 200~1200mm，平均径流深为 602.8mm，长江流域为 587.4mm，珠江流域为 632.3mm。径流在年内分配极不均匀，枯水期出现在 12 月至次年 4 月，丰水期出现在 5~10 月，丰水期水量占全年总水量的 75%~80%。

1.3.2.2 气候

贵州属亚热带温湿季风气候区，全省年平均气温在 15℃左右，光照适中，雨热同季，气温变化小。南部红水河河谷地带与北部赤水河河谷地带属于高温区，年平均气温在 18℃以上；西北部的威宁至大方一带属低温区，年平均气温在 13℃以下。

全省平均年降水量为 1179mm，其中，长江流域平均为 1126mm，珠江流域平均为 1280mm。降雨分布不均衡，南部多于北部，山区多于河谷区。夏季（5~10 月）降雨最为集中，占年总降水量的 75%以上，降雨地区差异大，变化范围为 800~1700mm，总趋势是由东南向西北递减，山区多于河谷地区，迎风面多于背风面。降水量年际变化率在 0.12~0.14，但月降水变率则很大。

贵州相对湿度较大，年平均相对湿度除少数地区外，多在 80%以上。春季和盛夏 7 月相对湿度较小，10 月~（次年）1 月为高湿月份，平均达 80%~85%。蒸发量介于 650~1300mm，以 7 月最大，1 月最小，分布趋势由东北向西南逐渐递增，北盘江下游河谷地区年增发量大，平均达 1200~1300mm。

1.3.3　经济社会

贵州省辖贵阳、六盘水、遵义、安顺、毕节、铜仁 6 个地级市，黔西南、黔东南、黔南 3 个自治州，有 7 个县级市、11 个民族自治县、70 个县（区、特区），1518 个乡（镇、街道办事处）。

根据《贵州省统计年鉴》，2012 年，贵州省年末总人口为 3484 万，其中，城镇人口为 1268.52 万，乡村人口为 2215.48 万，城镇化率 36.41%。2012 年省内地区生产总值为 6852.20 亿元，其中第一产业 891.91 亿元，第二产业 2677.54 亿元，第三产业 3282.75 亿元，三次产业结构为 13：39：48，人均生产总值为 19710 元。财政总收入为 1644.48 亿元，全社会固定资产投资为 5717.80 亿元，社会消费品零售总额为 2027.64 亿元。城镇居民人均可支配收入为 18701 元，农村人均纯收入为 4753 元。

贵州是一个多民族省份，有汉、苗、布依、侗等 18 个世居民族，2012 年年末，民族自治地方常住人口 1352.34 万，少数民族人口 870.20 万，年度地区生产总值 1982.78 万元，人均生产总值 14690 元。公共财政收入 227.65 亿元。

2012 年，全省常用耕地面积为 1754.90khm^2，有效灌溉面积达 1317.59khm^2，节水灌溉面积为 403.28khm^2，旱涝保收面积为 656.50khm^2；全省农作物总播种面积为 5182.86khm^2，其中，粮食作物播种面积为 3054.28khm^2，粮食作物总产量为 1079.50 万 t。年度农业产值为 864.86 亿元。

1.3.4　水资源与水利工程基本情况

贵州水资源主要来源于境内降水补给，以地表河川径流方式集中于河谷地区。境内河流多年平均径流量为 1062 亿 m^3，其中，长江流域占 64%，珠江流域占 36%。山区地下水流向与地表水流向基本一致，关系密切，最终汇合为河川径流。境内水资源总量丰富，但因山高坡陡、河流比降大等因素，水资源开发利用程度不高，用水成本高，工程性缺水严重。

2012 年，全省水资源总量为 974.03 亿 m³，人均水资源量为 2796m³；年度总用水量为 91.52 亿 m³，其中，农业灌溉用水 47.95 亿 m³，林牧渔畜用水 2.33 亿 m³，工业用水 24.99 亿 m³，城镇公共用水 4.99 亿 m³，居民生活用水 10.16 亿 m³，生态环境用水 0.59 亿 m³。

水利工程建设方面成绩显著。截至 2012 年年底，水库：共有水库 2379 座，总库容为 468.52 亿 m³。其中，已建水库 2308 座，总库容为 431.56 亿 m³；在建水库 71 座，总库容为 36.96 亿 m³。水电站：共有水电站 1443 座，装机容量为 2040.54 万 kW。规模以上水电站有 792 座，装机容量为 2023.88 万 kW，其中已建水电站 725 座，装机容量为 1701.79 万 kW；在建水电站 67 座，装机容量为 322.09 万 kW。水闸：过闸流量 1m³/s 及以上水闸 164 座，橡胶坝 28 座。其中，在规模以上水闸中，已建水闸 27 座，在建水闸 1 座；分（泄）洪闸 2 座，引（进）水闸 7 座，节制闸 2 座，排（退）水闸 17 座。堤防：堤防总长度为 3199.44km。5 级及以上堤防长度为 1361.92km。其中，已建堤防长度为 1241.86km，在建堤防长度为 120.06km。泵站：共有泵站 9233 座。其中，在规模以上泵站中，已建泵站 1372 座，在建泵站 39 座。农村供水：共有农村供水工程 43.43 万处，其中，集中式供水工程 6.64 万处，分散式供水工程 36.79 万处。农村供水工程总受益人口为 2737.81 万，其中，集中式供水工程受益人口为 1979.63 万，分散式供水工程受益人口为 758.18 万。塘坝窖池：共有塘坝 1.98 万处，总容积为 1.97 亿 m³；窖池 47.88 万处，总容积为 0.18 亿 m³。灌溉面积：共有灌溉面积 1339.11 万亩（不含烟水配套工程灌溉面积）。其中，耕地灌溉面积为 1318.42 万亩，园林草地等非耕地灌溉面积为 20.68 万亩。灌区建设：共有设计灌溉面积 1 万（含）~30 万亩的灌区 116 处，灌溉面积 140.17 万亩；50（含）~1 万亩的灌区 29587 处，灌溉面积为 787.68 万亩。地下水取水井：共有地下水取水井 30286 眼，地下水取水量 1.01 亿 m³。地下水水源地：共有地下水水源地 4 处。

1.3.5　干旱灾害情况

贵州属典型的季风气候脆弱区，不仅干、雨季分明，而且由于季风变化造成降雨时空分布不均，季节性干旱突发。加之境内地形起伏大，岩溶地貌发育强烈、土层浅薄、水渗透强、保水性差，使干旱灾害更为严重。

干旱灾害是贵州最主要的气象灾害，公元前 27 年就有旱灾记载。贵州干旱可以分为春旱、夏旱、秋旱、冬旱及冬春旱、春夏旱等多种类型。据新中国成立以来的统计资料，1950~2012 年的共计 63 年中，年年均有旱灾，其中，重旱和特大干旱的年份有：1959~1963 年连年旱、1966 年、1972 年、1975 年、1978 年、1981 年、1985~1990 年、1991~1993 年、1995 年、1999 年、2001~2003 年、2005~2006 年、2009~2010 年、2011 年。史料表明，夏旱是贵州危害最大的干旱类型，其次是春旱和秋旱。

从图 1-1 中可以看出，省内旱情发生季节总体呈现南北贯穿特点，且区域性和插花型特点突出。干旱灾害的季节区域性分布特征是西部地区的赤水、威宁、纳雍、六盘水全部以及黔西南的晴隆、普安等地以春旱为主；中部地区的贵阳和安顺及遵义大部分地区处在春夏连季旱易发区，该区域内夏旱和春旱均易发生；铜仁市全部、黔南大部、黔东南全部易旱的季节为夏（伏）旱。此外，易旱季节的插花型分布特点以冬旱插花型分布最明显，如毕节市、赫章县，以及黔西南的贞丰、望谟等地。

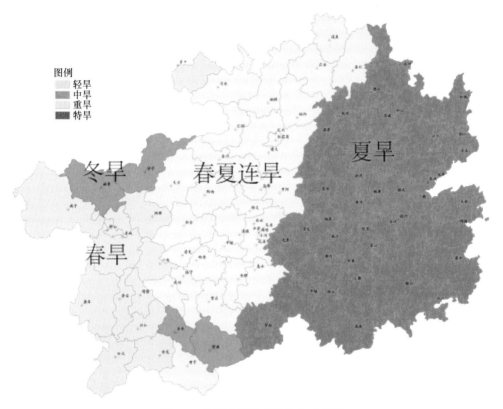

图 1-1 贵州省易旱季节分布示意图

从图 1-2 中可以看出，省内各市（州）几乎没有无旱区，其中，贵阳市供水保证率相对比较高，为中旱低发区，而六盘水、黔东南州、安顺市大部或局部地区为重旱低发区，毕节中部、遵义大部和黔西南州均为中旱区，而铜仁市大部为重旱高发区。

结合图 1-1 和图 1-2 可知，省内旱灾时空分布呈现区域性和插花型等分布特点。但历年的抗旱效益资料分析表明抗旱财力投入的抗旱减灾效益显著，因此，贵州旱灾还具有相对可控性的特点。

1.3.6 干旱灾害管理

历经 2009~2010 年百年一遇的特大干旱之后，贵州于 2011 年 11 月颁布的《贵州抗旱办法》，从整体规划到局部工作分条概述了贵州各级人民政府及各级企事业单位和个人依法参与抗旱工作的指导导向，涵盖了各级政府对该地区组织机构工作大方向的指导、抗旱预案内容框架、不同等级干旱灾害的抗旱措施及旱情缓解后的工作概述。开展骨干水源工程、引提灌工程和地下水（机井）利用工程建设被称为贵州省水利建设三大会战。

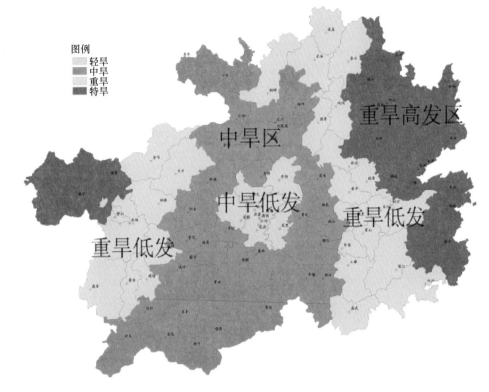

图 1-2　贵州省旱灾易发地区分布示意图

　　2009 年 7 月至 2010 年 5 月，贵州遭遇有气象记录以来时间最长、范围最广、损失最大的旱灾，给贵州省经济社会发展和人民生产生活造成了严重影响。通过干部群众、人民解放军指战员、武警和公安消防官兵，从抗旱救灾前期准备、实施抗旱的救灾过程、灾后恢复重建等环节，全力开展抗旱救灾。整个过程中，贵州省投入 560 多万人抗旱救灾，共出动抗旱机具 6.48 万台套、车辆 4.92 万辆，抗旱浇地面积 549.9 万亩，为饮水困难群众拉水送水 480 万余吨，解决 593.3 万人、261 万头大牲畜的临时饮水困难。通过培训农民和设置示范点，大力普及 "两杂" 良种和科学种植技术，推广杂交水稻良种 1038.1 万 kg、杂交玉米良种 1833.7 万 kg，实施水稻旱育稀植 554.44 万亩、玉米育苗移栽 598 万亩。

　　2013 年 5 月至 9 月，贵州降水量持续偏少，干旱再次 "烤" 验贵州。旱情在持续，如何科学合理开发利用地下水资源，加快解决农村群众饮水安全问题，突破制约贵州发展的水利战略瓶颈，成为贵州省面临的最大问题。2013 年 9 月，省委、省政府做出了水源工程，提排灌工程和地下水（机井）利用工程"三大会战"战略部署。工程总投资 1465 亿元，计划用 8 年时间，建设骨干水源工程 538 个，引提水工程 158 个，地下水开发利用 1 万余个，通过"三大会战"建设从根本上解决长期制约贵州省经济社会发展的工程性缺水难题。"三大会战"计划用 8 年左右的时间，即 2013~2020 年投资 1431 亿元，兴建水利项目 10696 个。工程建成后，将新增年供水能力 71 亿 m³，基本满足民生用水，以及工业和城镇化发展用水需求，从根本上解决工程性缺水难题。

总结过去的抗旱管理工作,有以下问题仍待改进。

(1)重视"抗",忽视"防",抗旱减灾效果不显著;

(2)重视工程措施,忽视非工程措施,难以发挥工程设施的最大抗旱效益;

(3)重视行政手段,忽视经济、法律、科技手段,难以适应市场经济体制的要求;

(4)重视经济效益,忽视生态效益,难以满足经济社会可持续发展的要求。

抗旱工作要秉承着经济效益与生态效益并重,让群众意识到生态效益对经济效益的影响和辅助,采取文明有效的抗旱措施,发展绿色经济、循环经济、低碳经济。

1.4 典型区概况

研究选择湄潭县、修文县、兴仁县、纳雍县、印江县和榕江县为典型区,具体情况如下:

湄潭县位于贵州高原北部,地处大娄山南麓、乌江北岸,属亚热带湿润季风气候,四季分明,雨量充沛,气候温和,年均气温为 14.9℃,年均降水量为 1000~1200mm。湄江是该地区境内较大的河流。湄潭县喀斯特地貌特征明显,地形复杂,山地、丘陵、峡谷和盆地交错分布,生态环境脆弱,受季风影响明显,是气候变化的敏感区和脆弱区。

修文县位于贵州省中部、贵阳市北部,总体地貌特点是山水环绕,该地域河流属长江流域乌江水系,主要河流有乌江、猫跳河、修文河、平寨河、刘家沟河、鱼梁河等 12 条,流域面积 240km² 以上。修文县具有贵州省典型的喀斯特地形的特点,岩溶较发育,溶盆、溶洼、溶蚀残丘等岩溶地貌形态也千姿百态。修文县属亚热带季风湿润气候,冬无严寒,夏无酷暑,季风交替明显,降水较多,年降水量为 978~1239mm,雨热同期,年均气温为 13~15℃,全年日照为 1132.2~1139.2 小时。

兴仁县位于贵州省黔西南州中部,全县总面积为 1802.5km²,处于云南高原向广西丘陵过渡的斜坡面上,地势总的趋势是西南高、东北低,境内具有典型的溶蚀地貌和流水侵蚀地貌。该地区气候属于低纬高原型亚热带温和湿润季风气候,历年无霜期平均281d,年平均气温 15.2℃,极端最高气温为夏季的 35.5℃,极端最低气温为–7.8℃;兴仁县 1978~2007 年年平均降水量为 1333.09mm,年际波动较大,变幅相差将近一倍,年最多降水量为 1867.40mm(1997 年),年最少降水量为 735.10mm(1989 年)。20 世纪80 年代以后,平均水面蒸发量为 958.5mm。总体来说,兴仁县地区雨热同季,夏无酷暑,冬无严寒,无霜期长。

纳雍县位于 104°55′40″~105°38′4″E,26°30′16″~27°5′54″N。地处贵州省西北、毕节市南部,形如一只头西尾东,侧卧于乌蒙山系东南麓、六冲河与三岔河之间的山羊。其东南与织金、六枝,西南与水城,西北与毕节、赫章,东北与大方相连。东西相距 56km,南北相距 48km,总面积为 2448km²。纳雍位于古黔中隆起西端,是贵州高原第二阶梯黔西山原的一部分,即云贵高原向黔中山原的过渡地带,地势西北东南高、东北西南低,境内山脉呈"L"形,由西北向东南延伸。全县气候温和,冬无严寒,夏无酷暑,年平均气温为 13.6℃,平均日照 1179.9h,年均降水量为 1243.5mm,年均雨日 217 天,无霜期 250 天,属亚热带季风气候。适宜玉米、水稻、洋芋、烤烟、甘橘等农作物生长。

印江县位于贵州省黔东北、铜仁市西北部，地理位置处于 108°17′~108°48′E，27°35′~28°28′N。地处武陵山脉主峰、佛教名山、国家级自然保护区梵净山西麓，印江县总面积为 1969km²，辖 17 个乡镇，截至 2014 年，印江县通车里程达到 1532km。印江县河流总长为 223km，年径流量达 12.5 亿 m³，印江县属亚热带湿润季风气候，年均气温为 16.8℃，日照时间长达 1255 小时，无霜期近 300 天，年降水量 1100mm 左右。

榕江县位于贵州省东南部，是黔东南苗族侗族自治州南部下属的一个县。都柳江中上游，全县面积 3315.8km²，辖 20 个乡镇，总人口为 32 万，以侗、苗、水、瑶为主的少数民族人口占总人口的 84.4%，其中，侗族人口 11.5 万，苗族人口 9.6 万。榕江县属亚热带常绿针、阔叶植被带，森林总面积为 327.9 万亩，活立木蓄积量达 968.13 万 m³，森林覆盖率为 68.67%，两项指标均雄居全省榜首。野生动物 500 余种，鱼类 150 余种，野生植物 285 科 678 属 1400 余种。

2 贵州干旱灾害的主要变化环境因子研究

2.1 典型区选取与研究理论方法

2.1.1 研究典型区选取

目前针对贵州特殊地理地形条件下气候变化方面的研究还比较薄弱，研究在查阅大量文献资料的基础上，充分综合、总结已有研究成果，选取湄潭、修文、兴仁、纳雍、印江、榕江6个典型站点作为研究对象。

图2-1是贵州典型站点空间分布图。从地理位置上看，所选取的湄潭站、修文站、兴仁站、纳雍站、印江站、榕江站分别分布在贵州北部、中部、西南部、西部、东北部以及东南部；从空间地理角度上，典型地区能代表贵州省全貌，反映不同地区的气候变化情况。

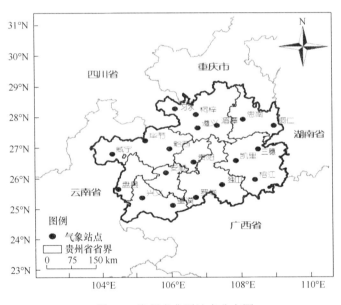

图2-1 贵州省典型站点分布图

图2-2是贵州各市（州）旱灾易发季节空间分布图。从图中可以看出，贵州夏旱最易发生，其次为春旱。北部地区（湄潭典型站控制）为夏旱高发区；中部地区（修文典型站控制）、西南部地区（兴仁典型站控制）的春夏旱较北部地区严重；西部地区（纳雍典型站控制）为全省冬旱最严重地区；东部地区（印江、榕江典型站控制）为夏秋旱易发区。因此，所选取的典型站点可以从一定程度上反映贵州主要干旱类型。从历史上

1950~2012年重大旱情资料的统计来看，遵义市、贵阳市、黔西南州、毕节市、铜仁市以及黔东南州多次发生重大干旱。

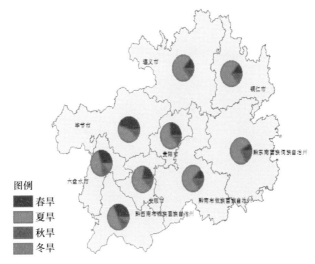

图 2-2　贵州省各市（州）旱灾易发季节示意图

综上所述，结合站点的地理位置和空间分布、各季节发生干旱的比例以及历史上发生旱灾旱情资料的统计等因素，选取贵州省北部遵义市的湄潭站、中部贵阳市的修文站、西南部黔西南州的兴仁站、西北部毕节市的纳雍站、东北部铜仁市的印江站以及东南部黔东南州的榕江站作为典型站点具有一定的合理性（表 2-1）。

表 2-1　典型站点选择一览表

典型站点	湄潭	修文	兴仁	纳雍	印江	榕江
地理位置	北部	中部	南部	西部	东北部	东南部
主要易发旱灾类型	夏旱	春夏旱	春旱	冬旱	夏秋旱	夏秋旱

各站所采用的气象资料为1960~2012年实测气象日值资料。通过筛选和排除异常值，保证原始资料的准确性，将典型站点的日尺度降水量资料统计为年尺度的降水量资料。通过彭曼公式计算出对应站点的蒸发量数据。受基础资料的限制，研究选取 1985~2012 年的年径流资料进行分析，所采集的这些基本数据资料为开展贵州省特殊地理地形条件下气候变化特征分析奠定坚实的基础。

2.1.2　研究方法

2.1.2.1　水文时间序列随机性分析

随机性反映水文序列的不确定性和复杂性，为了检验水文序列的随机性，采用赫斯特（Hurst）指数 R/S 分析。R/S 分析是赫斯特于 1965 年在大量实证研究基础上提出的一种时间序列统计方法，可以反映序列的持续性或随机性，它在分形理论上起重要的作用。

对于稳定序列，如果 Hurst 指数=0.5，说明序列不相关，否则长期相关。R/S 法具体计算步骤如下。

对于给定的时间序列 $\{x_i\}$（i=1，2，…，n），对于任意正整数 $\tau \geq 1$，定义均值序列

$$x_\tau = \frac{1}{\tau}\sum_{t=1}^{\tau} x_t, \quad \tau=1,2,\cdots,n \qquad (2\text{-}1)$$

用 x_t 表示累积离差

$$x_{t,\tau} = \sum_{u=1}^{t}(x_u - x_t), 1 \leqslant t \leqslant \tau \qquad (2\text{-}2)$$

极差 R 定义为

$$R = \max_{1\leqslant t\leqslant\tau} x_{t,\tau} - \min_{1\leqslant t\leqslant\tau} x_{t,\tau}, \quad \tau = 1,2,\cdots,n \qquad (2\text{-}3)$$

标准差 S 定义为

$$S = \left(\frac{1}{\tau}\sum_{t=1}^{\tau}(x_t - x_\tau)^2\right)^{\frac{1}{2}}, \quad \tau = 1,2,\cdots,n \qquad (2\text{-}4)$$

对于 $\{x_i\}$（i=1，2，…，n），是相互独立的、方差有限的随机序列，也就是布朗运动，即

$$R(\tau)/S(\tau) = (C\tau)^H \quad （C \text{ 为常数}） \qquad (2\text{-}5)$$

式中，H 为 Hurst 指数。H 计算结果分析：

如果上述关系成立，则说明该时间序列具有 Hurst 现象。对应不同的 Hurst 指数 H（$0<H<1$），存在着下列几种情况。

（1）当 H–0.5 时，则原序列是相互独立的，否则原序列具有长期相关性。

（2）当 $0<H<0.5$ 时，波动比较剧烈，系统是反持久性的或遍历性的时间序列。表明未来的变化状况与过去相反，称为反持续性，并且 H 值越小，反持续性越强，这种时间序列具有比随机序列更强的突变性和易变性。

（3）当 $0.5<H<1$ 时，波动比较平缓，系统是一个持久性的序列，是分数布朗运动或有偏随机游动，也称为分形时间序列，即今后变化的总体趋势与过去一致，即持续效应，H 值越趋近于 1，持续效应强度越大。

2.1.2.2　水文时间序列趋势性分析

水文系列的平均值，随着时间系列的变化，或是增加或是减少，这将造成序列长期向上或向下缓慢变动，这种有一定规律的变化叫做趋势。引起趋势的原因有自然的和人为的，而不是随机抽样波动或者观测资料误差所致。趋势性检验的常用方法如下。

1）线性倾向估计法

用 x_i 表示各典型水文站各年的径流量，t_i 表示 x_i 所对应的年份，建立 x_i 和 t_i 之间的一元线性回归方程：

$$\overset{\wedge}{x_i} = a + bt_i \quad (i=1,2,\cdots,n) \tag{2-6}$$

式中，a 为回归常数；b 为回归系数。a、b 可以用最小二乘进行估计。

对实测径流数据 x_i 及对应的时间 t_i，回归常数 a、回归系数 b 的最小二乘估计为

$$\begin{cases} b = \dfrac{\sum\limits_{i=1}^{n} x_i t_i - \dfrac{1}{n}(\sum\limits_{i=1}^{n} x_i)(\sum\limits_{t=1}^{n} t_i)}{\sum\limits_{t=1}^{n} t_i^2 - \dfrac{1}{n}(\sum\limits_{t=1}^{n} t_i)^2} \\ a = \bar{x} - b\bar{t} \end{cases} \tag{2-7}$$

式中，$\bar{x}$ 和 $\bar{t}$ 分别表示径流和时间均值。

利用回归系数 b 与相关系数 r 之间的关系，求出 x_i 与 t_i 间的相关系数：

$$r = \sqrt{\frac{\sum\limits_{t=1}^{n} t_i^2 - \dfrac{1}{n}(\sum\limits_{t=1}^{n} t_i)^2}{\sum\limits_{t=1}^{n} x_i^2 - \dfrac{1}{n}(\sum\limits_{t=1}^{n} x_i)^2}} \tag{2-8}$$

回归系数 b 的符号表示径流的趋势倾向。为正时，说明随时间 t 的增加呈上升趋势，反之亦然。b 值的大小反映出上升或者下降的速率，即表示了趋势的倾向程度。因此，通常将 b 称为倾向值，这种方法称为线性倾向估计。r 反映了 x 与 t 之间的相关程度，其绝对值 $|r|$ 越大，关系越紧密。

2）Kendall 秩次相关检验法

在水文-气象时间序列中使用非参数检验法比使用参数检验法在非正态分布的数据和检验中更为适合。其中，Kendall 提出的秩次相关检验法是已被世界气象组织（WMO）推荐并广泛使用的非参数检验方法，该法能够有效地检验时间序列中的趋势成分，具体方法表述如下。

在 Kendall 检验中，原假设 H_0 为时间序列数据（$x_1, x_2, \cdots, x_n$），是 n 个独立的、随机变量同分布的样本；备选假设 H_1 是双边检验，对于所有的 k, j, n 且 $k \neq j$，x_j 和 x_k 的分布是不同的，检验统计量 S 计算如下式：

$$S = \sum_{k=1}^{n-1} \sum_{j=k+1}^{n} \mathrm{sgn}(x_j - x_k) \qquad j > k \tag{2-9}$$

其中：

$$\mathrm{sgn}(x_j - x_k) = \begin{cases} 1, & \text{if}(x_j - x_k) > 0 \\ 0, & \text{if}(x_j - x_k) = 0 \\ -1, & \text{if}(x_j - x_k) < 0 \end{cases} \tag{2-10}$$

式中，S 为正态分布，其均值为 0，方差 $\mathrm{Var}(S) = n(n-1)(2n+5)/18$。

在 Kendall 检验中，对于时间序列数据（$x_1, x_2, \cdots, x_n$），当 $n > 10$ 时，标准正态统计

变量 Z 按照下式计算：

$$Z = \begin{cases} \dfrac{(S-1)}{[\text{Var}(S)]^{0.5}} & \text{if } S > 0 \\ 0 & \text{if } S = 0 \\ \dfrac{(S+1)}{[\text{Var}(S)]^{0.5}} & \text{if } S < 0 \end{cases} \qquad (2\text{-}11)$$

由此，在 Kendall 趋势检验中，对于给定的显著水平 α，如果 $|Z_s| \geqslant Z_{0.05/2}$，则接受原假设；如果 $|Z_s| \geqslant Z_{0.05/2}$，则拒绝原假设，即在 α 置信水平上，时间序列存在显著上升或者下降趋势。对于统计变量 Z，大于 0 表示上升趋势，小于 0 表示下降趋势，其绝对值 $|Z|$ 在分别大于等于 1.28、1.96 和 2.32 时，分别表示通过了置信度为 90%、95% 和 99% 的显著性检验。

2.1.2.3　水文时间序列突变性分析

突变理论是以常微分方程为数学基础的，其精髓是关于奇点的理论，其要点在于考察某种系统或过程从一种稳定状态到另一种稳定状态的飞跃。从统计学的角度，可以把突变现象定义为从一个统计到另一个统计特征的急剧变化，即从考察统计特征值的变化来定义突变。例如，考察均值、方差状态的急剧变化。目前，突变统计分析还相当不成熟，针对常见的突变问题，人们借助统计检验、最小二乘法、概率论等发展了一些行之有效的检验方法。主要涉及检验均值和方差有无突然飘移、回归系数有无突然改变及事件的概率有无突然变化等方面。

1）Mann-Kendall 非参数秩次相关检验

曼-肯德尔（Mann-Kendall）突变检验法是一种非参数统计检验方法，其优点是不需要样本遵从任一分布，也不受少数异常值的干扰，更适用于类型变量和顺序变量，可以明确突变起始时刻，并指出突变区域，因此，成为一种被广泛使用的突变检验法，计算公式如下。

对于具有 n 个样本量的时间序列 X，构造一秩序列：

$$s_k = \sum_{i=1}^{k} r_i \quad (k = 2, 3, \cdots, n) \qquad (2\text{-}12)$$

其中，

$$r_i = \begin{cases} +1, & X_i > X_j \\ 0, & \text{否则} \end{cases} \quad (j = 1, 2, \cdots, i) \qquad (2\text{-}13)$$

可见，秩序列 s_k 是第 i 时刻数值大于 j 时刻数值个数的累计数，并假定时间序列随机独立，定义统计量：

$$UF_k = \frac{[s_k - E(s_k)]}{\sqrt{\mathrm{Var}(s_k)}} \quad (k = 1, 2, \cdots, n) \tag{2-14}$$

其中，$UF_1 = 0$，$E(s_k)$，$\mathrm{Var}(s_k)$是累计数s_k的均值和方差，在$x_1, \cdots, x_n$相互独立，且有连续同分布时，可由下式计算：

$$E(s_k) = \frac{n(n+1)}{4} \tag{2-15}$$

$$\mathrm{Var}(s_k) = \frac{n(n-1)(2n+5)}{72} \tag{2-16}$$

UF_i为标准正态分布，它是按时间序列X顺序$x_1, \cdots, x_n$计算出统计量序列，如给定显著性水平α，若$|UF_i| > U_\alpha$则表明序列有显著的趋势变化。

按时间序列X逆序$x_n, \cdots, x_1$，再重复上述过程，同时使

$$\begin{cases} UB_k = -UF_k \\ UB_1 = 0 \\ k = n, n-1, \cdots, 1 \end{cases} \tag{2-17}$$

分别绘制UF_k和UB_k曲线图，若UF_k或UB_k的值大于0，表明序列呈上升趋势，小于0则表明呈下降趋势。当超过临界线（检验值）时，说明趋势显著，并将超过检验线的范围作为突变出现的时间区域。如果UF_k和UB_k出现交点，且交点在检验线之间，将交点相对应的时刻作为突变起始时刻。

2）滑动t检验法

滑动t检验是通过考察两组样本平均值是否显著来检验突变，其基本思路为把时间序列中两段序列的均值有无显著差异当成来自两个总体均值有无显著差异的问题来进行，如果两段子序列均值通过了显著性检验，就认为均值发生质变，进而确定突变点。

对于已知的年径流序列$x_1, \cdots, x_n$，选定某一年份作为基准点，分别取其前后相邻的连续n_1和n_2年的年径流序列值来计算统计量T值，公式如下。

$$T = \frac{\overline{x_1} - \overline{x_2}}{S\sqrt{\dfrac{1}{n_1} + \dfrac{1}{n_2}}} \tag{2-18}$$

$$S = \sqrt{\frac{(n_1-1)S_1^2 + (n_2-1)S_2^2}{n_1 + n_2 - 2}} \tag{2-19}$$

式中，$\overline{x_1}$、$\overline{x_2}$和S_1、S_2分别为前后n_1和n_2年的均值和标准差。

3）变异点综合识别步骤

根据累积距平曲线法、曼-肯德尔（Mann-Kendall）突变检验法与滑动t检验法的原理，变异点综合识别的步骤如下。

（1）利用式（2-12），以S_t为纵坐标，t为横坐标，绘制累积距平曲线图，在图中找

出明显的起伏点，作为径流序列可能存在的突变点。

（2）根据式（2-15）、式（2-17）计算并绘制统计量 UF_k 和 UB_k 曲线图，如果 UF_k 和 UB_k 出现交点，且交点在检验线之间，将交点相对应的时刻作为可能突变点。

（3）对上两个步骤识别出的变异点利用滑动 t 检验法进行精确识别。先利用式（2-19）计算出统计量 T 值，再以置信度 $\alpha = 0.05$，自由度 $n = n_1 + n_2 - 2$ 查 t 分布表得到 $T_{\alpha/2}$ 值，将 $T_{\alpha/2}$ 值与计算出的统计量 T 值进行比较，当 $|T| > T_{\alpha/2}$ 时，表明序列在时间点存在显著变异，即为变异点，否则认为序列在该点不存在突变。

2.1.2.4　水文时间序列周期性分析

近年来，提取时间序列振荡周期的统计方法发展十分迅速。从离散的周期图、方差分析过渡到连续谱分析。然而，周期图不能处理周期的位相突变和周期振幅的变化。方差分析在具体实施时，对原序列寻找一个隐含的显著周期的统计推断是十分巧妙的，但用剩余序列推断第二和第三周期时，从假设检验意义上讲，就是牵强。就其结果而言，上述两种方法及经典的谐波分析均是从时间域上研究气候序列中周期振荡的方法，它们将气候序列中的周期性视为正弦波，有其固有的局限性。

小波分析（wavelets analysis）是 80 年代中期发展起来的一门新兴的数学理论和方法，通过小波变换可以将研究对象分解到不同尺度的空间进行分析和处理，然后再根据需要进行相应的重构。

小波分析是一种窗口大小固定，但形状可变的时频局部化分析方法。小波分析的关键在于引入满足一定条件的基本小波函数 $\Psi(t)$，指具有震荡特性、能够迅速衰减到零的一类函数，经过伸缩和平移可得到一簇函数：

$$\Psi_{a,b}(t) = |a|^{-0.5} \Psi\left(\frac{t-b}{a}\right) \quad (a,b \in R, a \neq 0) \tag{2-20}$$

称 $\Psi_{a,b}(t)$ 为分析小波或连续小波，a 为尺度伸缩因子，反映小波的周期长度；b 为时间平移因子，反映时间上的平移。

目前在水文系统的小波分析中，采用较多的小波函数主要有 Morlet 小波、Mexican hat 小波、Haar 小波等。本研究选取 Morlet 小波函数：

$$\Psi(t) = e^{ict} e^{-\frac{t^2}{2}} \tag{2-21}$$

式中，c 为常数，取 6.2；i 表示虚数；Morlet 小波的伸缩尺度 a 与周期有如下关系：

$$T = \left[\frac{4\pi}{c\sqrt{2+c^2}}\right] \times a \tag{2-22}$$

对于上述给定的小波函数 $\Psi(t)$，水文时间序列 $f(t) \in L^2(R)$ 的连续小波变换为

$$W_f(a,b) = |a|^{-1/2} \int_{-\infty}^{+\infty} f(t) \overline{\Psi}\left(\frac{t-b}{a}\right) dt \tag{2-23}$$

式中，$\overline{\Psi}(t)$ 是 $\Psi(t)$ 的复共轭函数；$W_f(a,b)$ 是小波变化系数。在实际研究中，时间序列常常是离散的，如 $f(k\cdot\Delta t)(k=1,2,\cdots,N;\Delta t$ 为取样时间间隔），则上式的离散形式为

$$W_f(a,b)=|a|^{-1/2}\Delta t\sum_{k=1}^{N}f(k\cdot\Delta t)\overline{\Psi}(\frac{k\cdot\Delta t-b}{a}) \tag{2-24}$$

$W_f(a,b)$ 能同时反映时域参数 b 和频域参数 a 的特性，并且随参数 a、b 变化，可绘制以 b 为横坐标，a 为纵坐标的关于 $W_f(a,b)$ 的二维等值线图，称为小波变换系数图。通过小波变换系数图可得到关于时间序列变化的小波变化特征。每一种周期小波随时间变化通过水平截取来考察。不同时间尺度下的小波系数可以反映系统在该时间尺度下的变化特征；正负小波变换系数分别对应于偏多期和偏少期，小波变换系数为零对应着突变点；小波变换系数绝对值越大，表明该时间尺度变化越显著。

将时间域上的关于 a 的所有小波变换系数的平方进行积分，即为小波方差：

$$\mathrm{Var}(a)=\int_{-\infty}^{+\infty}|W_f(a,b)|^2\,\mathrm{d}b \tag{2-25}$$

小波方差随尺度 a 的变化过程称为小波方差图，反映了波动的能量随尺度的分布。通过小波方差图，可以确定一个水文序列中存在的主要时间尺度，即主周期。

2.1.2.5 径流年内分布特征

1）径流年内分配不均匀性

通常描述径流年内分配不均匀性的有不均匀系数和完全调节系数两种，研究采用径流年内分配不均匀系数 $C_{v,\text{月}}$ 来对选取的水文站点进行分析，计算公式如下：

$$C_{v,\text{月}}=\frac{\sigma}{\overline{R}},\quad \sigma=\sqrt{\frac{1}{12}\sum_{i=1}^{12}(R_i-\overline{R})^2},\overline{R}=\frac{1}{12}\sum_{i=1}^{12}R(t) \tag{2-26}$$

式中，$R(t)$ 为年内各月径流量（亿 m^3）；$\overline{R}$ 为年内月平均流量（亿 m^3）；R_i 为第 i 月径流量（亿 m^3）；σ 为均方差。

由式（2-26）可知，$C_{v,\text{月}}$ 值越大，表明年内各月径流量相差越悬殊，径流年内分配越不均匀。

2）集中度与集中期

集中度 RCD_{year} 和集中期 RCP_{year}，是通过计算实测月径流数据来反映年径流的集中程度及"重心"位置（或最大径流出现的时间）。将年内各月径流量看作向量，按月把12个向量求和，合成量的模占年径流总量的百分比称为径流集中度，其意义反映了各月径流量在一年中的集中程度；其合成向量的方位称为集中期，其物理意义反映出年径流量重心出现的日期，以水平分量与垂直分量比值正切角度表示。

依照径流年内分配的特点与补给来源的关系，把一年内的各月径流量看作向量，月径流量的大小作为向量的模，即径向距离；所处的月份（或日期）作为向量的方向，以

圆周（把圆周的度数 360° 作为一年的天数 365d，1 日相当于 0.9863°）方位来表示，将一年中各月径流向量求和，合成向量的模与年径流的比值就是年径流集中度（RCD_{year}），合向量方向为年径流集中期（RCP_{year}）：

$$RCD_{year} = \frac{\sqrt{R_X^2 + R_Y^2}}{R_{year}}, RCP_{year} = \arctan\left(\frac{R_X}{R_Y}\right)$$

$$R_X = \sum_{i=1}^{12} r_i \sin\theta_i, \quad R_Y = \sum_{i=1}^{12} r_i \cos\theta_i$$

（2-27）

式中，R_{year} 为年径流量；R_X、R_Y 分别为 12 个月的分量之和所构成的水平、垂直分量；r_i 为第 i 月的径流量；θ_i 为第 i 月径流的向量角度；i 为月序（$i=1,2,3,\cdots,12$）。

由以上径流年内集中度、集中期计算过程可以看出，RCD_{year} 有效地反映了径流年内的非均匀性分布特性。当集中度等于最大极限值 100% 时，表明该流域全年的径流量集中在某一个月内；当集中度为最小极限值 0% 时，表明全年的径流量平均分配于 12 个月里，即各个月径流量都相等。由于以月做计算时段，各月天数不同，有必要在一定程度上进行概化处理，即不论月大、月小，统一视为同一时段长度，自坐标系 x 轴的正方向为 0° 开始，以 30° 角逆时针旋转排列出 2~12 月径流向量的方位，见表 2-2。

表 2-2　全年各月包含的角度及月中代表的角度值

月份	1	2	3	4	5	6
包含角度/(°)	345~15	15~45	45~75	75~105	105~135	135~165
代表角度/(°)	0	30	60	90	120	150

月份	7	8	9	10	11	12
包含角度/(°)	165~195	195~225	225~255	255~285	285~315	315~345
代表角度/(°)	180	210	240	270	300	330

水平方向分量的计算式为

$$R_X = r_1\sin 0° + r_2\sin 30° + r_3\sin 60° + r_4\sin 90° + r_5\sin 120° + r_6\sin 150°$$
$$+ r_7\sin 180° + r_8\sin 210° + r_9\sin 240° + r_{10}\sin 270° + r_{11}\sin 300° + r_{12}\sin 330°$$

垂直方向分量的计算式为

$$R_Y = r_1\cos 0° + r_2\cos 30° + r_3\cos 60° + r_4\cos 90° + r_5\cos 120° + r_6\cos 150°$$
$$+ r_7\cos 180° + r_8\cos 210° + r_9\cos 240° + r_{10}\cos 270° + r_{11}\cos 300° + r_{12}\cos 330°$$

代入三角函数值，计算 R_X、R_Y，最后 RCD_{year}、RCP_{year} 可简化为

$$RCD_{year} = \frac{\sqrt{R_X^2 + R_Y^2}}{R_{year}}$$

（2-28）

$$RCP_{year} = \arctan\left(\frac{R_X}{R_Y}\right)$$

（2-29）

其中：

$$R_X = \frac{1}{2}(r_2 + r_6 - r_8 - r_{12}) + \frac{\sqrt{3}}{2}(r_3 + r_5 - r_9 - r_{11}) + (r_4 - r_{10})$$

$$R_Y = \frac{1}{2}(r_3 - r_5 - r_9 + r_{11}) + \frac{\sqrt{3}}{2}(r_2 - r_6 - r_8 + r_{12}) + (r_1 - r_7)$$

3）年内变化幅度

径流变化幅度的大小影响到水资源开发利用的难易程度及水利调节的力度，也会导致水生生物环境的不稳定，威胁生态安全。研究选用两个指标来衡量贵州省典型径流的变化幅度，一个是相对变化幅度，以最大月径流量 S_{max} 和最小月径流量 S_{min} 之比表示，另一个是绝对变化幅度，以最大与最小月径流量之差表示。计算公式与结果如下：

$$S_r = S_{max} / S_{min} \tag{2-30}$$

$$S_a = S_{max} - S_{min} \tag{2-31}$$

2.1.2.6　径流年际变化特征

1）年际距平与径流模比系数

年际距平是常用于表示径流偏离正常情况的统计量，而且在水文预报规范中采用距平百分比 P、径流模比系数 K_p 来作为径流丰、平、枯水年的划分标准，见表2-3，其中，距平值指径流序列中某一年的数值与序列平均值的差值，距平百分比指距平值与序列平均值的比值，模比系数指某年径流量与径流序列均值的比值，显然任何序列经距平化处理，均可以成为均值为零的序列，如此一来，给分析带来便利并且计算结果更为直观，结果见表2-3。

表2-3　径流距平百分比与模比系数判别表

丰枯程度	丰水年		平水年	枯水年	
	特丰	偏丰		偏枯	特枯
距平百分比	>20%	10%<P≤20%	−10%<P≤10%	−20%<P≤−10%	≤−20%
径流模比系数	>1.20	1.10<K_p≤1.20	0.90<K_p≤1.10	0.80<K_p≤0.90	≤0.80

从其计算原理分析：模比系数与距平百分比之间只是相差了数值"1"，因此，这里只以距平百分比进行年际丰枯变化分析。

2）径流变差系数与年极值比

径流年际变化的特征常用变差系数 $C_{v,年}$ 或年极值比表征。对径流过程来说，变差系数 $C_{v,年}$ 是衡量径流相对离散程度的参数，其数值的大小反映河川径流在多年的变化情况，值越大表明年际变化越激烈，越容易导致旱涝事件发生，并且对水资源开发也不利；反之，则多年分配更均匀、稳定，以便对水资源进行可持续的开发利用。

变差系数用均方差 σ 与均值 $\bar{x}$ 之比表示，变差系数 C_v 的大小反映河川径流多年的变

化情况，计算式为

$$C_{\mathrm{v}} = \frac{\sigma}{\overline{x}} = \sqrt{\frac{\sum_{i=1}^{n}(K_i - 1)^2}{n}} \qquad (2\text{-}32)$$

式中，K_i 为第 i 年的年径流变率，以年径流与序列均值之比表示。

年径流量的年际极值比反映了径流多年的变化幅度，用序列最大径流量与序列最小年径流量比值表示，并且年径流量变差系数值大的河流，序列年际极值比也较大。

2.1.2.7　气候变化和人类活动对径流的定量研究

将流域径流变化分割为气候变化和人类活动影响两部分，且流域径流变化可通过受人类活动影响时期实测径流量与流域天然基准期实测流量的差值计算：

$$\Delta Q_t = \Delta Q_c + \Delta Q_h \qquad (2\text{-}33)$$

$$\Delta Q_t = \Delta Q_v + \Delta Q_b \qquad (2\text{-}34)$$

式中，ΔQ_t 为流域径流变化量；ΔQ_c、ΔQ_h 分别为气候变化和人类活动的影响量；ΔQ_v、ΔQ_b 分别为流域受人类活动影响时期及天然基准期实测流量。

气候变化对径流的影响主要表现在降水及潜在蒸发变化对径流的影响，通过分析径流对降水及潜在蒸发的敏感性，可定量计算出气候变化对径流的影响，计算过程如下。

水量平衡是水文循环遵循的基本定律，流域水量平衡可表示为

$$P = E + Q + \Delta S \qquad (2\text{-}35)$$

式中，P 为流域降水量；E 为实际蒸发量；Q 为径流深；ΔS 为流域蓄水容量变化，对于长时间序列来讲 $\Delta S = 0$。

年实际蒸发可根据降水及潜在蒸发通过式（2-36）计算：

$$\frac{E}{P} = \frac{1 + wx}{1 + wx + x^{-1}} \qquad (2\text{-}36)$$

其中，

$$x = \frac{E_0}{P}$$

式中，E_0 为潜在蒸发量；w 为待定参数，依据贵州省流域土地覆盖植被情况，取 $w=0.8$；x 为干旱指数。

根据径流对降水及潜在蒸发的敏感性，可计算气候变化对径流的影响为

$$\Delta Q_C = \frac{\partial Q}{\partial P} \Delta P + \frac{\partial Q}{\partial E_0} \Delta E_0 \qquad (2\text{-}37)$$

式中，ΔP、ΔE_0 分别为降水、潜在蒸发较基准期的变化值，$\dfrac{\partial Q}{\partial P}$、$\dfrac{\partial Q}{\partial E_0}$ 分别为径流对降水及潜在蒸发的敏感性系数，计算公式为

$$\frac{\partial Q}{\partial P} = \frac{1 + 2x + 3wx}{(1 + x + wx^2)^2} \qquad (2\text{-}38)$$

$$\frac{\partial Q}{\partial E_0} = \frac{1 + 2wx}{(1 + x + wx^2)^2} \tag{2-39}$$

2.2 贵州省典型站点主要气象要素变化特征

2.2.1 随机性

2.2.1.1 湄潭站

以湄潭站 1960~2012 年年降水、蒸发量序列分别作为布朗运动的自变量 x_i，$i=1$，2，…，53。应用 R/S 分析方法计算 R/S 值，绘制 $(i, R(i)/S(i))$ 散点图（图 2-3），拟合其相应的 Hurst 指数，见表 2-4。

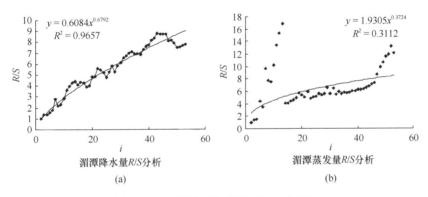

图 2-3 湄潭站主要气象要素 R/S 分析图

表 2-4 湄潭致灾水文要素 Hurst 指数表

Hurst 指数	项目	
	降水	蒸发
H	0.6792	0.3724

由表 2-4 可得：①湄潭站主要气象要素序列存在 Hurst 现象；②降水的 Hurst 指数均大于 0.5，意味着未来的趋势与过去一致，即过程具有持续性或长程相关性；蒸发的 Hurst 指数均小于 0.5，意味着未来的趋势与过去相反。

2.2.1.2 修文站

以修文站 1960~2012 年年降水、蒸发序列分别作为布朗运动的自变量 x_i, $i=1, 2, …,$ 53。应用 R/S 分析方法计算 R/S 值，绘制 $(i, R(i)/S(i))$ 散点图（图 2-4），拟合其相应的 Hurst 指数，见表 2-5。

由表 2-5 可得：①修文站各致灾水文要素序列存在 Hurst 现象；②降水、蒸发的 Hurst 指数均大于 0.5，意味着未来的趋势与过去一致，即过程具有持续性或长程相关性。

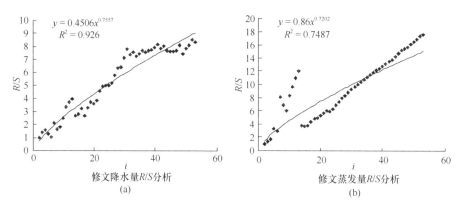

修文降水量R/S分析
(a)

修文蒸发量R/S分析
(b)

图 2-4　修文站主要气象要素 R/S 分析图

表 2-5　修文县致灾水文要素 Hurst 指数表

Hurst 指数	项目	
	降水	蒸发
H	0.7557	0.7202

2.2.1.3　兴仁站

以兴仁站 1960~2012 年的年降水、蒸发序列分别作为布朗运动的自变量 x_i，$i=1$，2，…，53。应用 R/S 分析方法计算 R/S 值，绘制（i，$R(i)/S(i)$）散点图（图 2-5），拟合其相应的 Hurst 指数，见表 2-6。

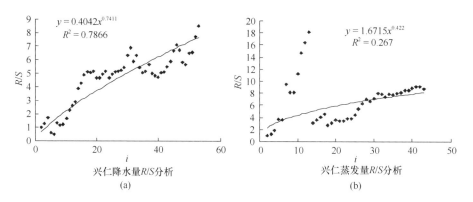

兴仁降水量R/S分析
(a)

兴仁蒸发量R/S分析
(b)

图 2-5　兴仁县水文要素 R/S 分析图

表 2-6　兴仁县致灾水文要素 Hurst 指数表

Hurst 指数	项目	
	降水	蒸发
H	0.7411	0.422

由表 2-6 可得：①兴仁站主要气象要素序列存在 Hurst 现象；②降水的 Hurst 指数均大于 0.5，意味着未来的趋势与过去一致，即过程具有持续性或长程相关性；蒸发的 Hurst

指数均小于 0.5，意味着未来的趋势与过去相反。

2.2.1.4　纳雍县

以纳雍站 1960~2012 年年降水、蒸发序列分别作为布朗运动的自变量 x_i, i=1, 2, …, 53。应用 R/S 分析方法计算 R/S 值，绘制（i, R（i）/S（i））散点图（图 2-6），拟合其相应的 Hurst 指数，见表 2-7。

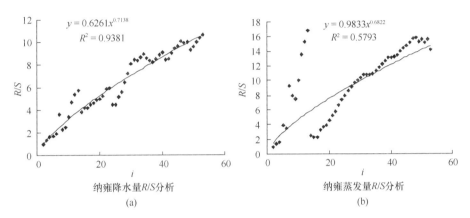

图 2-6　纳雍站主要气象要素 R/S 分析图

表 2-7　纳雍站主要气象要素 Hurst 指数表

Hurst 指数	项目	
	降水	蒸发
H	0.7138	0.6822

由表 2-7 可得：①纳雍站主要气象要素序列存在 Hurst 现象；②降水、蒸发量的 Hurst 指数均大于 0.5，意味着未来的趋势与过去一致，即过程具有持续性或长程相关性。

2.2.1.5　印江站

以印江站 1960~2012 年年降水、蒸发序列分别作为布朗运动的自变量 x_i, i=1, 2, …, 53。应用 R/S 分析方法计算 R/S 值，绘制（i, R（i）/S（i））散点图（图 2-7），拟合其相应的 Hurst 指数，见表 2-8。

由表 2-8 可得：①印江站主要气象要素序列存在 Hurst 现象；②降水的 Hurst 指数均大于 0.5，意味着未来的趋势与过去一致，即过程具有持续性或长程相关性；蒸发的 Hurst 指数均小于 0.5，意味着未来的趋势与过去相反。

2.2.1.6　榕江县

以榕江站 1960~2012 年年降水、蒸发序列分别作为布朗运动的自变量 x_i, i=1, 2, …,

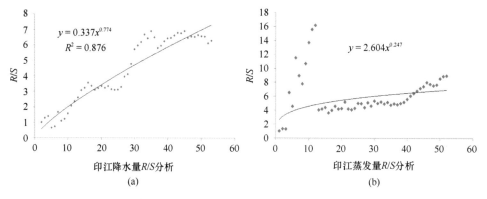

图 2-7 印江站主要气象要素 R/S 分析图

表 2-8 印江站主要气象要素 Hurst 指数表

Hurst 指数	项目	
	降水	蒸发
H	0.774	0.247

53。应用 R/S 分析方法计算 R/S 值，绘制（i，R（i）$/S$（i））散点图（图 2-8），拟合其相应的 Hurst 指数，见表 2-9。

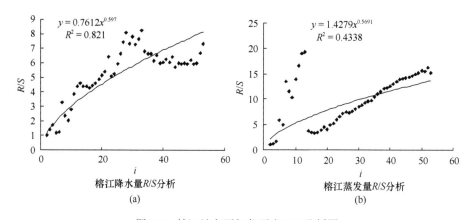

图 2-8 榕江站主要气象要素 R/S 分析图

表 2-9 榕江站主要气象要素 Hurst 指数表

Hurst 指数	项目	
	降水	蒸发
H	0.597	0.4338

由表 2-9 可得：①榕江站主要气象要素序列存在 Hurst 现象；②降水的 Hurst 指数均大于 0.5，意味着未来的趋势与过去一致，即过程具有持续性或长程相关性；蒸发的 Hurst 指数均小于 0.5，意味着未来的趋势与过去相反。

2.2.2 趋势性

趋势性是时间序列的一般规律，属于暂态成分，通常以不同的形式出现来以至破坏径流时间序列的原始形态，因此，需要对其进行识别，并加以排除来消除对时间序列的影响。水文时间序列的趋势性成分研究通常指水文要素随时间变化表现出增加或者减少的变化规律，并且还需要对其结果进行统计检验，以判断增加或者减少是否显著。目前趋势分析的方法有很多，常用的有 Kendall 非参数秩次相关检验法、Spearman 秩次相关检验法、滑动平均法、线性倾向估计法等。研究采用线性倾向估计法、Kendall 非参数秩次相关检验法对贵州省典型站点水文要素的趋势性演变进行分析。

2.2.2.1 湄潭站

为了解湄潭站近 53 年年降水量变化及趋势，对年降水量时间序列进行统计分析。图 2-9 是湄潭站年降水量、线性趋势降水量曲线图。

如图 2-9 所示，湄潭站的年降水量呈下降趋势，变化倾向率为–8.96mm/10a。2000年降水量最高，达 1428.2mm；1981 年降水量最少，为 763.32mm。对湄潭站多年降水量序列进行 Mann-Kendall（M-K）检验，得 Z 值为–0.71（$|Z| < Z_{0.05/2} = 1.96$），说明湄潭站近 53 年的降水量呈减少趋势，且在置信水平为 0.05 的检验中下降趋势不显著。

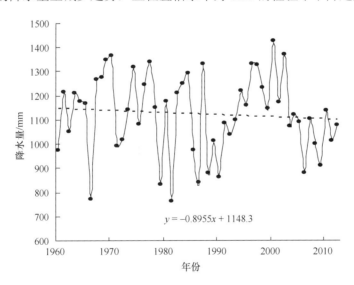

图 2-9　1960~2012 年湄潭站多年降水量变化趋势

图 2-10 是湄潭站年蒸发量、线性趋势蒸发量曲线图。如图 2-10 所示，湄潭站的年蒸发量呈下降趋势，变化倾向率为–0.882mm/10a。1963 年蒸发量最高，达到 890.42mm；1982 年蒸发量最少，为 717.99mm。对湄潭站多年蒸发量序列做 M-K 检验，得 Z 值为–0.05（$|Z|<1.96$），说明湄潭站多年蒸发量呈减少趋势，且在置信水平为 0.05 的检验中下降趋势不显著。

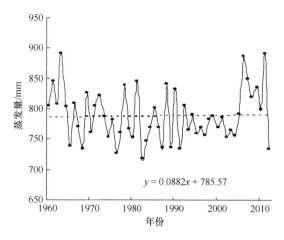

图 2-10　1960~2012 年湄潭站多年蒸发量变化趋势

2.2.2.2　修文站

为了解修文站近 53 年年降水量变化及趋势，对年降水量时间序列进行统计分析。图 2-11 是修文站年降水量、线性趋势降水量曲线图。

如图 2-11 所示，修文站的年降水量呈下降趋势，变化倾向率为–20.68mm/10a。2000年降水量最高，达到 1441.42mm；1981 年降水量最少，为 718.60mm。对降水序列做M-K 检验，得 Z 值为–1.5（$|Z|$<1.96），说明修文县近 53 年的降水序列呈减少趋势，但在置信水平为 0.05 的检验中下降趋势不显著。

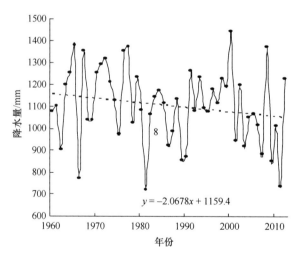

图 2-11　修文站 1960~2012 年多年降水变化趋势

图 2-12 是修文站年蒸发量、线性趋势蒸发量曲线图。如图 2-12 所示，修文站的年蒸发量呈下降趋势，变化倾向率为–27.38mm/10a。1963 年蒸发最高，达到 1053.90mm；2012 年蒸发量最少，为 718.13mm。对修文站多年蒸发量序列做 M-K 检验，得 Z 值为–5.25（$|Z|$>1.96），说明修文县多年蒸发量呈减少趋势，且在置信水平为 0.05 的检验中下降趋势显著。

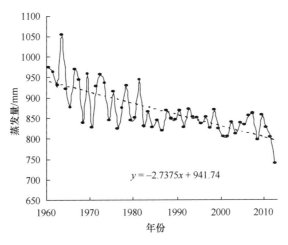

图 2-12 1960~2012 年修文站多年蒸发量变化趋势

2.2.2.3 兴仁站

为了解近 53 年年均降水量变化趋势,对其时间序列进行统计分析。图 2-13 是兴仁站年降水量、线性趋势降水量曲线图。

如图 2-13 所示,兴仁站的年降水量呈下降趋势,变化倾向率为–26.31mm/10a。1965年降水量最高,达到 1884.70mm;1989 年降水量最少,为 735.10mm。对降水序列做 M-K 检验,得 Z 值为–1.35($|Z|<1.96$),说明兴仁县地区近 53 年的降水序列呈减少趋势,且在置信水平为 0.05 的检验中下降趋势不显著。

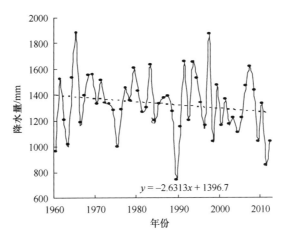

图 2-13 兴仁站 1960~2012 年降水趋势图

图 2-14 是兴仁站 1970~2012 年年蒸发量趋势图。由图 2-14 可以看出,近 43 年来,兴仁县年蒸发量时间序列呈下降趋势,蒸发量变化倾向率为–0.97mm/10a。对蒸发量序列做 M-K 检验,得 Z 值为–0.91($|Z|<1.96$),说明兴仁站 1970~2012 年年蒸发量序列呈减少趋势,且在置信水平为 0.05 的检验中下降趋势不显著。

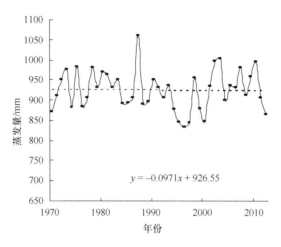

图 2-14　兴仁站 1970~2012 年蒸发量趋势图

2.2.2.4　纳雍站

为了解近 53 年年降水量变化趋势,对其时间序列进行统计分析,得到图 2-15 年降水量、线性趋势降水量曲线图。

如图 2-15 所示,纳雍站的年降水量呈下降趋势,变化倾向率为–20.71mm/10a。1983 年降水量最高,达到 1284.70mm;1989 年降水量最少,为 614.80mm。对纳雍站多年降水量序列做 M-K 检验,得 Z 值为–2.19($|Z|>1.96$),说明纳雍站近 53 年的降水量呈减少趋势,且在置信水平为 0.05 的检验中下降趋势比较显著。

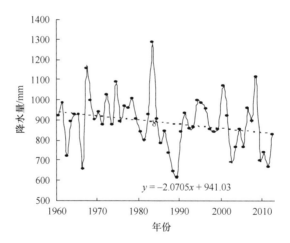

图 2-15　1960~2012 年纳雍站多年降水量变化趋势

图 2-16 是纳雍站年蒸发量、线性趋势蒸发量曲线图。

如图 2-16 所示,纳雍站的年蒸发量呈下降趋势,变化倾向率为–11.218mm/10a。1963 年蒸发量最高,达到 903.53mm;2012 年蒸发量最少,为 686.50mm。对纳雍站多年蒸发量序列做 M-K 检验,得 Z 值为–2.03($|Z|>1.96$),说明纳雍站多年蒸发量呈减少趋势,且在置信水平为 0.05 的检验中下降趋势比较显著。

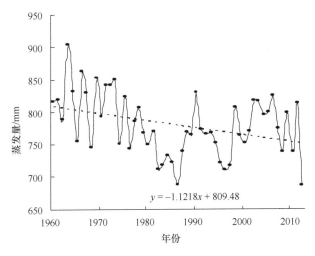

图 2-16 1960~2012 年纳雍站多年蒸发量变化趋势

2.2.2.5 印江站

为了解近 53 年年降水量变化趋势，对其时间序列进行统计分析，得到图 2-17 是印江站年降水量、线性趋势降水量曲线图。

如图 2-17 所示，印江站的年降水量呈下降趋势，变化倾向率为–11.67mm/10a。1967 年降水量最高，达到 1672.90mm；1966 年降水量最少，为 720.80mm。对印江站多年降水量序列做 M-K 检验，得 Z 值为–0.59（$|Z| < 1.96$），说明印江站近 53 年降水量呈减少趋势，且在置信水平为 0.05 的检验中下降趋势不显著。

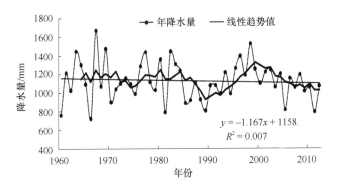

图 2-17 1960~2012 年印江站多年降水量变化趋势

图 2-18 是印江站年蒸发量、线性趋势蒸发量曲线图。

如图 2-18 所示，印江站的年蒸发量呈下降趋势，变化倾向率为–10.08mm/10a。1981 年蒸发量最高，达到 938.37mm；2012 年蒸发量最少，为 740.79mm。对印江站多年蒸发量序列做 M-K 检验，得 Z 值为–2.60（$|Z| > 1.96$），说明印江站多年蒸发量呈减少趋势，且在置信水平为 0.05 的检验中下降趋势显著。

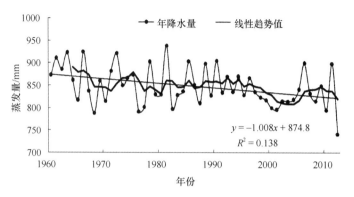

图 2-18　1960~2012 年印江站多年蒸发量变化趋势

2.2.2.6　榕江站

为了解近 53 年年降水量变化趋势，对其时间序列进行统计分析，得到图 2-19 是榕江站年降水量、线性趋势降水量曲线图。

如图 2-19 所示，榕江站的年降水量呈下降趋势，变化倾向率为–3.95mm/10a。1996 年降水量最高，达到 1579.40mm；2003 年降水量最少，为 824.60mm。对榕江站多年降水量序列做 M-K 检验，得 Z 值为–0.17（$|Z|<1.96$），说明榕江站近 53 年的降水量呈减少趋势，且在置信水平为 0.05 的检验中下降趋势不显著。

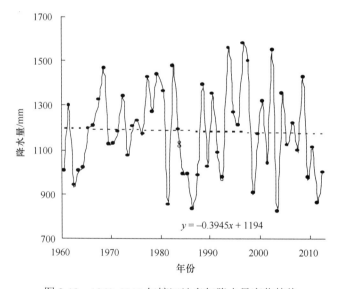

图 2-19　1960~2012 年榕江站多年降水量变化趋势

图 2-20 是榕江站年蒸发量、线性趋势蒸发量曲线图。如图 2-20 所示，榕江站的年蒸发量呈下降趋势，变化倾向率为–13.06mm/10a。1972 年蒸发量最高，达到 951.64mm；2012 年蒸发量最少，为 800.08mm。对榕江站多年蒸发量序列做 M-K 检验，得 Z 值为–3.55（$|Z|>1.96$），说明榕江站多年蒸发量呈减少趋势，且在置信水平为 0.05 的检验中下降趋势比较显著。

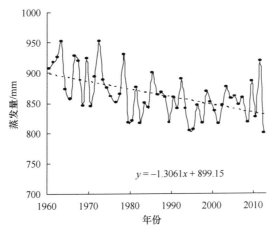

图 2-20 1960~2012 年榕江站多年蒸发量变化趋势

2.2.3 变异性

变异点是时间序列确定性成分之一，也称为突变点、变点，表示时间序列因人为或自然因素干扰从一种状态过渡到另一种状态的急剧的质的变化。研究时间序列的变异点，目的是要提取出研究序列突变点最有可能发生的时间位置，该问题的分析已经成为水文统计分析、风险分析以及生态环境治理等研究中重要的前沿问题。目前识别水文时间序列变点的方法有很多，研究选取 Mann-Kendall 非参数秩次相关检验联合滑动 t 检验法，从年尺度对贵州省典型站点的降水、蒸发进行从初步到精确过程的综合识别。

2.2.3.1 湄潭站

分别计算湄潭站 1960~2012 年年降水、蒸发量的 UF_k 和 UB_k 值，绘制曼-肯德尔（Mann-Kendall）突变检验统计量 UF_k-UB_k 曲线，如图 2-21 所示。

图 2-21（a）是湄潭站年降水量 M-K 检验统计图。按照 M-K 法，在±1.96 信度线间

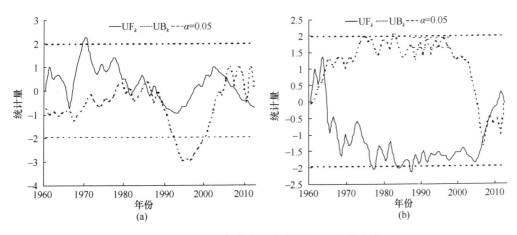

图 2-21 湄潭站年降水、蒸发量 M-K 检验曲线

UF_k 和 UB_k 相交于 3 个点，分别是 1985 年、1990 年、2004 年。图 2-21（b）是湄潭站年蒸发量 M-K 检验统计图，在 ±1.96 信度线间 UF_k 和 UB_k 相交于两个点，分别是 1991 年和 2003 年。

由于均值突变能较好地反映气候基本状况的变化，利用滑动 t 检验对湄潭站 1960~2012 年年降水、蒸发量进行突变分析。取 $n_1 = n_2 = 5$ 年，选取信度 5，自由度 $n_1 + n_2 - 2$ 时显著性水平 t_α 为 2.31，如果 $|t_i| \geq t_\alpha$，则认为在第 i 年前、后 n 年两时段可能会有突变。将计算出的 t 统计量序列和 t_α 绘出图，图中虚线为 $\alpha = 0.05$ 信度临界值。

图 2-22 是 $n_1 = n_2 = 5$ 年的滑动 t 检验图，从图 2-22（a）中分析得出：湄潭站年降水量序列在 1991 年（$t_\alpha = -5.03$）发生增多突变；在 2003 年（$t_\alpha = 3.27$）发生了减少突变。从图 2-22（b）中分析得出，湄潭站年蒸发量序列在 2005 年（$t_\alpha = -4.52$）发生了增多突变。

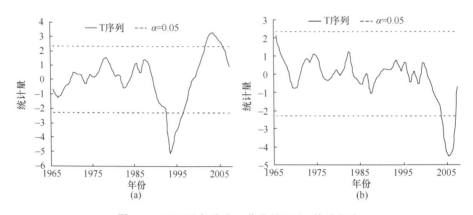

图 2-22　湄潭站年降水、蒸发量滑动 t 检验曲线

2.2.3.2　修文站

分别计算修文站 1960~2012 年年降水、蒸发量的 UF_k 和 UB_k 值，绘制曼-肯德尔（Mann-Kendall）突变检验统计量 UF_k-UB_k 曲线，如图 2-23 所示。

图 2-23（a）是修文站年降水量 M-K 检验统计图。按照 M-K 法，在 ±1.96 信度线间 UF_k 和 UB_k 相交于 3 个点，分别是 1986 年、1990 年、2002 年。图 2-23（b）是修文站年蒸发量 M-K 检验统计图，在 ±1.96 信度线间 UF_k 和 UB_k 相交于 1 个点，为 1978 年。

由于均值突变能较好地反映气候基本状况的变化，利用滑动 t 检验对修文站 1960~2012 年年降水、蒸发量进行突变分析。取 $n_1 = n_2 = 5$ 年，选取信度 5，自由度 $n_1 + n_2 - 2$ 时显著性水平 t_α 为 2.31，如果 $|t_i| \geq t_\alpha$，则认为在第 i 年前、后 n 年两时段可能会有突变。将计算出的 t 统计量序列和 t_α 绘出图，图中虚线为 $\alpha = 0.05$ 信度临界值。

图 2-24 是 $n_1 = n_2 = 5$ 年的滑动 t 检验图。从图 2-24（a）中得出：修文站年降水量序列在 1991 年（$t_\alpha = -2.98$）发生增多突变；在 2001 年（$t_\alpha = 2.50$）发生了减少突变。从图 2-24（b）中分析得出，修文站年蒸发量序列在 1998 年（$t_\alpha = 3.13$）发生了减少突变。

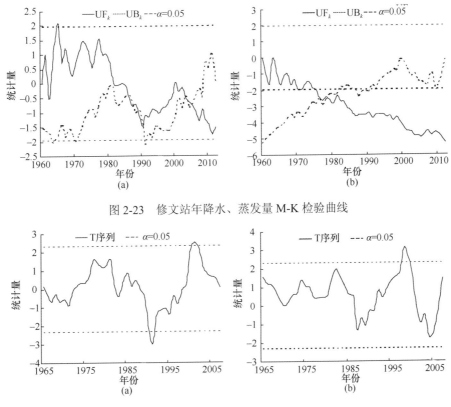

图 2-23 修文站年降水、蒸发量 M-K 检验曲线

图 2-24 修文站年降水、蒸发量滑动 *t* 检验曲线

2.2.3.3 兴仁站

分别计算兴仁站 1960~2012 年年降水、蒸发量的 UF_k 和 UB_k 值，绘制曼-肯德尔（Mann-Kendall）突变检验统计量 UF_k-UB_k 曲线，如图 2-25 所示。

图 2-25（a）是兴仁站年降水量 M-K 检验统计图。按照 M-K 法，在±1.96 信度线间，UF_k 和 UB_k 相交于 1 个点，为 2008 年。图 2-25（b）是兴仁站年蒸发量 M-K 检验统计图，在±1.96 信度线间 UF_k 和 UB_k 相交于 4 个点，分别是 1983 年、2001 年、2004 年和 2011 年。

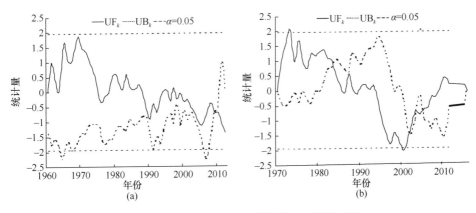

图 2-25 兴仁站年降水、蒸发量 M-K 检验曲线

由于均值突变能较好地反映气候基本状况的变化，利用滑动 t 检验对兴仁站 1960~2012 年年降水量、1970~2012 年年蒸发量进行突变分析。取 $n_1=n_2=5$ 年，选取信度 5，自由度 n_1+n_2-2 时显著性水平 t_α 为 2.31，如果 $|t_i| \geq t_\alpha$，则认为在第 i 年前、后 n 年两时段可能会有突变。将计算出的 t 统计量序列和 t_α 绘出图，图中虚线为 $\alpha = 0.05$ 信度临界值。

图 2-26 是 $n_1=n_2=5$ 年的滑动 t 检验图。从图 2-26（a）中分析得出：兴仁站年降水量序列未发生明显的突变现象。从图 2-26（b）中分析得出，兴仁站年蒸发量序列在 2000 年（t_α =−2.77）发生了增多突变。

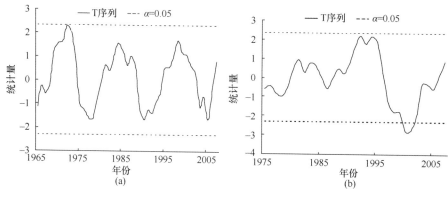

图 2-26　兴仁站年降水、蒸发量滑动 t 检验曲线

2.2.3.4　纳雍站

分别计算纳雍站 1960~2012 年年降水、蒸发量的 UF_k 和 UB_k 值，绘制曼-肯德尔（Mann-Kendall）突变检验统计量 UF_k-UB_k 曲线，如图 2-27 所示。

图 2-27（a）是纳雍站年降水量 M-K 检验统计图。按照 M-K 法，在±1.96 信度线间 UF_k 和 UB_k 相交于 3 个点，分别是 1984 年、1990 年、1996 年。图 2-27（b）是纳雍站年蒸发量 M-K 检验统计图，在±1.96 信度线间 UF_k 和 UB_k 相交于 1 个点，为 1974 年。

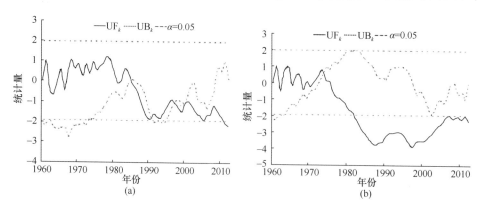

图 2-27　纳雍站年降水、蒸发量 M-K 检验曲线

由于均值突变能较好地反映气候基本状况的变化，利用滑动 t 检验对纳雍站 1960~2012 年年降水、蒸发量进行突变分析。取 $n_1=n_2=5$ 年，选取信度 5，自由度 n_1+n_2-2 时显著性水平 t_α 为 2.31，如果 $|t_i| \ge t_\alpha$，则认为在第 i 年前、后 n 年两时段可能会有突变。将计算出的 t 统计量序列和 t_α 绘出图，图中虚线为 $\alpha = 0.05$ 信度临界值。

图 2-28 是 $n_1=n_2=5$ 年的滑动 t 检验图。如图 2-28 所示，从图 2-28（a）中分析得出：纳雍站年降水量序列在 1984 年（t_α =2.32）发生了减少突变；1990 年（t_α =-3.95）发生了增多突变。从图 2-28（b）中分析得出，纳雍站年蒸发量序列在 1974 年（t_α =2.85）发生了减少突变；1982 年（t_α =4.22）发生了减少突变；1987 年（t_α =-4.54）发生了增多突变；1998 年（t_α =-2.86）发生了增多突变；2001 年（t_α =-3.33）发生了增多突变。

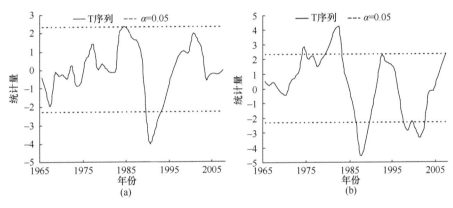

图 2-28　纳雍站年降水、蒸发量滑动 t 检验曲线

2.2.3.5　印江站

分别计算印江站 1960~2012 年年降水、蒸发量的 UF_k 和 UB_k 值，绘制曼-肯德尔（Mann-Kendall）突变检验统计量 UF_k-UB_k 曲线，如图 2-29 所示。

图 2-29（a）是印江站年降水量 M-K 检验统计图。按 M-K 法，在 ±1.96 信度线间 UF_k 和 UB_k 相交于 2 个点，分别是 1984、2008 年。图 2-29（b）是印江站年蒸发量 M-K 检验统计图，在 ±1.96 信度线间 UF_k 和 UB_k 相交于 2 个点，分别是 1976 年、1994 年。

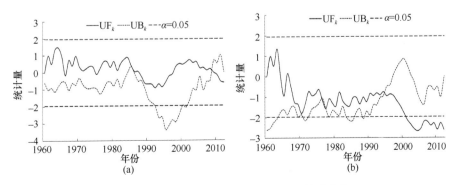

图 2-29　印江站年降水、蒸发量 M-K 检验曲线

由于均值突变能较好地反映气候基本状况的变化，利用滑动 t 检验对印江站 1960~2012 年年降水、蒸发量进行突变分析。取 $n_1=n_2=5$ 年，选取信度 5，自由度 n_1+n_2-2 时显著性水平 t_α 为 2.31，如果 $|t_i| \geqslant t_\alpha$，则认为在第 i 年前、后 n 年两时段可能会有突变。将计算出的 t 统计量序列和 t_α 绘出图，图中虚线为 $\alpha = 0.05$ 信度临界值。

图 2-30 是 $n_1=n_2=5$ 年的滑动 t 检验图。从图 2-30（a）中分析得出：印江站年降水量序列在 1984 年（t_α =2.48）发生了减少突变；在 1994 年（t_α =−3.21）发生增多突变。从图 2-30（b）中分析得出，印江站年蒸发量序列 1994 年（t_α =4.19）发生了减少突变；在 2001 年（t_α =−2.59）发生了增多突变。

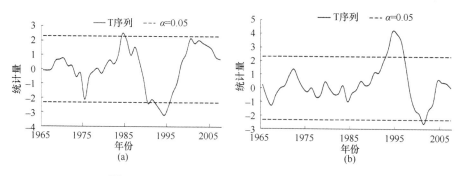

图 2-30　印江站年降水、蒸发量滑动 t 检验曲线

2.2.3.6　榕江站

分别计算榕江站 1960~2012 年年降水、蒸发量的 UF_k 和 UB_k 值，绘制曼-肯德尔（Mann-Kendall）突变检验统计量 UF_k-UB_k 曲线，如图 2-31 所示。

图 2-31（a）是榕江站年降水量 M-K 检验统计图。按照 M-K 法，在±1.96 信度线间 UF_k 和 UB_k 相交于 2 个点，分别是 1964 年和 2010 年。图 2-31（b）是榕江站年降水量 M-K 检验统计图，在±1.96 信度线间 UF_k 和 UB_k 相交于 1 个点，为 1974 年。

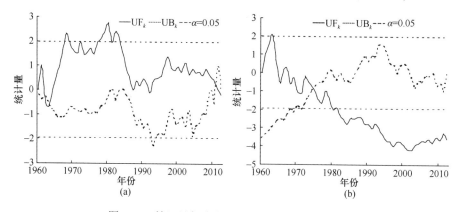

图 2-31　榕江站年降水、蒸发量 M-K 检验曲线

由于均值突变能较好地反映气候基本状况的变化，利用滑动 t 检验对榕江站 1960~2012 年年降水、蒸发量进行突变分析。取 $n_1=n_2=5$ 年，选取信度 5，自由度 n_1+n_2-2

时显著性水平 t_α 为 2.31，如果 $|t_i| \geq t_\alpha$，则认为在第 i 年前、后 n 年两时段可能会有突变。将计算出的 t 统计量序列和 t_α 绘出图，图中虚线为 $\alpha = 0.05$ 信度临界值。

图 2-32 是 $n_1=n_2=5$ 年的滑动 t 检验图。从图 2-32（a）中分析得出：榕江站年降水量序列未发生比较明显的突变现象。从图 2-32（b）中分析得出，榕江站年蒸发量序列在 1978 年（$t_\alpha =2.41$）发生了减少突变。

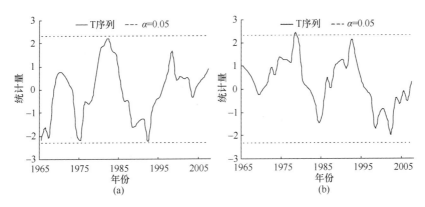

图 2-32　榕江站年降水、蒸发量滑动 t 检验曲线

2.2.4　周期性

20 世纪 80 年代初由 Morlet 提出的具有时频多分辨率功能的小波分析（Wavelet Analysis）为更好地分析水文时间序列变化特性奠定了基础。小波分析是一种窗口大小固定但其形状可以改变，即能够调节时频窗的时频局部化分析方法。它在时域和频域上同时具有良好的局部化功能，可以对时间序列进行局部化分析，剖析其内部精细结构，具有时频多分辨功能。因此，小波分析作为一种调和分析方法，是 Fourier 分析发展史上的一个里程碑，被人们誉为数学"显微镜"。随着小波理论的形成和发展，逐渐被许多水科学工作者重视，并引入到了水文学科中。

研究选择贵州省具有典型代表站的主要气象要素作为研究对象，利用 Morlet 小波分析法对主要气象要素进行多尺度周期分析研究，通过 Morlet 小波系数实部时频图分析不同时间尺度下年水文要素丰枯交替变化情况，对主要气象要素序列进行详细的剖析；利用小波方差反映波动能量分布特点以确定主周期，揭示研究区水文要素多时间尺度变化规律，全面科学地认识贵州省典型站点主要气象要素在时频域内的演变规律。

2.2.4.1　湄潭站

1）降水系列的小波系数分析

采用 Morlet 小波对湄潭站近 53 年来降水量序列进行连续小波变换，得小波变换系数的实部等值线图，如图 2-33 所示。

从图 2-33 中可以看出，湄潭站近 53 年年降水量在不同时间尺度上存在周期振荡，图中实线表示实部大于和等于 0，即正相位，表示降水偏丰；虚线表示实部小于 0，即负相位，表示降水偏枯；小波系数为零处则对应着突变点。

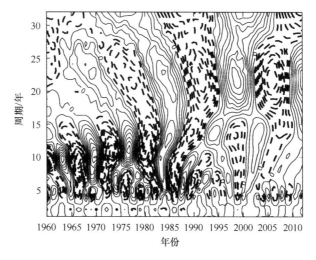

图 2-33　湄潭站年降水 Morlet 小波系数实部等值线图

由图 2-33 还可以清晰地看出，湄潭站近 53 年降水量包含了多个不同尺度的周期变化，反映了小波系数表征的年降水量在不同尺度下随时间偏丰、偏枯交替变化的特征，存在明显的年代和年际变化。不同时间尺度所对应的降水结构是不同的，小尺度的多少变化为嵌套在较大尺度下的较为复杂的多少结构。从图 2-33 分析得出，主要存在 3 个明显的周期变化规律，分别是 3~9 年、10~16 年、17~30 年。

2）降水序列的小波方差分析

小波方差反映了波动的能量随尺度的分布，通过小波方差图可以确定降水量序列存在的主要时间尺度，即主周期。通过上述分析湄潭站 1960~2012 年年降水量的小波变化特征，湄潭站近 53 年来年降水量存在明显的周期振荡。计算湄潭站年降水量时间序列的小波方差，依次确定降水序列中存在的主要时间周期，如图 2-34 所示。

图 2-34 是湄潭站年降水小波方差图。观察可知，年降水小波方差图具有 4 个峰值，分别对应时间尺度 5 年、8 年、12 年和 21 年。其中，时间尺度 12 年峰值最高，能量最大；其次是 8 年；第三峰值是 21 年。这 4 个主振荡周期决定着湄潭站年降水量序列在整个研究时域内的变化特性。

3）蒸发系列的小波系数分析

采用 Morlet 小波对湄潭站近 53 年来蒸发量时间序列进行连续小波变换，得小波变换系数的实部等值线图，如图 2-35 所示。从图 2-35 中可以看出，湄潭站近 53 年年蒸发量在不同时间尺度上存在周期振荡，图中实线表示实部大于和等于 0，即正相位，表示蒸发偏丰；虚线表示实部小于 0，即负相位，表示蒸发偏枯；小波系数为零处则对应着突变点。从图 2-35 中可以清晰地看出，湄潭站近 53 年蒸发量包含了多个不同尺度的周期变化，反映了小波系数表征的年蒸发量在不同尺度下随时间偏丰、偏枯交替变化的特

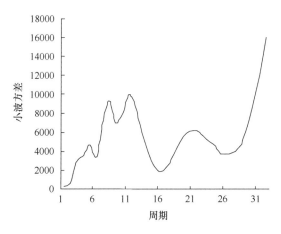

图 2-34 湄潭站年降水序列小波方差图

征，存在明显的年代和年际变化。不同时间尺度所对应的降水结构是不同的，小尺度的多少变化为嵌套在较大尺度下的较为复杂的多少结构。从图 2-35 中分析得出，主要存在 3 个明显的周期变化规律，分别是 3~7 年、8~15 年、16~30 年。

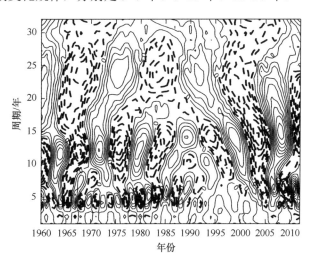

图 2-35 湄潭站年蒸发 Morlet 小波系数实部等值线图

4）蒸发序列的小波方差分析

小波方差反映了波动的能量随尺度的分布，通过小波方差图可以确定年蒸发量时间序列存在的主要时间尺度，即主周期。通过上述湄潭站 1960~2012 年年蒸发量的小波变化特征，湄潭站近 53 年来年蒸发量存在明显的周期振荡。计算湄潭站年蒸发时间序列的小波方差，依次确定年蒸发时间序列中存在的主要时间周期，见图 2-36。

图 2-36 是年蒸发小波方差图。观察可知，年蒸发小波方差图具有 3 个峰值，分别对应时间尺度 4 年、14 年和 23 年。其中，时间尺度 14 年峰值最高，能量最大；其次是 23 年；第三峰值是 4 年。这 3 个主振荡周期决定着湄潭站年蒸发量时间序列在整个研究时域内的变化特性。

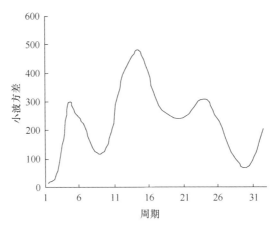

图 2-36　湄潭站年蒸发序列小波方差图

2.2.4.2　修文站

1）降水系列的小波系数分析

采用 Morlet 小波对修文站近 53 年来降水量序列进行连续小波变换，得小波变换系数的实部等值线图，如图 2-37 所示。

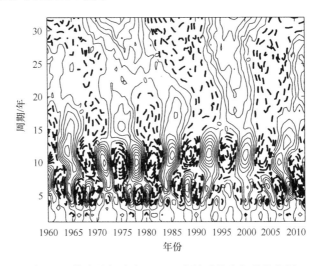

图 2-37　修文站年降水 Morlet 小波系数实部等值线图

从图 2-37 中可以看出，修文站近 53 年年降水量在不同时间尺度上存在周期振荡，图中实线表示实部大于和等于 0，即正相位，表示降水偏丰；虚线表示实部小于 0，即负相位，表示降水偏枯；小波系数为零处则对应着突变点。修文站近 53 年降水量包含了多个不同尺度的周期变化，反映了小波系数表征的年降水量在不同尺度下随时间偏丰、偏枯交替变化的特征，存在明显的年代和年际变化。不同时间尺度所对应的降水结构是不同的，小尺度的多少变化为嵌套在较大尺度下的较为复杂的多少结构；主要存在 3 个明显的周期变化规律，分别是 3~8 年、9~20 年、21~30 年。

2）降水序列的小波方差分析

小波方差反映了波动的能量随尺度的分布，通过小波方差图可以确定降水量序列存在的主要时间尺度，即主周期。通过上述分析修文站1960~2012年年降水量的小波变化特征，修文站近53年来年降水量存在明显的周期振荡。计算修文站年降水量时间序列的小波方差，依次确定降水序列中存在的主要时间周期，见图2-38。

由图2-38可知，年降水小波方差图具有3个峰值，分别对应时间尺度4年、7年和12年。其中，时间尺度12年峰值最高，能量最大；其次是7年；第三峰值是4年。这3个主振荡周期决定着修文站年降水量序列在整个研究时域内的变化特性。

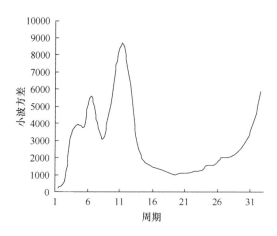

图 2-38　修文站年降水序列小波方差图

3）蒸发系列的小波系数分析

采用Morlet小波对修文站近53年来蒸发量时间序列进行连续小波变换，得小波变换系数的实部等值线图，如图2-39所示。

从图2-39中可以看出，修文站近53年年蒸发量在不同时间尺度上存在周期振荡，图中实线表示实部大于和等于0，即正相位，表示蒸发偏丰；虚线表示实部小于0，负相位，表示蒸发偏枯；小波系数为零处则对应着突变点。修文站近53年蒸发量包含了多个不同尺度的周期变化，反映了小波系数表征的年蒸发量在不同尺度下随时间偏丰、偏枯交替变化的特征，存在明显的年代和年际变化。不同时间尺度所对应的降水结构是不同的，小尺度的多少变化为嵌套在较大尺度下的较为复杂的多少结构；主要存在3个明显的周期变化规律，分别是3~9年、10~18年、19~30年。

4）蒸发序列的小波方差分析

小波方差反映了波动的能量随尺度的分布，通过小波方差图可以确定年蒸发量时间序列存在的主要时间尺度，即主周期。通过上述分析修文站1960~2012年年蒸发量的小波变化特征，修文站近53年来年蒸发量存在明显的周期振荡。计算修文站年蒸发时间序列的小波方差，依次确定年蒸发量时间序列中存在的主要时间周期，见图2-40。

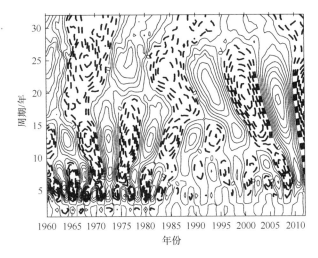

图 2-39 修文站年蒸发 Morlet 小波系数实部等值线

图 2-40 是年蒸发小波方差图。观察可知，年蒸发小波方差图具有 4 个峰值，对应时间尺度 5 年、8 年、14 年和 21 年。其中，时间尺度 21 年峰值最高，能量最大；其次是 5 年；第三峰值是 14 年。这 4 个主振荡周期决定着修文站年蒸发量时间序列在整个研究时域内的变化特性。

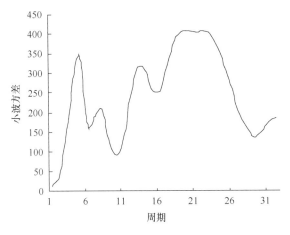

图 2-40 修文站年蒸发序列小波方差图

2.2.4.3 兴仁站

1）降水系列的小波系数分析

采用 Morlet 小波对兴仁站近 53 年来降水量序列进行连续小波变换，得小波变换系数的实部等值线图，如图 2-41 所示。

从图 2-41 可以看出，兴仁站近 53 年年降水量在不同时间尺度上存在周期振荡，图中实线表示实部大于和等于 0，即正相位，表示降水偏丰；虚线表示实部小于 0，即负相位，表示降水偏枯；小波系数为零处则对应着突变点。兴仁站近 53 年降水量包含了多个不同尺度的周期变化，反映了小波系数表征的年降水量在不同尺度下随时间偏丰、偏枯交替变化的特征，存在明显的年代和年际变化。不同时间尺度所对应的降水结构是不同的，小尺度的多少变化为嵌套在较大尺度下的较为复杂的多少结构；主要存在 3 个明显的周期变化规律，分别是 3~7 年、8~14 年、15~30 年。

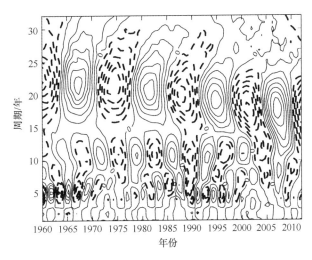

图 2-41　兴仁站年降水 Morlet 小波系数实部等值线图

2）降水序列的小波方差分析

小波方差反映了波动的能量随尺度的分布，通过小波方差图可以确定降水量序列存在的主要时间尺度，即主周期。通过上述分析兴仁站 1960~2012 年年降水量的小波变化特征，兴仁站近 53 年来年降水量存在明显的周期振荡。计算兴仁站年降水量时间序列的小波方差，依次确定降水序列中存在的主要时间周期，见图 2-42。

由图 2-42 可知，年降水小波方差图具有 3 个峰值，分别对应时间尺度 5 年、13 年和 20 年。其中，时间尺度 20 年峰值最高，能量最大；其次是 5 年；第三峰值是 13 年。这 3 个主振荡周期决定着兴仁站年降水量序列在整个研究时域内的变化特性。

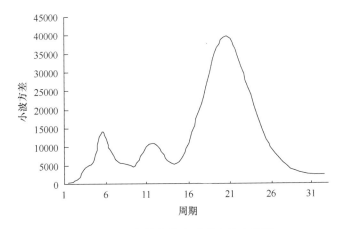

图 2-42　兴仁站年降水序列小波方差图

3）蒸发系列的小波系数分析

采用 Morlet 小波对兴仁站近 43 年来蒸发量时间序列进行连续小波变换，得小波变换系数的实部等值线图，如图 2-43 所示。

从图 2-43 中可以看出，兴仁站近 43 年年蒸发量在不同时间尺度上存在周期振荡，图中实线表示实部大于和等于 0，即正相位，表示蒸发偏丰；虚线表示实部小于 0，即负相位，表示蒸发偏枯；小波系数为零处则对应着突变点。兴仁站近 43 年蒸发量包含了多个不同尺度的周期变化，反映了小波系数表征的年蒸发量在不同尺度下随时间偏丰、偏枯交替变化的特征，存在明显的年代和年际变化。不同时间尺度所对应的降水结构是不同的，小尺度的多少变化为嵌套在较大尺度下的较为复杂的多少结构；主要存在 3 个明显的周期变化规律，分别是 3~8 年、9~15 年、16~30 年。

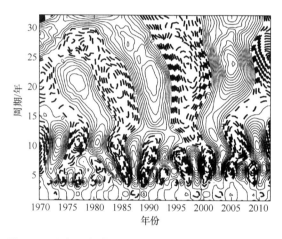

图 2-43 兴仁站年蒸发 Morlet 小波系数实部等值线图

4）蒸发序列的小波方差分析

小波方差反映了波动的能量随尺度的分布，通过小波方差图可以确定年蒸发量时间序列存在的主要时间尺度，即主周期。通过上述分析兴仁站 1970~2012 年年蒸发量的小波变化特征，兴仁站近 43 年来年蒸发量存在明显的周期振荡。计算兴仁站年蒸发时间序列的小波方差，依次确定年蒸发量时间序列中存在的主要时间周期，见图 2-44。

由图 2-44 观察可知，年蒸发小波方差图具有 3 个峰值，对应时间尺度 6 年、11 年和 24 年。其中，时间尺度 24 年峰值最高，能量最大；其次是 11 年；第三峰值是 6 年。这 3 个主振荡周期决定着兴仁站年蒸发量时间序列在整个研究时域内的变化特性。

2.2.4.4 纳雍站

1）降水系列的小波系数分析

采用 Morlet 小波对纳雍站近 53 年来降水量序列进行连续小波变换，得小波变换系数的实部等值线图，如图 2-45 所示。

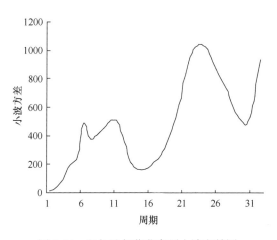

图 2-44 兴仁站年蒸发序列小波方差图

虚线表示实部小于 0，即负相位，表示降水偏枯；小波系数为零处则对应着突变点。纳雍站近 53 年降水量包含了多个不同尺度的周期变化，反映了小波系数表征的年降水量在不同尺度下随时间偏丰、偏枯交替变化的特征，存在明显的年代和年际变化。不同时间尺度所对应的降水结构是不同的，小尺度的多少变化为嵌套在较大尺度下的较为复杂的多少结构；主要存在 3 个明显的周期变化规律，分别是 3~8 年、10~15 年、16~30 年。

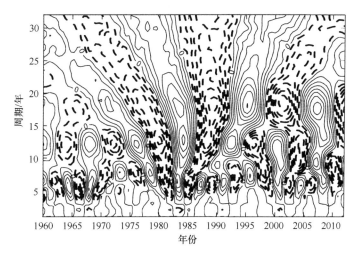

图 2-45 纳雍站年降水 Morlet 小波系数实部等值线图

2）降水序列的小波方差分析

小波方差反映了波动的能量随尺度的分布，通过小波方差图可以确定降水量序列存在的主要时间尺度，即主周期。纳雍站 1960~2012 年年降水量的小波变化特征分析结果表明，纳雍站近 53 年来年降水量存在明显的周期振荡。计算纳雍站年降水量时间序列的小波方差，依次确定降水序列中存在的主要时间周期，见图 2-46。

由图 2-46 观察可知，年降水小波方差图具有 3 个峰值，分别对应时间尺度 7 年、

13 年和 19 年。其中，时间尺度 19 年峰值最高，能量最大；其次是 13 年；第三峰值是 7 年。这 3 个主振荡周期决定着纳雍站年降水量序列在整个研究时域内的变化特性。

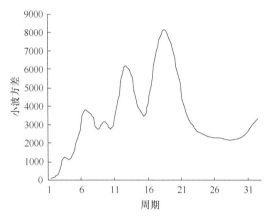

图 2-46 纳雍站年降水序列小波方差图

3）蒸发系列的小波系数分析

采用 Morlet 小波对纳雍站近 53 年来蒸发量时间序列进行连续小波变换，得小波变换系数的实部等值线图，如图 2-47 所示。

从图 2-47 可以看出，纳雍站近 53 年蒸发量在不同时间尺度上存在周期振荡，图中实线表示实部大于和等于 0，即正相位，表示蒸发偏丰；虚线表示实部小于 0，即负相位，表示蒸发偏枯；小波系数为零处则对应着突变点。纳雍站近 53 年蒸发量包含了多个不同尺度的周期变化，反映了小波系数表征的年蒸发量在不同尺度下随时间偏丰、偏枯交替变化的特征，存在明显的年代和年际变化。不同时间尺度所对应的降水结构是不同的，小尺度的多少变化为嵌套在较大尺度下的较为复杂的多少结构；主要存在 3 个明显的周期变化规律，分别是 3~8 年、9~16 年、20~30 年。

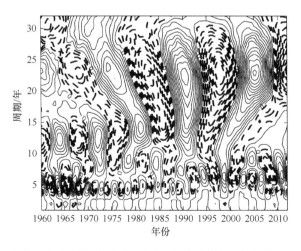

图 2-47 纳雍站年蒸发 Morlet 小波系数实部等值线图

4）蒸发序列的小波方差分析

小波方差反映了波动的能量随尺度的分布，通过小波方差图可以确定年蒸发量时间序列存在的主要时间尺度，即主周期。纳雍站 1960~2012 年年蒸发量的小波变化特征分析结果表明，纳雍站近 53 年来年蒸发量存在明显的周期振荡。计算纳雍站年蒸发时间序列的小波方差，依次确定年蒸发量时间序列中存在的主要时间周期，见图 2-48。

由图 2-48 可知，年蒸发小波方差图具有 3 个峰值，分别对应时间尺度 5 年、14 年和 23 年。其中，时间尺度 23 年峰值最高，能量最大；其次是 14 年；第三峰值是 5 年。这 3 个主振荡周期决定着纳雍站年蒸发量时间序列在整个研究时域内的变化特性。

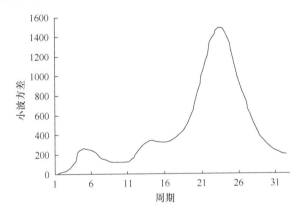

图 2-48　纳雍站年蒸发序列小波方差图

2.2.4.5　印江站

1）降水系列的小波系数分析

采用 Morlet 小波对印江站近 53 年来降水量序列进行连续小波变换，得小波变换系数的实部等值线图，如图 2-49 所示。

从图 2-49 中可以看出，印江站近 53 年年降水量在不同时间尺度上存在周期振荡，图中实线表示实部大于和等于 0，即正相位，表示降水偏丰；虚线表示实部小于 0，即负相位，表示降水偏枯；小波系数为零处则对应着突变点。印江站近 53 年降水量包含了多个不同尺度的周期变化，反映了小波系数表征的年降水量在不同尺度下随时间偏丰、偏枯交替变化的特征，存在明显的年代和年际变化。不同时间尺度所对应的降水结构是不同的，小尺度的多少变化为嵌套在较大尺度下的较为复杂的多少结构；主要存在 3 个明显的周期变化规律，分别是 3~7 年、8~12 年、15~30 年。

2）降水序列的小波方差分析

小波方差反映了波动的能量随尺度的分布，通过小波方差图可以确定降水量序列存在的主要时间尺度，即主周期。印江站 1960~2012 年年降水量的小波变化特征分析结果表明，印江站近 53 年来年降水量存在明显的周期振荡。计算印江站年降水量时间序列的小波方差，依次确定降水序列中存在的主要时间周期，见图 2-50。

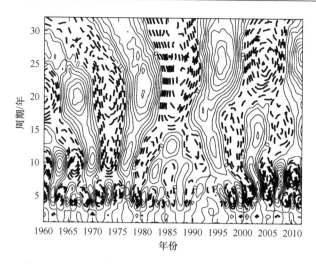

图 2-49　印江站年降水 Morlet 小波系数实部等值线图

由图 2-50 可知，年降水小波方差图具有 3 个峰值，分别对应时间尺度 4 年、9 年和 26 年。其中，时间尺度 26 年峰值最高，能量最大；其次是 4 年；第三峰值是 9 年。这 3 个主振荡周期决定着印江站年降水量序列在整个研究时域内的变化特性。

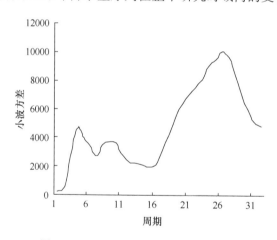

图 2-50　印江站年降水序列小波方差图

3）蒸发系列的小波系数分析

采用 Morlet 小波对印江站近 53 年来蒸发量时间序列进行连续小波变换，得小波变换系数的实部等值线图，如图 2-51 所示。

从图 2-51 中可以看出，印江站近 53 年蒸发量在不同时间尺度上存在周期振荡，图中实线表示实部大于和等于 0，即正相位，表示蒸发偏丰；虚线表示实部小于 0，即负相位，表示蒸发偏枯；小波系数为零处则对应着突变点；反映了小波系数表征的年蒸发量在不同尺度下随时间偏丰、偏枯交替变化的特征，存在明显的年代和年际变化。不同时间尺度所对应的降水结构是不同的，小尺度的多少变化为嵌套在较大尺度下的较为复杂的多少结构；主要存在 4 个明显的周期变化规律，分别是 3~6 年、7~10 年、10~15 年、16~30 年。

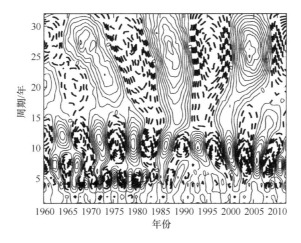

图 2-51 印江站年蒸发 Morlet 小波系数实部等值线图

4）蒸发序列的小波方差分析

小波方差反映了波动的能量随尺度的分布，通过小波方差图可以确定年蒸发量时间序列存在的主要时间尺度，即主周期。印江站 1960~2012 年年蒸发量的小波变化特征研究结果表明，印江站近 53 年来年蒸发量存在明显的周期振荡。计算印江站年蒸发时间序列的小波方差，依次确定年蒸发量时间序列中存在的主要时间周期，见图 2-52。

图 2-52 是年蒸发小波方差图，观察可知，年蒸发小波方差图具有 3 个峰值，对应时间尺度 4 年、12 年和 28 年。其中，时间尺度 28 年峰值最高，能量最大；其次是 12 年；第三峰值是 4 年。这 3 个主振荡周期决定着印江站年蒸发量时间序列在整个研究时域内的变化特性。

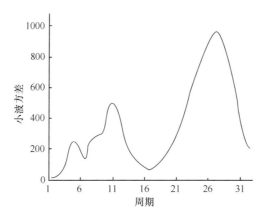

图 2-52 印江站年蒸发序列小波方差图

2.2.4.6 榕江站

1）降水系列的小波系数分析

采用 Morlet 小波对榕江站近 53 年来降水量序列进行连续小波变换，得小波变换系数的实部等值线图，如图 2-53 所示。

从图 2-53 中可以看出，榕江站近 53 年降水量在不同时间尺度上存在周期振荡，图中实线表示实部大于和等于 0，即正相位，表示降水偏丰；虚线表示实部小于 0，即负相位，表示降水偏枯；小波系数为零处则对应着突变点；榕江站近 53 年降水量包含了多个不同尺度的周期变化，反映了小波系数表征的年降水量在不同尺度下随时间偏丰、偏枯交替变化的特征，存在明显的年代和年际变化。不同时间尺度所对应的降水结构是不同的，小尺度的多少变化为嵌套在较大尺度下的较为复杂的多少结构；主要存在 3 个明显的周期变化规律，分别是 3~8 年、10~15 年、16~30 年。

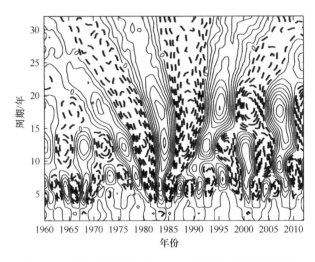

图 2-53　榕江站年降水 Morlet 小波系数实部等值线图

2）降水序列的小波方差分析

小波方差反映了波动的能量随尺度的分布，通过小波方差图可以确定降水量序列存在的主要时间尺度，即主周期。通过上述分析榕江站 1960~2012 年年降水量的小波变化特征，榕江站近 53 年来年降水量存在明显的周期振荡。计算榕江站年降水量时间序列的小波方差，依次确定降水序列中存在的主要时间周期，见图 2-54。

图 2-54 显示，榕江站年降水小波方差图具有 3 个峰值，分别对应时间尺度 8 年、13 年和 18 年。其中，时间尺度 18 年峰值最高，能量最大；其次是 13 年；第三峰值是 8 年。这 3 个主振荡周期决定着榕江站年降水量序列在整个研究时域内的变化特性。

3）蒸发系列的小波系数分析

采用 Morlet 小波对榕江站近 53 年来蒸发量时间序列进行连续小波变换，得小波变换系数的实部等值线图，如图 2-55 所示。

从图 2-55 中可以看出，榕江站近 53 年蒸发量在不同时间尺度上存在周期振荡，图中实线表示实部大于和等于 0，即正相位，表示蒸发偏丰；虚线表示实部小于 0，即负相位，表示蒸发偏枯；小波系数为零处则对应着突变点；榕江站近 53 年蒸发量包含了多个不同尺度的周期变化，反映了小波系数表征的年蒸发量在不同尺度下随时间偏丰、

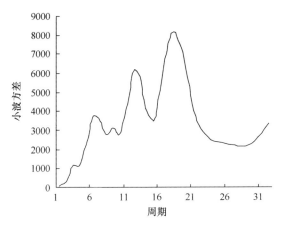

图 2-54 榕江站年降水序列小波方差图

偏枯交替变化的特征，存在明显的年代和年际变化。不同时间尺度所对应的降水结构是不同的，小尺度的多少变化为嵌套在较大尺度下的较为复杂的多少结构；主要存在 3 个明显的周期变化规律，分别是 3~9 年、10~15 年、16~30 年。

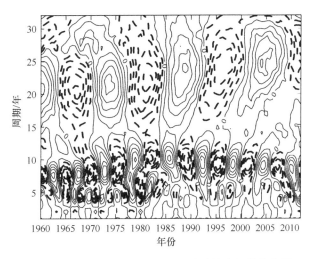

图 2-55 榕江站年蒸发 Morlet 小波系数实部等值线图

4）蒸发序列的小波方差分析

小波方差反映了波动的能量随尺度的分布，通过小波方差图可以确定年蒸发量时间序列存在的主要时间尺度，即主周期。榕江县 1960~2012 年年蒸发量的小波变化特征分析结果表明，榕江站近 53 年来蒸发量存在明显的周期振荡。计算榕江站年蒸发时间序列的小波方差，依次确定年蒸发量时间序列中存在的主要时间周期，见图 2-56。

图 2-56 表明，榕江站年蒸发小波方差图具有 3 个峰值，分别对应时间尺度 5 年、9 年和 22 年。其中，时间尺度 9 年峰值最高，能量最大；其次是 22 年；第三峰值是 5 年。这 3 个主振荡周期决定着榕江站年蒸发量时间序列在整个研究时域内的变化特性。

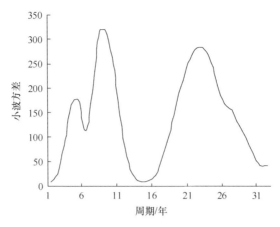

图 2-56　榕江站年蒸发序列小波方差图

2.3　贵州省典型径流分析

　　研究选取贵州 6 个典型水文站：凤冈站、旺草站；黄猫村站、修文站；马岭站、巴铃站径流资料，应用多个指标来衡量贵州省 6 个典型水文站点的径流年内、年际变化特征及其演变规律。

　　用年内分配比、不均匀系数、集中期、变化幅度等指标表征径流量年内变化特征，用年代距平、径流模比系数、径流变差系数、年极值比等指标表征径流量年际变化特征。利用线性倾向估计法与 Kendall 秩次相关检验法分析典型径流量的趋势性；采用Mann-Kendall 非参数秩次相关检验法联合滑动 t 检验法对贵州省 6 个典型水文站监测的径流量进行了突变点综合识别，从不同角度衡量分析了贵州省典型径流量的年际变化特征，同时利用小波分析进行了年径流量的周期分析。

2.3.1　径流变化特征分析

2.3.1.1　年内分配特征

　　径流年内分配特征是径流研究的重要内容之一，与之密切联系的有流域自然下垫面、河川径流补给来源等，也就是说下垫面、补给条件的改变直接关系到径流年内分配特征，其变化特征影响着人类社会的安全，同时也影响着生态系统的健康。径流年内分配特征是划分河流类型的重要参考，是水资源评价时的基础，并且在水利、水文、农业区划中也常被用作重要指标。研究径流年内分配的变化过程和演变规律，不仅对水资源变化趋势的挖掘有帮助，对合理开发、利用水资源同样具有重要的实际意义。由于具有季节变化特性的降水、气温、风速等气象要素与径流补给之间的相关联系，径流的补给与之相对应地也具有季节性，最终致使河川径流年内分配随季节性补给而显现出不均匀性。目前，从不同角度表征径流年内分配特征的方法有多种。研究从年内不均匀系数、集中度、集中期以及变化幅度 3 个角度来标度贵州省 6 个典型水文站的年内分配特征。贵州省 6 个典型水文站各月径流分配为表 2-10 及图 2-57。

表 2-10　贵州省各典型水文站月平均径流量占年平均径流量的百分比（%）

站点	3 月	4 月	5 月	春季	6 月	7 月	8 月	夏季
凤冈	3.51	6.16	10.75	20.42	21.97	17.23	9.73	48.94
旺草	3.81	6.48	12.13	22.42	20.50	17.67	9.46	47.63
黄猫村	1.45	1.51	7.16	10.12	23.20	25.72	13.56	62.48
修文	2.38	4.81	9.85	17.04	20.71	23.51	11.42	55.65
马岭	1.65	1.63	4.39	7.67	19.91	25.93	18.27	64.11
巴铃	1.27	0.92	5.59	7.78	24.09	24.94	17.66	66.69

站点	9 月	10 月	11 月	秋季	12 月	1 月	2 月	冬季
凤冈	6.70	8.78	5.29	20.77	3.55	3.18	3.14	9.87
旺草	7.09	8.49	5.59	21.17	3.22	2.86	2.80	8.88
黄猫村	9.22	7.63	4.30	21.05	2.48	2.07	1.80	6.35
修文	8.03	7.44	4.56	20.03	2.67	2.35	2.26	7.28
马岭	11.26	7.65	3.77	22.69	2.09	1.74	1.70	5.53
巴铃	11.68	6.95	3.13	21.75	1.51	1.20	1.08	3.78

　　由贵州省各典型水文站径流四季分布图 2-57 可以看出：径流年内分配极不均匀，主要集中在 7 月、8 月、9 月、10 月，占年径流总量的 60% 以上。夏季径流量最大，为 50%~60%，秋、春季次之，冬季径流量最小，占年平均径流总量的比例不足 10%。

　　从图 2-57 中还可以看出：径流的四季分布从凤冈站、旺草站，到黄猫村站、修文站，再到马岭站、巴铃站不均匀性加剧，结合水文站所处地理位置，即径流四季分布不均匀性从东北到西南梯度增加。

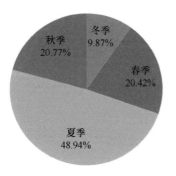

(a)凤冈水文站径流四季分布

(b)旺草水文站径流四季分布

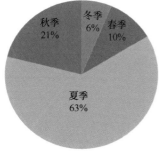

(c)黄猫村水文站径流四季分布

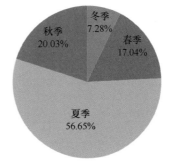

(d)修文水文站径流四季分布

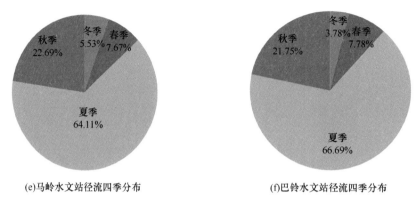

(e)马岭水文站径流四季分布　　　　　(f)巴铃水文站径流四季分布

图 2-57　贵州省各典型水文站径流四季分布图

图 2-58 为典型水文站多年平均月径流量图。由图可知：贵州省 6 个典型水文站点 1~4 月径流量变化不大，进入 5 月后，径流量逐渐增大，到 7 月左右，径流出现年均径流峰值，随后的 10 月、11 月、12 月径流量迅速减少。各水文站各月径流量具有同步性，各站径流年内分配曲线都呈"单峰型"。

图 2-59 为典型水文站径流年内不均匀系数变化过程图。从图 2-59 中可以看出：除巴铃站外，凤冈站、旺草站、黄猫村站、修文站、马岭站 5 个水文站径流年内分配变化过程的不均匀系数变化过程曲线十分相似，年内分配比较集中和比较均匀的年份基本对应。

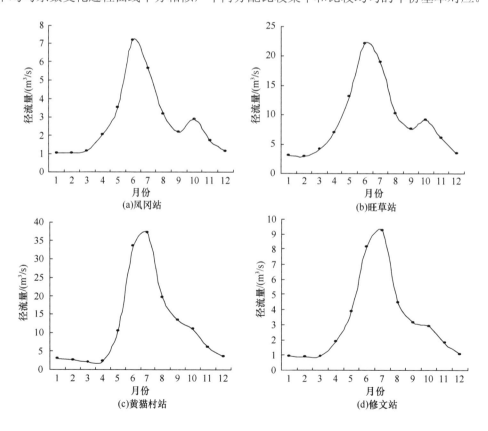

(a)凤冈站　　　　　(b)旺草站

(c)黄猫村站　　　　　(d)修文站

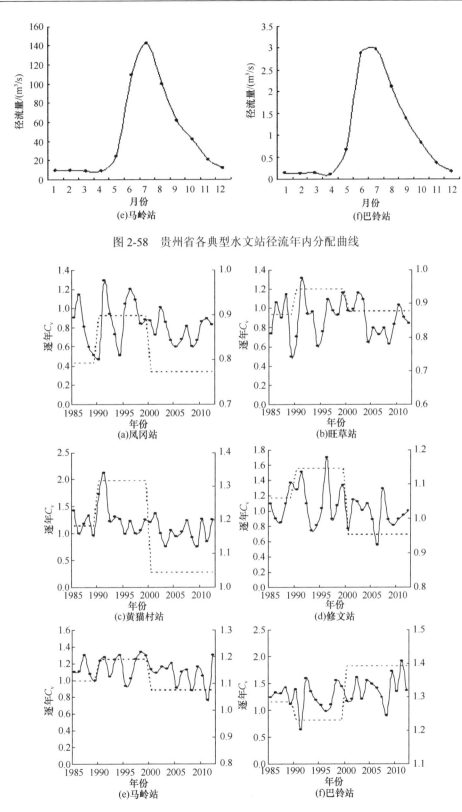

图 2-58 贵州省各典型水文站径流年内分配曲线

图 2-59 贵州省各典型水文站径流年内不均匀系数变化过程

表 2-11 为研究区各年代年径流量日偏差系数 $C_{v, 月}$ 值。从表 2-11 中可以看出：1985~1989 年径流的年内分配相对其他时段较为均匀，20 世纪 90 年代分配相对集中。随着时间的推移，研究区 $C_{v, 月}$ 值呈现出先增后减的总体变化趋势，表明近年来径流量年内分配由不均匀向相对均匀转变。

表 2-11　研究区域各年代年径流量 $C_{v, 月}$ 值

年份	凤冈	旺草	黄猫村	修文	马岭	巴铃
1985~1989 年	0.79	0.87	1.18	1.06	1.11	1.28
1990~1999 年	0.90	0.94	1.32	1.15	1.19	1.23
2000~2012 年	0.77	0.88	1.04	0.95	1.07	1.39
多年平均值	0.82	0.90	1.17	1.04	1.12	1.31

2.3.1.2　径流年内集中程度、集中期

计算贵州 6 个典型水文站的集中度、集中期，结果见表 2-12、表 2-13、图 2-60、图 2-61。

表 2-12　贵州省各典型水文站径流量集中度 RCD_{year}

年份	凤冈站	旺草站	黄猫村站	修文	马岭站	巴铃站	年代平均值
1985~1989 年	0.40	0.42	0.62	0.55	0.62	0.70	0.55
1990~1999 年	0.47	0.46	0.63	0.53	0.62	0.63	0.56
2000~2012 年	0.38	0.39	0.53	0.50	0.59	0.66	0.51
多年平均值	0.41	0.42	0.58	0.52	0.61	0.66	

表 2-13　贵州省各典型水文站径流量集中期 RCP_{year}

年份	凤冈站		旺草站		黄猫村站	
	RCP_{year}	日期	RCP_{year}	日期	RCP_{year}	日期
1980~1989 年	188.52	7.23	182.91	7.18	201.57	8.6
1990~1999 年	162.83	6.27	166.87	7.2	183.94	7.19
2000~2012 年	176.24	7.11	171.09	7.5	184.10	7.19
多年平均值	175.76	7.10	173.51	7.8	188.43	7.24

年份	修文站		马岭站		巴铃站	
	RCP_{year}	日期	RCP_{year}	日期	RCP_{year}	日期
1980~1989 年	188.57	7.24	197.96	8.2	198.56	8.3
1990~1999 年	179.70	7.14	194.94	7.30	192.23	7.27
2000~2012 年	178.46	7.13	183.85	7.18	179.50	7.14
多年平均值	180.13	7.16	191.13	7.27	189.88	7.25

由表 2-12、图 2-60 可以看出：6 个水文站的径流年内分配集中度 20 世纪 90 年代最大，分别为凤冈站 0.47、旺草站 0.46、黄猫村站 0.63、修文站 0.53、马岭站 0.62、巴铃站 0.63；21 世纪初最小，分别为凤冈站 0.38、旺草站 0.39、黄猫村站 0.53、修文站 0.50、马岭站 0.59、巴铃站 0.66。总体上表现为：1985~1989 年到 90 年代呈现上升，90 年代~21 世纪初呈现下降，即先增加后减小的变化趋势。

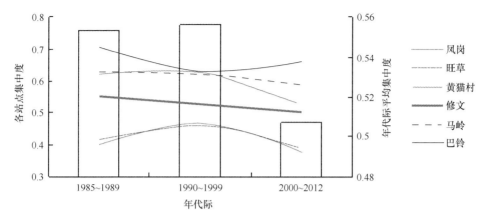

图 2-60 贵州省各典型水文站点各年代际径流量集中度

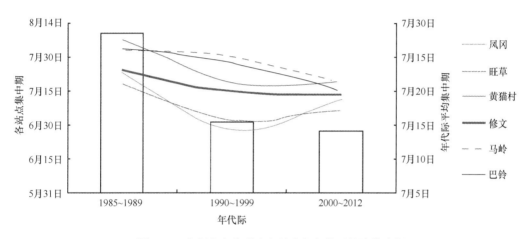

图 2-61 贵州省各典型水文站点各年代际径流集中期

由表 2-13 可知：各站集中期出现最晚的年份是 1985~1989 年的 8 月上旬，随后的 90 年代 6 站集中期是出现时间最早的 6 月下旬，进入 21 世纪后基本恢复到 7 月中旬。

2.3.1.3 径流年内分配变化幅度

径流变化幅度的大小影响到水资源开发利用的难易程度及水利调节的力度，也会导致水生生物环境的不稳定，威胁生态安全。研究选用两个指标来衡量贵州省 6 个典型代表水文站点的径流年内分配变化幅度：一个是相对变化幅度，以最大月径流量 S_{max} 和最小月径流量 S_{mix} 之比表示；另一个是绝对变化幅度，以最大与最小月径流量之差表示。

从表 2-14 研究区径流年内的相对变化幅度 S_r 来看，各站的最大值出现时期不同，其中，凤冈站和旺草站出现在 1985~1989 年，黄猫村站、修文站、马岭站最大值出现在 20 世纪 90 年代，巴铃站的最大值则出现在 21 世纪初；从径流的绝对变化幅度 S_a 来看，除巴铃站外，其余 5 个典型水文站的最大值均出现在 20 世纪 90 年代，尤以黄猫村站、巴铃站变化最为明显。

表 2-14 研究区域径流年内变化幅度表

年份	凤冈站		旺草站		黄猫村站	
	S_r	S_a	S_r	S_a	S_r	S_a
1985~1989 年	15.71	6.39	15.72	27.79	58.64	35.89
1990~1999 年	11.12	9.27	15.04	29.65	96.10	65.05
2000~2012 年	8.77	6.67	13.70	25.32	44.90	38.50
多年平均值	11.87	7.44	14.82	25.59	66.55	46.48

年份	修文站		马岭站		巴铃站	
	S_r	S_a	S_r	S_a	S_r	S_a
1985~1989 年	18.79	8.81	25.80	148.87	92.79	4.30
1990~1999 年	25.16	14.43	34.37	203.29	76.77	3.92
2000~2012 年	19.28	10.17	24.33	139.50	111.61	4.17
多年平均值	21.07	11.14	28.17	163.89	93.72	4.13

2.3.2 年际变化特征

研究根据贵州省凤冈站、旺草站、黄猫村站、修文站、马岭站和巴铃站 6 个代表水文站年实测年径流序列，通过年际距平、径流模比系数、径流变差系数、年极值比初步分析贵州省典型径流量年际特征。

2.3.2.1 年际距平与径流模比系数

年际距平是常用于表示径流偏离正常情况的统计量，而且在水文预报规范中采用距平百分比 P、径流模比系数 K_p 来作为径流丰、平、枯水年的划分标准，见表 2-15。其中，距平值指径流序列中某一年的数值与序列平均值的差值，距平百分比指距平值与序列平均值的比值，模比系数指某年径流量与径流序列均值的比值，显然任何序列经距平化处理，均可以成为均值为零的序列。如此一来，给分析带来便利，并且计算结果更为直观。从其计算原理分析模比系数与距平百分比之间只是相差了数值"1"，因此，以距平百分比做年际丰枯变化分析，见图 2-62。

表 2-15 径流距平百分比与模比系数判别表

丰枯程度	丰水年		平水年	枯水年	
	特丰	偏丰		偏枯	特枯
距平百分比	>20%	10%<P≤20%	−10%<P≤10%	−20%≤P≤−10%	≤−20%
径流模比系数	>1.20	1.10<K_p≤1.20	0.90<K_p≤1.10	0.80<K_p≤0.90	≤0.80

由图 2-62、表 2-16、表 2-17 可知，凤冈站、旺草站、马岭站和巴铃站在 1985~1989 年的距平百分比分别为–6.33%、5.10%、–2.51%、6.29%，属于平水年，而黄猫村站和修文站在 1985~1989 年表现为偏枯。进入 20 世纪 90 年代，旺草站和巴铃站表现为平水年，其他水文站点表现为丰水年；进入 21 世纪后，贵州省 6 个典型水文站点的径流量均表现为平水年。同时可以看出贵州省 6 个典型水文站具有明显的同步性，年际波动变

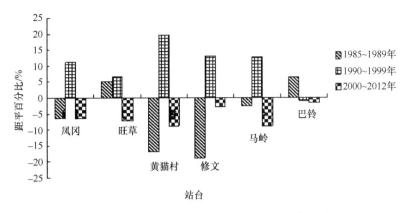

图 2-62 贵州省典型代表水文站点距平百分比图

化不大，就 6 个典型站年代均值来看，1985~1989 年为–5.47%，为平水年；20 世纪 90 年代为–10.34%，为偏丰水年；21 世纪初为–5.85%，为平水年。虽然用年代均值来描述丰、平、枯水年不合常理，但是以水文预报规范中的规定，从侧面还是能够反映出一个年代径流量的多与少。因此，根据径流距平百分比表明贵州径流总体上呈先增再减的整体变化趋势，其中 2000~2012 年的径流量较 20 世纪 90 年代有所下降。

表 2-16 贵州省典型代表水文站点年代距平百分比

年份	凤冈站		旺草站		黄猫村站	
	P/%	丰、枯	P/%	丰、枯	P/%	丰、枯
1985~1989	–6.33	平水	5.10	平水	–16.56	偏枯
1990~1999	11.19	偏丰	6.64	平水	19.57	偏丰
2000~2012	–6.17	平水	–7.07	平水	–8.68	平水

年份	修文站		马岭站		巴铃站	
	P/%	丰枯	P/%	丰、枯	P/%	丰、枯
1985~1989	–18.81	偏枯	–2.51	平水	6.29	平水
1990~1999	12.92	偏丰	12.73	偏丰	–1.03	平水
2000~2012	–2.71	平水	–8.82	平水	–1.63	平水

表 2-17 贵州省典型代表水文站点年代模比系数

年份	凤冈站		旺草站		黄猫村站	
	K_p	丰、枯	K_p	丰、枯	K_p	丰、枯
1985~1989	0.94	平水	1.05	平水	0.83	偏枯
1990~1999	1.11	偏丰	1.07	平水	1.19	偏丰
2000~2012	0.94	平水	0.93	平水	0.91	平水

年份	修文站		马岭站		巴铃站	
	K_p	丰、枯	K_p	丰、枯	K_p	丰、枯
1985~1989	0.81	偏枯	0.97	平水	1.06	平水
1990~1999	1.13	偏丰	1.12	偏丰	0.99	平水
2000~2012	0.97	平水	0.91	平水	0.98	平水

2.3.2.2　径流变差系数与年极值比

径流年际变化的特征常用变差系数 $C_{v,年}$ 或年极值比表征。对径流过程来说，变差系数 $C_{v,年}$ 是衡量径流相对离散程度的参数，其数值的大小反映河川径流在多年的变化情况，值越大表明年际变化越激烈，越容易导致旱涝事件发生，并且对水资源开发也不利；反之，则多年分配更均匀、稳定，以便对水资源进行可持续开发利用。

变差系数用均方差 σ 与均值 $\bar{x}$ 之比表示。变差系数 C_v 的大小反映河川径流多年变化情况，计算式为

$$C_{v,年} = \frac{\sigma}{\bar{x}} = \sqrt{\frac{\sum_{i=1}^{n}(K_i - 1)^2}{n}} \qquad (2\text{-}40)$$

式中，K_i 为第 i 年的年径流变率，以年径流与序列均值之比表示。

年径流量年际极值比反映了径流多年的变化幅度，用序列最大径流量与序列最小年径流量比值表示。年径流量变差系数值大的河流，序列年际极值比也较大。结果见表 2-18。

表 2-18　贵州省典型水文站点年径流变差系数与极值比

水文站点	$C_{v,年}$	最大径流		最小径流		年极值比
		出现年份	径流量/（m³/s）	出现年份	年径流/（m³/s）	
凤冈	0.23	1995	4.13	1988	1.58	2.62
旺草	0.21	1987	12.92	2006	5.13	2.52
黄猫村	0.31	1991	19.62	2011	4.99	3.93
修文	0.31	1996	5.61	2011	1.38	4.05
马岭	0.38	1997	77.26	2011	13.37	5.78
巴铃	0.37	2007	1.61	1991	0.07	22.74

从表 2-18 中可以得出，贵州省典型水文站点径流量自凤冈站、旺草站到马岭站、巴铃站变差系数逐渐变大，表明贵州省南部地区年际变化大，而北部地区则相对稳定。除巴铃站外，其余各水文站的历史最大径流量均出现在 21 世纪前，而黄猫村站、修文站和马岭站的历史最小径流量出现在 2011 年。

2.3.2.3　径流年际趋势分析

趋势性是时间序列的一般规律，属于暂态成分，通常以不同的形式出现以至破坏径流时间序列的原始形态，因此，需要对其进行识别并加以排除来消除对时间序列的影响。径流趋势性成分的研究通常指径流随时间变化表现出增加或者减少的变化规律，并且判断增加或者减少是否显著时，还需要对其结果进行统计检验。目前趋势分析的方法有很多，常用的有 Kendall 非参数秩次相关检验法、Spearman 秩次相关检验法、滑动平均法、线性倾向估计法等。研究采用线性倾向估计法、Kendall 非参数秩次相关检验法对贵州

省6个代表性水文站年径流序列的趋势性演变进行分析（表2-19）。

表2-19 贵州省典型水文站点年径流趋势分析表

站点	线性分析结果		检验统计值		趋势性
	a	b	Z	临界值	
凤冈	2.926	−0.0133	−1.32	1.96	下降
旺草	9.831	−0.0583	−0.93	1.96	下降
黄猫村	12.901	−0.0585	−0.57	1.96	下降
修文	3.219	0.0038	0.18	1.96	上升
马岭	52.383	−0.462	−1.80	1.96	下降
巴铃	1.055	−0.0043	−0.93	1.96	下降

图 2-63 中，由线性倾向估计结果可知，凤冈站 1985~2012 年的径流量序列总体上呈下降趋势，径流量倾向率为−0.0133m³/s，同时根据秩次检验统计值 Z 为−1.32<0（|Z|<1.96），说明秩次相关分析所得结果与线性倾向估计一致，且年径流量序列在置信度 95%的检验中下降趋势不显著。旺草站、黄猫村站、马岭站和巴铃站 1985~2012 年的年径流量序列与凤冈站一样表现为下降趋势，径流量倾向率分别为−0.0583m³/s、−0.0585m³/s、−0.462m³/s、−0.0043m³/s，M-K 检验统计值 Z 分别为−0.93、−0.57、−1.80、

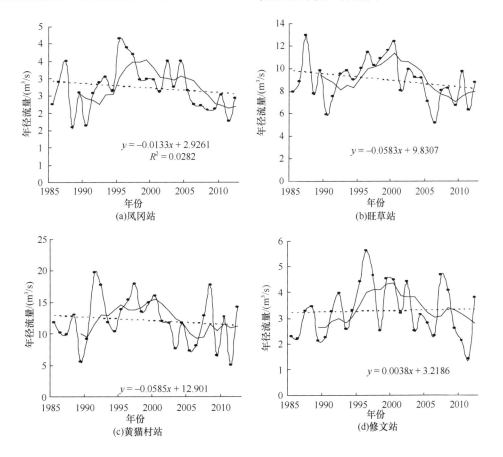

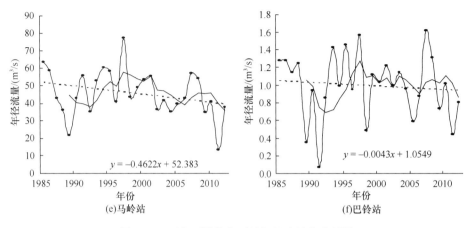

图 2-63 研究区域代典型站年径流趋势分析图

–0.93（|Z|<1.96），均未通过置信度为 95%的趋势性检验，而修文站则呈现缓慢的上升趋势，径流量倾向率为 0.18m³/s，未通过置信度为 95%的趋势性检验。

2.3.2.4 径流年际突变识别

变异点是时间序列确定性成分之一，也称为突变点、变点，表示时间序列因人为或自然因素干扰从一种状态过渡到另一种状态的急剧的质的变化。研究时间序列的变异点，目的是要提取出研究序列突变点最有可能发生的时间位置，该问题的分析已经成为水文统计分析、风险分析和生态环境治理等研究中重要的前沿问题。目前识别水文时间序列突变点的方法有很多，研究选取 Mann-Kendall 非参数秩次相关检验联合滑动 t 检验法，对贵州省 6 个典型水文站点进行从初步到精确过程的综合识别。

分别计算凤冈站、旺草站、黄猫村站、修文站、马岭站和巴铃站的 UF_k 和 UB_k 值，绘制 M-K 突变检验统计量曲线 UF_k-UB_k 曲线，如图 2-64 所示。

1985~2012 年凤冈站径流量 M-K 突变检验曲线：按照 M-K 法，UF_k 和 UB_k 相交于 2006 年。1985~2012 年旺草站径流量 M-K 突变检验曲线：在±1.96 置信度线间，UF_k 和 UB_k 相交于 2004 年。1985~2012 年黄猫村站径流量 M-K 突变检验曲线：在±1.96 置信度线间，UF_k 和 UB_k 相交于 1985 年、1987 年、2003 年、2006 年。1985~2012 年修文站径流量 M-K 突变检验曲线：在±1.96 置信度线间，UF_k 和 UB_k 相交于 1986 年、2010 年。1985~2012 年马岭站径流量 M-K 突变检验曲线：在±1.96 置信度线间，UF_k 和 UB_k 相交于 1986 年、1991 年、2004 年、2008 年。1985~2012 年巴铃站径流量 M-K 突变检验曲线：在±1.96 置信度线间，UF_k 和 UB_k 相交于 1986 年、1992 年、2004 年、2009 年。

由于均值突变能较好地反映气候基本状况的变化，利用滑动 t 检验对凤冈站、旺草站、黄猫村站、修文站、马岭站和巴铃站 1985~2012 年年径流量进行突变分析。取 $n_1=n_2=5$ 年，选取信度 5，查表得自由度 n_1+n_2-2 时显著性水平 t_α 为 2.31。如果 |t_i|≥t_α，则认为在第 i 年前、后 n 年两时段可能会有突变。将计算出的 t 统计量序列和 t_α 绘出图，图中虚线为 $\alpha=0.05$ 置信度临界值。

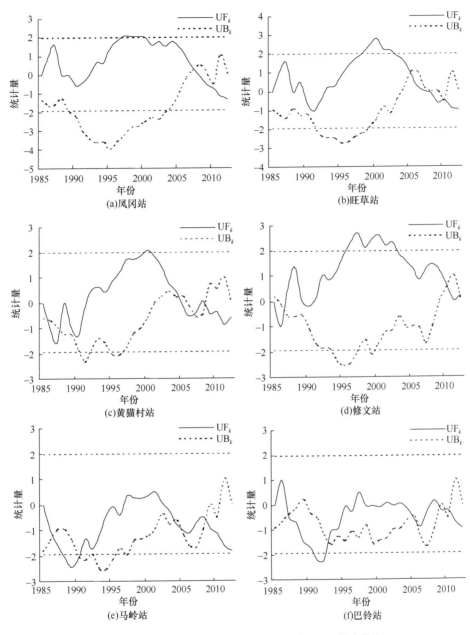

(a)凤冈站 (b)旺草站 (c)黄猫村站 (d)修文站 (e)马岭站 (f)巴铃站

图 2-64 贵州省典型水文站径流年际突变 M-K 检验曲线

图 2-65 是 $n_1=n_2=5$ 年的滑动 t 检验图。分析得出：凤冈站年径流量时间序列在 1993 年（$t_\alpha=-3.15$）发生了增多突变；在 2005 年（$t_\alpha=4.07$）发生了减少突变。旺草站年径流量时间序列在 1995 年（$t_\alpha=-3.64$）发生了增多突变；在 2000 年（$t_\alpha=3.72$）发生了减少突变；在 2004 年（$t_\alpha=3.27$）发生了减少突变。黄猫村站年径流量时间序列在 1991 年（$t_\alpha=-2.44$）发生了增多突变；在 2002 年（$t_\alpha=5.10$）发生了减少突变。修文站年径流量时间序列在 1994 年（$t_\alpha=-2.46$）发生了增多突变。马岭站年径流量时间序列在 1992 年（$t_\alpha=-2.32$）发生了增多突变。巴铃站年径流量未监测出明显的突变现象。

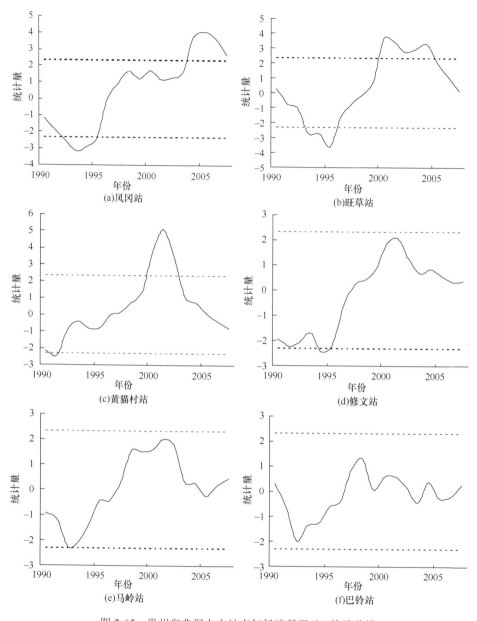

图 2-65　贵州省典型水文站点年径流量滑动 *t* 检验曲线

2.3.2.5　径流周期性分析

选择典型代表站点的实测年径流量作为研究对象,利用 Morlet 小波分析法对年径流序列进行多尺度周期分析研究,即通过 Morlet 小波系数实部时频图和模方时频图分析不同时间尺度下年径流量丰枯交替变化情况,对年径流量序列进行详细的剖析;利用小波方差反映波动能量分布特点以确定主周期,试图揭示研究区年径流多时间尺度变化规律,全面科学地认识贵州省典型径流在时频域内的演变规律。

采用 Morlet 小波对凤冈站、旺草站、黄猫村站、修文站、马岭站和巴铃站近 30 年来年径流量时间序列进行连续小波变换，得小波变换系数的实部等值线图，如图 2-66 所示。

从图 2-66 中可以看出，凤冈站、旺草站、黄猫村站、修文站、马岭站和巴铃站近 30 年年径流量在不同时间尺度上存在周期振荡，图中实线表示实部大于和等于 0，即正相位，表示径流偏丰；虚线表示实部小于 0，即负相位，表示径流偏枯；小波系数为零处则对应着突变点。

从图 2-66 中还可以清晰地看出，凤冈站、旺草站、黄猫村站、修文站、马岭站和巴铃站近 30 年径流量包含了多个不同尺度的周期变化，反映了小波系数表征的年径流量在不同尺度下随时间偏丰、偏枯交替变化的特征，存在明显的年代和年际变化。不同时间尺度所对应的降水结构是不同的，小尺度的多少变化为嵌套在较大尺度下的较为复杂的多少结构。从图 2-66 分析得出，凤冈站主要存在两个明显的周期变化规律，分别是 3~10 年、11~30 年；旺草站主要存在 3 个明显的周期变化规律，分别是 5~8 年、9~15 年、16~30 年；黄猫村站主要存在 3 个明显的周期变化规律，分别是 5~8 年、9~15 年、16~30 年；修文站主要存在 3 个明显的周期变化规律，分别是 5~10 年、11~15 年、16~30 年；马岭站主要存在 3 个明显的周期变化规律，分别是 3~7 年、8~14 年、15~30 年；巴铃站主要存在 3 个明显的周期变化规律，分别是 3~6 年、7~12 年、13~30 年。

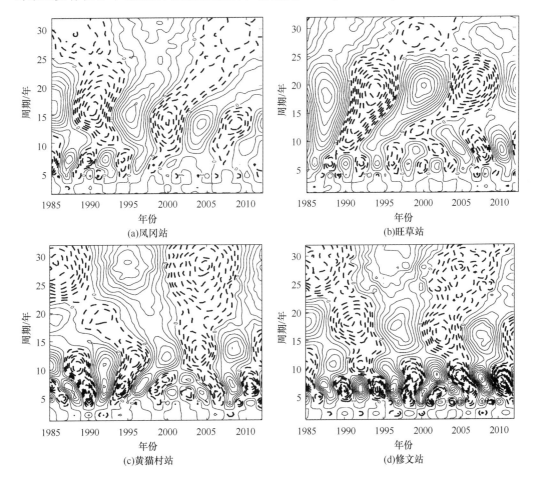

(a)凤冈站   (b)旺草站

(c)黄猫村站   (d)修文站

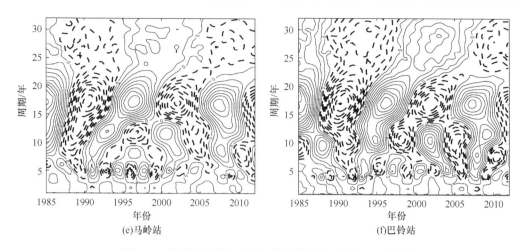

图 2-66　贵州省典型水文站年径流量小波系数实部时频图

　　小波方差反映了波动的能量随尺度的分布，通过小波方差图可以确定年径流量时间序列存在的主要时间尺度，即主周期。凤冈站、旺草站、黄猫村站、修文站、马岭站和巴铃站 1985~2012 年年径流量的小波变化特征研究结果表明，凤冈站、旺草站、黄猫村站、修文站、马岭站和巴铃站近 30 年来径流量存在明显的周期振荡。计算凤冈站、旺草站、黄猫村站、修文站、马岭站和巴铃站年径流量时间序列的小波方差，依次确定年蒸发量时间序列中存在的主要时间周期，见图 2-67。

　　图 2-67 是年径流量小波方差图。观察可知，凤冈站年径流量小波方差图具有 3 个峰值，分别对应时间尺度 3 年、7 年和 15 年，其中，时间尺度 15 年峰值最高，能量最大；其次是 7 年；第三峰值是 3 年。这 3 个主振荡周期决定着凤冈站年径流量时间序列在整个研究时域内的变化特性。旺草站年径流量小波方差图具有 3 个峰值，分别对应时间尺度 6 年、9 年和 19 年，其中，时间尺度 19 年峰值最高，能量最大；其次是 9 年；第三峰值是 6 年。这 3 个主振荡周期决定着旺草站年径流量时间序列在整个研究时域内的变化特性。黄猫村站年径流量小波方差图具有 3 个峰值，分别对应时间尺度 7 年、12 年和 28 年，其中，时间尺度 28 年峰值最高，能量最大；其次是 7 年；第三峰值是 12 年。这 3 个主振荡周期决定着黄猫村站年径流量时间序列在整个研究时域内的变化特性。修文站年径流量小波方差图具有 3 个峰值，分别对应时间尺度 4 年、7 年和 17 年，其中，时间尺度 7 年峰值最高，能量最大；其次是 17 年；第三峰值是 4 年。这 3 个主振荡周期决定着修文站年径流量时间序列在整个研究时域内的变化特性。马岭站年径流量小波方差图具有 3 个峰值，分别对应时间尺度 5 年、12 年和 17 年，其中，时间尺度 17 年峰值最高，能量最大；其次是 12 年；第三峰值是 5 年。这 3 个主振荡周期决定着马岭站年径流量时间序列在整个研究时域内的变化特性。巴铃站年径流量小波方差图具有 3 个峰值，分别对应时间尺度 3 年、11 年和 17 年，其中，时间尺度 17 年峰值最高，能量最大；其次是 11 年；第三峰值是 3 年。这 3 个主振荡周期决定着巴铃站年径流量时间序列在整个研究时域内的变化特性。

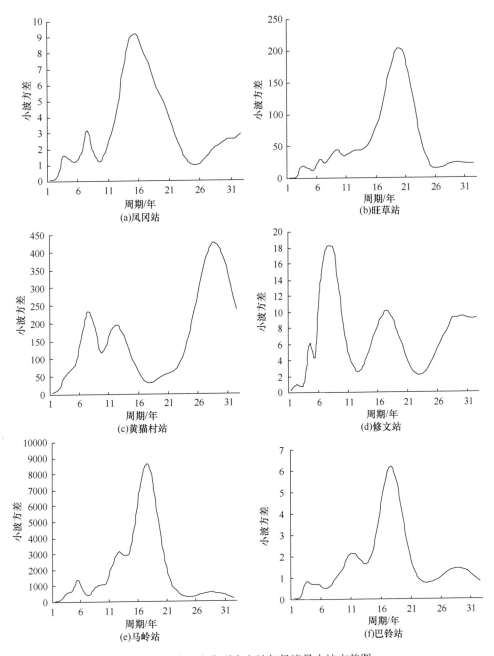

图 2-67　贵州省典型水文站年径流量小波方差图

2.4　贵州省径流变化影响因素分析

　　径流过程的形成是多种因素相互作用、相互联系的复杂的自然现象，径流的变化随时间尺度的不同，受到的影响因子存在差异。但总的说来，河川径流变化主要受到两个因素影响：一是气候变化，主要包括降水与气温两个方面；二是人类活动，主要包括水库蓄流、工程建设、工程引水、雨水集蓄、傍河取水、水土保持、灌溉工程等方面，而且这两个影响因素不论时间尺度如何，其对径流的影响都会存在。气候和人为因素对径流的影响是复杂的，具体的表现形式反映在实测径流量的变化特征上。研究针对贵州省典型径流变化，采用定性与定量相结合的方式，探讨气候变化及人类活动对径流的影响。

2.4.1　贵州省气候变化观测事实

气温：1961~2012 年贵州省年平均升温速率为 0.11℃/10a，增温主要从 20 世纪 80 年代中期开始，并且有加快趋势（0.26℃/10a）；四季平均气温变化总体呈增加趋势，春、夏、秋、冬的上升速率分别为 0.05℃/10a、0.07℃/10a、0.15℃/10a、0.20℃/10a；从区域看，年平均温度西部上升速率大于东部地区，夏季、秋季和冬季气温变化趋势的空间分布与年平均气温呈一致性，春季气温变化趋势的空间分布与年平均气温变化规律相反，即东部大于西部。

降水量：1961~2012 年贵州省年降水量呈下降趋势，年降水量距平百分率的下降速率为 2.6mm/10a。四季降水有不同特征，春季和秋季降水呈减少趋势，冬季和夏季降水略有增加。年降水日数呈下降趋势，下降速率为 0.37d/10a。

日照时数：1961~2012 年贵州省日照时数呈明显的下降趋势，下降速率为 38.84h/10a，尤其从 20 世纪 90 年代以来下降最为迅速。1961~2012 年期间，日照时数最多的年份是 1963 年，为 1581 小时，最少的年份是 1997 年，为 1083 小时。

风速：1961~2012 年贵州省年平均风速呈明显的线性下降趋势，下降速率为 0.08（m/s）/10a，20 世纪 90 年代之前为正距平，之后为负距平。

极端降水：贵州省近 50 年来主汛期极端降水事件呈上升趋势。主汛期极端降水事件存在着明显的年际、年代际变化特征。20 世纪 60 年代中后期、90 年代到 21 世纪初，极端降水时间相对偏多，在 60 年代前期、70 年代到整个 80 年代以及进入 21 世纪以来，极端降水事件明显偏少。主汛期极端降水阈值自北向南逐渐增大，极端降水时间发生频繁的区域在贵州西部和北部地区。

暴雨：1961~2012 年贵州暴雨站次呈上升趋势，上升速率为 5.58 站次/10a。夏季暴雨站次与年暴雨站次一样呈上升趋势，上升速率为 9.97 站次/10a。春季和秋季暴雨站次均呈下降趋势，下降速率分别为 2.24 站次/10a、0.39 站次/10a。

2.4.2　人类活动对径流变化的影响分析

应用 Mann-kendall 突变检验方法对 1985~2012 年旺草站、黄猫村站、马岭站径流量进行分析，由 2.3.2.4 贵州省典型径流突变分析可知，旺草站年径流量的突变点是 2004年、黄猫村站年径流量的突变点是 2003 年、马岭站年径流量的突变点是 1991 年。根据以上对径流的突变分析，对旺草站年径流量以 2004 年为时间节点，分成两个研究时段，即 1985~2003 年作为研究气候变化和人类活动对径流影响不显著的基准期，2004~2012年作为气候变化和人类活动对径流产生显著影响的相对期。同理，将黄猫村站年径流量划分为 1985~2002 年和 2003~2012 年两个研究时段，马岭站年径流量划分为 1985~1990 年和 1991~2012 年两个研究时段。

通过对不同典型水文站点平均径流统计分析可知，旺草站在 1985~2003 年平均径流为 746.21mm，年径流在波动中基本稳定，2004~2012 年多年平均径流为 586.16mm，径流年平均减少幅度为 1.6mm。2004~2012 年多年平均径流在 1985~2003 年基础上减少了 21.4%，减少趋势较为显著。同理可以得到，黄猫村站在 1985~2002 年平均径流为 559.67mm，2003~2012 年多年平均径流为 436.99mm。2001~2012 年多年平均径流在 1985~2000 年基础上减少了 21.9%，减少趋势较为显著。马岭站在 1985~1990 年平均径流为 684.72mm，1991~2012 年多年平均径流为 566.94mm。1992~2012 年多年平均径流在 1985~1991 年基础上减少了 17.2%，减少趋势较为显著。

受自然和人为因素影响，年径流序列表现出一定变化趋势，它反映了河川径流演变的总体规律。分析旺草站、黄猫村站和马岭站的年径流量在气候变化和人类活动综合作用中的结果，根据 Koster 等和 Milly 等提出的基于降水和潜在蒸发量引起的径流变化的计算方法，计算三站年径流在气候变化和人类活动对径流的影响分量，结果见表 2-20。

表 2-20　贵州省不同子流域下气候变化和人类活动对径流变化的影响分量

水文站	时期（年）	P/mm	E_0/mm	Q/mm	β	γ	ΔQ_c /mm	ΔQ_h /mm	ΔQ_c / ΔQ /%	ΔQ_h / ΔQ /%
旺草站 (406km²)	1985~2003	1136.42	746.17	746.21	0.830	−0.455	−97.782	−62.272	−61.09	−38.91
	2004~2012	1032.00	770.56	586.16						
黄猫村站 (741km²)	1985~2002	1111.15	748.43	559.67	0.826	−0.450	−75.015	−47.661	−61.15	−38.85
	2003~2012	1004.03	718.47	436.99						
马岭站 (2277km²)	1985~1990	1331.43	735.48	648.72	0.866	−0.515	−74.116	−43.671	−62.92	−37.08
	1991~2012	1255.79	752.20	566.94						

注：ΔQ_c 表示由气候变化引起的年平均径流的改变量；ΔQ_h 表示由人类活动引起的年平均径流的改变量，"−"表示起减小径流的作用。

由表 2-20 可以看出，贵州省不同典型代表水文站中，气候变化和人类活动对径流的影响分量是不同的，其中，旺草站 2004~2012 年相对于 1985~2003 年，气候变化引起径流改变为−97.782mm；黄猫村站，2003~2012 年相对于 1985~2002 年，气候变化引起径流改变−75.015mm；马岭站，1991~2012 年相对于 1985~1990 年，气候变化引起径流改变−74.116。可见，各子流域气候变化对径流影响分量的不同，其中，旺草站气候变化引起径流改变最大，充分体现了不同子流域其内部气候变化的差异，在径流变化上产生反馈。人类活动对径流的影响均起着负面减流的作用，人类对水资源开发利用程度不同，造成的流量损失也不同，其中旺草站最大，人类活动减少径流−62.272mm，黄猫村站其次，为 47.661mm，最小的马岭站为−43.671mm。从气候变化和人类活动引起的径流变化相对贡献来看，旺草站、黄猫村站、马岭站气候变化对径流减少的贡献相差不大，分别为 61.09%、61.15%、62.92%，而人类活动对径流变化的贡献率分别为-38.91%、-38.85%、-37.08%（负号表示起减小径流的作用）。由此可见，引起贵州省不同子流域径流变化的气候条件和人类活动因素中，不同子流域间的变化虽略有不同，但大体相当，气候条件变化是引起径流减少的主导因素，人类活动则起着减小径流的辅助作用。

2.5　贵州省水资源变化原因分析

2.5.1　气候变化因子分析

气候变化成因分为自然因子和人为因子两大类。自然原因主要包括太阳变化以及气候系统内部因子的变化等；人为因子主要是人类活动所造成的下垫面的改变、温室气体增多等。IPCC 第四次评估报告认为，最近 50 年气候变暖很可能是由人类活动引起的。气候变化大致有以下几方面的物理成因：气候系统自身振荡、温室效应、太阳活动、火山爆发等。在气候系统内部各因子相互作用的过程中，最直接的影响是大气与海洋环流的变化或脉动。大气和海洋是造成区域尺度气候要素自然变化的主要原因。贵州省位于欧亚大陆的中纬度地区，该区的气候变化既受大气环流，如北极涛动（AO）、东亚季风的影响，同时又受海洋（尤其是太平洋和印度洋）环流的自然振荡的影响。

从 20 世纪 70 年代中后期迄今，由于热带中、东太平洋海温上升，并出现"类似于厄尔尼诺（EL Nino）"分布的年代际海温距平，这种热带太平洋海温的年代际变化引起了东亚和西太平洋上空 EAP 型环流异常遥相关的年代际变化，导致了东亚夏季风变弱，西太平洋副热带高压偏南、偏西。前期赤道东太平洋海表温度偏高，西南区域东部夏季降水偏多的可能性大。当春季赤道中东太平洋及印度洋海表温度（SST）偏高（偏低），面积偏大（偏小），位置偏南（偏北），西伸（东退）明显，东亚夏季风和南亚夏季风偏弱（偏强），我国华北及华南地区盛行下沉（上升）运动，而整个长江流域及青藏高原东部盛行上升（下沉）运动，西南区域东部也盛行弱的上升（下沉）运动，这有利于西南区域东部降水偏多（偏少），出现洪涝（干旱）的可能性较大。贵州省是一个明显的季风影响区域，受海温影响引起的东亚夏季风年代际尺度上的减弱，西太平洋副热带高压的年代际位置变化（偏南、偏西），必然对整个区域气候产生显著影响。因此，可以说海温异常变化是影响贵州省气候变化的原因之一。

气候变化是一定范围内大气环流运动的必然结果，因此，大气环流的变化是一个地区气候异常最直接、最根本的原因。北极涛动（AO）是北半球热带外行星尺度大气环流的一个重要模态，是北半球的主要组成部分。AO 的强弱直接导致北半球中纬度与北极之间气压和大气质量反向性质的波动，对北半球及区域性冬季气候有重要影响，因此，是影响中国气候变化的一个主要因素。AO 对中国气候的影响主要是通过西伯利亚高压、东亚大槽等区域性环流实现的。当 AO 指数偏强时，我国大部分地区冬季气温偏高。在气候变暖的大背景下，20 世纪 80 年代中后期以来，AO 指数从负相位转为正相位，有持续偏强的趋势，在这种环流背景下，西伯利亚高压和冬季风强度的减弱使得北方冷空气南下频次、强度逐渐减少、减弱，引起贵州省冬季气温偏高。

南极涛动（AAO）是南半球中高纬度大气环流最主要的模态，它反映的是南半球副热带高压带和高纬度绕低压带之间气压场的反相位变化特征。南极涛动指数值与我国夏季降水相关。当5月南极涛动偏强时，7月马高、澳高、西太平洋副高及南亚高压强度均偏强，且西太平洋副高位置将偏南偏西，这样的环流形势将造成贵州省夏季降水偏多；反之，贵州省夏季降水偏少。这表明，南极涛动的异常不仅可以影响南半球低层的马高和澳高，而且进一步影响到北半球西太平洋副高和南亚高压，产生导致贵州省降水偏多或偏少的环流形势。20世纪70年代中期以前南极涛动指数以负位相为主，此后以正位相为主。冬、春季南极涛动指数有一致线性上升趋势，南极涛动的年际变化对冬春两季东亚气候有明显影响，南极涛动强年，西伯利亚高压减弱和阿留申低压减弱，东亚冬季风偏弱，东亚春季冷空气活动减弱，有利于贵州省冬季、春季气温偏高。综上，南极涛动自20世纪70年代末转为高指数，与之相关的澳大利亚高压也进入高指数位相，使来自南半球的越赤道气流增强，同时西太平洋副热带高压增强，其西脊偏西偏南。在这样的环流形势下，有利于贵州省夏季降水偏多。同时，东亚冬季风偏弱，冷空气减弱，有利于贵州省冬季、春季气温偏高。

从20世纪70年代中期开始，东亚夏季风和冬季风呈减弱趋势，在这种情景下，西南区域降水及温度必然有着相应的变化形势；弱东亚冬季风对应冬季西南大部分地区大范围偏暖，弱东亚夏季风对应西南大部分地区夏季降水偏少。20世纪80年代后东亚夏季风的减弱，大部分水汽只能被输送到西南区域南部、东部的部分地区（如云南南部、贵州、重庆等），不能进一步向北、向西扩展，导致贵州西江流域降水增加。从贵州整体区域上来说，东亚夏季风的减弱不利于该区域夏季整体降水的增加。由于夏季降水在整个贵州区域的年降水中占有重要比例，夏季降水的变化直接影响到整个年降水的变化形势。可以说东亚夏季风减弱是贵州省年降水减少的一个重要影响原因。

西太平洋副热带高压是影响西南区域最主要最直接的天气系统。从20世纪80年代末，副高强度逐渐增大，西界位置偏西，北界位置偏南，形势引起贵州省夏季降水偏多。

西南低涡是在青藏高原特殊地形影响和一定环流形势下，产生于我国西南区域的一种α中尺度低压系统，是影响西南区域乃至我国最强烈的暴雨系统之一。东移的西南涡与西南区域东部降水多少有着紧密联系。西南低涡发生时的大气环流特点：在正常年份，青藏高原西北侧42°N的位置上有一个较明显的西风急流区，但在西南低涡偏多的年份，西风急流区明显偏南，贵州地区汛期降水以偏多为主，西南低涡偏少年份，西北风急流区明显偏北，贵州地区汛期降水以偏少为主；西南低涡与春末及同期5~10月的印度洋海温有较好的关系。可能由于印度洋海温影响南亚高压后，进而影响高空急流的南北偏移。

贵州省气候变化影响和支配着陆面地表植被的分布、植被类型及其生产力。反过来，陆面覆盖状况的改变又对贵州区域产生反馈作用。土地利用变化改变着海洋驱动的大气环流的基本格局，对地表温度、流场、夏季风强度和降水分布有明显的影响，对贵州省的气候变化产生了广泛而深刻的影响。

　　研究以地表湿润指数来反映贵州区域的下垫面变化情况。图 2-68 是贵州省多年土表湿润指数变化曲线图。

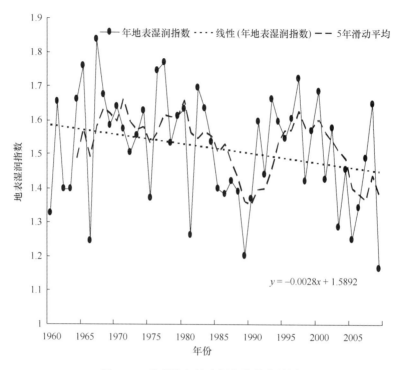

图 2-68　贵州省年地表湿润指数曲线图

　　湿润指数的计算湿润指数是反映干湿程度的一个相对指标，它能客观地反映某一地区的水热平衡状况。计算公式为

$$I_a = P / \mathrm{ET}_0 \tag{2-41}$$

式中，I_a 为湿润指数；P 为降水量（mm）；ET_0 为最大可能蒸散量（mm）。某一地区的湿润指数越大，则表明该区气候越湿润；而湿润指数越小，则气候越干燥。与湿润指数相对应的气候区划为：≤0.05 为极干旱区；0.06~0.20 为干旱区；0.21~0.50 为半干旱区；0.51~0.65 为干旱亚湿润区；>0.65 为湿润区。

　　由图 2-68 可以看出，地表湿润指数呈逐年下降的趋势，倾向率为 0.028/10a，未通过 α=0.05 的置信区间检验，说明下降趋势不明显。

　　从 M-K 法检验结果图 2-69 可以看出，20 世纪 80 年代中期以前，UF_k 值总体为正，说明贵州地表湿润指数呈上升趋势；20 年代 80 年代中期至 2009 年，UF_k 值为负，说明贵州地表湿润指数呈下降趋势，突变点发生在 1985 年、1991 年、2001 年。这与上文分析的气候变化原因中有一定程度的吻合。

　　从地表湿润指数距平图图 2-70 中可以看出，1985~1991 年和 2002~2007 年距平值为负，这与 M-K 检验出的突变点相吻合。

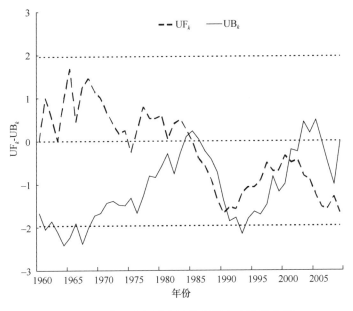

图 2-69 贵州省年地表湿润指数突变检验曲线

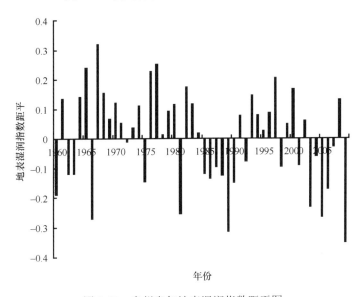

图 2-70 贵州省年地表湿润指数距平图

2.5.2 人类活动行为分析

人类活动对水文过程的影响主要体现在两个方面：一是改变流域下垫面的特征，从而改变降雨-径流关系；二是大型水利工程的建设改变了河道径流在短时间尺度上的自然特性，径流在时空上重新分配，并且，一般水利工程，特别是大型水库的建设还可能增加流域中自由水体的面积，从而有可能增加蒸发量；此外，由人类活动引起的水土流失、植被破坏等也可引起径流的变化。研究表明：南方湿润地区径流变化的人类活动影响研究，认为流域植被减少、水土流失、城镇化等造成的下垫面条件的变化，大量利用水资源，导致了流域径流的减少。

土地利用：土地利用是人类根据一定的社会经济目的，改造和利用土地资源获取生产生活资料的活动。贵州土地资源一般是一个典型的农村经济社会占主导地位的地区。随着社会文明的进步，土地利用形式结构渐趋复杂，对环境的破坏程度越加剧烈。

城市化：随着贵州区域社会经济的发展，人口的增多，城市不断发展，城市面积不断扩大，城市热岛效应不断增强。在城市群热岛效应作业下，使得城市降水增多。

人类活动对贵州省不同流域径流均起着减流的作用，不同子流域间的差异是不同的，这与流域内水土资源的开发利用、水土保持、植被恢复等活动改变流域的下垫面条件密切相关。随着社会经济的快速发展，贵州省工农业生产、生活用水量不断增加。据贵州省有关部门统计，2000 年以来，贵州连续 13 年实现森林覆盖率年均增长 1 个百分点，目前已达到 48%。与此同时，水土流失面积共降低 14.04%，平均每年下降 1.08%。

统计近年来贵州省人均水资源量、水资源利用率、城市化水平、人均 GDP、森林覆盖率等主要统计数据，可以得到以下结论。

（1）贵州省人均 GDP 呈显著上升趋势，表明贵州省目前已进入经济快速高效发展的新时期，随着城市化率的逐年上升，城市化水平的逐步扩大，人均用水量也逐步上升，对水资源的需求增加，相同级别干旱容易造成旱灾损失加重。

（2）2008~2013 年，贵州省人均水资源量呈逐年减少趋势，水资源量的减少伴随着用水需求及用水量的急剧增加，必然造成了径流量减少的状况，从自然能力方面降低了贵州抗旱能力。

（3）近年来，贵州各级政府加大力度新建水利工程，大量水利工程建成并发挥显著效用，水资源开发利用率逐步提高，工程性缺水一定程度上得到解决，同时省内抗旱减灾能力得到显著提高。

（4）贵州省地形地貌复杂，是水土流失比较严重的区域。经过持续治理，水土流失状况有所缓解，森林覆盖率逐步扩大，表明流域的水土保持取得了初步成效。可见，水土保持措施的实施有助于增加流域的储水能力，对于提高贵州抗旱减灾能力具有重要意义。

2.5.3　变化环境带来的影响

随着气候变化的不断加剧，人类活动的快速增强，贵州环境发生了巨大的变化，导致贵州降水、蒸发、径流与水资源数量都发生了时空变化，而这些因素都是引发干旱乃至旱灾的关键性因素。通过对这些因素的定量分析，能够加深对旱灾成因条件和灾变过程的认识，促进干旱评估模型和预报技术的发展，以及针对性强、科技含量高的干旱防治规划和应急预案的制订，达到防灾减灾、减少灾害损失的目的。

气候变化是引起径流减少、引发干旱的主导因素。在高度不确定的气候变化背景下，干旱问题显得更加复杂多变，一方面降水量的减少趋势及其空间分布特征直接影响了补给的水资源总量，使贵州水资源总量呈现持续减少趋势；另一方面流域水文循环也受到气候变化的影响而发生改变，造成水分在不同时空尺度上的重新分配，不仅对降水、蒸发、径流等产生直接影响,也间接影响到经济社会系统,这也直接影响了干旱的危害程度和影响范围。

人类活动也是引发干旱的重要因素,同时也对贵州省不同流域径流均起着减流的作用。人类活动,比如改变土地的利用方式、兴建蓄水和取水工程、调整用水结构等,对水循环过程有着深刻的影响,它改变了流域下垫面的特征,从而改变降雨-径流关系,改变了河道径流在短时间尺度上的自然特性,径流在时空上重新分配,改变了地表水、地下水的时空分布,从而影响了流域干旱的形成与演变过程。

2.6 结 论

(1)贵州省 6 个典型站点的主要气象要素均具有 Hurst 现象,典型站点的降水量均具有持续性,湄潭站、兴仁站、印江站、榕江站蒸发量具有反持续性。在趋势性方面,贵州省 6 个典型站点的年降水量、蒸发量都表现为下降趋势,年降水量除纳雍站外,其余站点下降趋势不显著,年蒸发量除了湄潭站和兴仁站下降不明显外,其余各站的下降趋势均比较显著。在突变性方面:典型站点降水量除兴仁站、榕江站没有检测到突变点外,其余站点在 20 世纪 90 年代初均发生突变,典型站点蒸发量在 21 世纪初均发生突变现象。贵州省各典型站点主要气象要素之间的变化周期具有相似性,其中,年降水量具有 4~8 年、11~12 年、18~21 年 3 个主振荡周期,而年蒸发量具有 4~6 年、9~14 年、21~23 年 3 个主振荡周期。

(2)贵州省各典型径流量年内分配不均匀性越来越低,逐渐由不均匀向相对均匀转变,年内各月径流量逐年减少。贵州省 6 个典型水文站具有明显的同步性,年际波动较大。总体上 20 世纪 90 年代径流量相对最多,自 90 年代到 21 世纪初径流量持续下降。凤冈站的突变点:2006~2007 年;旺草站的突变点:2004 年;黄猫村站的突变点:2002~2003 年;修文站未检测出突变现象;马岭站的突变点:1991~1992 年;巴铃站未检测出突变现象。贵州省径流具有 3~7 年、9~12 年、15~19 年的主振荡周期。

(3)通过收集整理贵州省 3 个典型水文站——旺草站、黄猫村站、马岭站年径流时间序列同长度的水文序列,从气候变化和人类活动两个角度对贵州省全省水资源变化情况进行了定量化研究,其结果表明,引起贵州省不同子流域径流变化的气候条件和人类活动因素中,气候条件变化是引起径流减少的主导因素。

3 贵州农业干旱灾变规律及致灾机理

3.1 贵州农业干旱灾害特征

3.1.1 历史旱情旱灾特征

3.1.1.1 时间特征

贵州省各种自然灾害频繁发生，旱灾是主要的灾害之一，发生频次高，受灾范围广。受旱灾影响最大的是农业，旱灾历来就是制约农业生产发展的重要因素之一。1442~1839年的 398 年中有 95 年有旱灾记载，旱灾频率为 4.19 年；近代 1840~1949 年的 110 年有65 年有旱灾记载，旱灾频率为 1.69 年。说明随着社会的发展，干旱所形成的灾害愈加频繁与严重。1442~2012 年的 571 年中，共发生历史记录的干旱为 213 年，贵州省各个世纪发生的干旱次数如图 3-1 所示。

按地区统计，贵阳市有 32 年旱灾记载；六盘水市有 17 年旱灾记载；遵义市有 77年旱灾记载；安顺市有 34 年旱灾记载；毕节市有 24 年旱灾记载；铜仁市有 48 年旱灾记载；黔南州有 49 年旱灾记载；黔东南州有 59 年旱灾记载；黔西南州有 35 年旱灾记载。农业较发达和水稻田较多的遵义市与黔东南州旱灾记载较多，农业欠发达和以旱地作物为主的六盘水市与毕节市，旱灾记载相对较少。

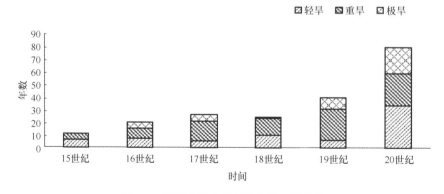

图 3-1　贵州省各个世纪发生的干旱次数

从史料旱灾记载和 1950 年以来的旱灾统计资料可知，各类旱灾出现的频次都反映了"夏旱为主，春旱次之，秋冬旱很少"的特点。表 3-1 统计了 1442~2012 年的 571 年中，夏旱出现频次占各类干旱总频次的 60%，春旱占 30%，不同世纪里各类干旱所占的比例变化不大。

表 3-1 贵州省各类干旱发生频次历史统计表

干旱类别	1442~1990 年	1442~1499 年	1500~1599 年	1600~1699 年	1700~1799 年	1800~1899 年	1900~1990 年	1991~2012 年
春	64	4	5	7	4	10	30	4
夏	126	7	10	17	18	27	41	6
秋	21		5	2	2	3	8	1
冬	2	< 1	< 1	< 1	<1	< 1	<1	1
合计	213	11	20	26	24	40	79	12

结合 1961~2012 年贵州省干旱烈度、干旱历时和干旱受旱面积来分析 1961~2012 年贵州省干旱事件（图 3-2）。

可以看出，52 年间，共发生 79 次干旱，其中，发生在 1963 年的干旱共 8 个月，1962年 12 月到 1963 年 6 月的干旱持续了 7 个月，干旱覆盖面积达到了 45.32 万 hm²，干旱烈度为 6.87。干旱历时方面，灾情长达 6 个月的有 1969 年、1979 年、1988 年和 2009 年，长达 5 个月的有 1966 年、1974 年、1977 年、1987 年、1992 年、2003 年和 2007 年。

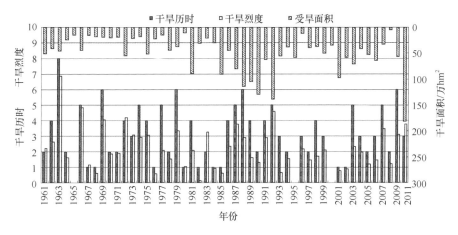

图 3-2 1961~2012 年贵州省气象干旱事件

据 1961~2012 年贵州省历年旱灾损失统计资料，贵州省 52 年间的平均受旱率为 13.71%，平均成灾率为 8.51%，而在此段时间内全国平均受旱率为 14.1%，平均成灾率为 6.7%。贵州省的平均受旱率在全国平均受旱率之下，但平均成灾率却在全国的平均成灾率之上。其中，受旱率和成灾率较高的发生在 1990 年，分别为 36.04% 和 26.6%。最低的为 2008 年，分别为 1.07% 和 0.29%。贵州省 52 年间成灾率大于 10% 的有 18 年，其中大于 20% 的有 8 年，这 8 年分别是 1981 年、1985 年、1988 年、1989 年、1990 年、1992 年、2010 年、2011 年。都发生在 20 世纪 80 年代以后，这是由于 80 年代以后全球气候异常，降水量持续偏少，温度持续偏高，造成干旱持续严重，而农作物种植结构相对传统对水的需求相对较高，从而受旱成灾更趋严重。

1）受旱面积

图 3-3 为贵州省自 1950~2012 年共 63 年的受旱面积情况。

由图 3-3 可知，贵州每年均会发生农作物受旱，且历年受旱面积呈明显的增长趋势。其中，第一个高峰发生在 1960 年，然后依次 1981 年、1985 年、1988 年、1990 年逐年明显升高，在 20 世纪 90 年代达到高峰，然后呈现缓慢降低的趋势，至 2001 年达到近 20 年来的一个高峰（除 1992 年），最后自 2009 年开始，到 2011 年达到了历史的最高峰。说明了总的受旱面积趋势是明显增加的，其中，2011 年的受旱面积接近于 1960 年受旱面积的 3 倍。

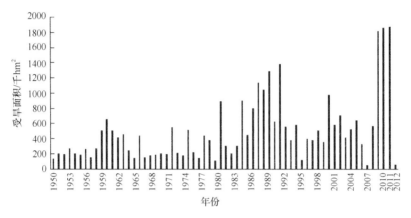

图 3-3　贵州省 1950~2012 年年度受旱面积示意图

2）因旱成灾面积

图 3-4 为贵州省自 1950~2012 年共 63 年的因旱成灾面积情况。

由图 3-4 可以看出，贵州省每年均会发生农作物受旱成灾，且历年的因旱成灾面积和受旱面积一样呈明显的增长趋势。其中，第一个高峰发生在 1960 年，然后依次 1981 年、1985 年、1988 年、1990 年逐年明显升高，在 20 世纪 90 年代达到高峰，然后呈现缓慢降低的趋势，至 2001 年达到近 10 年来的一个高峰（除 1992 年），最后自 2009 年开始，到 2011 年达到了历史的最高峰。说明了总的因旱成灾面积趋势是明显增加的，其中，2011 年的因旱成灾面积接近于 1960 年成灾面积的 3 倍。

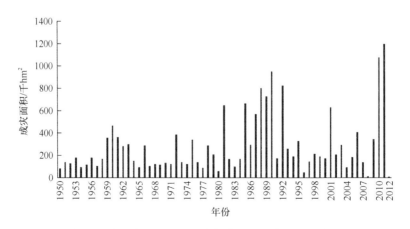

图 3-4　贵州省 1950~2012 年年度因旱成灾面积示意图

3）因旱绝收面积

图 3-5 为贵州省自 1950~2012 年共 63 年的农作物因旱绝收面积情况。

由图 3-5 可以看出，干旱致使贵州省每年均会发生农作物受旱绝收，且历年的绝收面积和成灾面积、受旱面积一样呈明显的增长趋势。其中，第一个高峰同样发生在 1960 年，然后依次 1981 年、1985 年、1988 年、1990 年逐年明显升高，在 20 世纪 90 年代达到最高峰，然后呈现缓慢降低的趋势，至 2001 年达到近 10 年来的一个高峰（除 1992 年），最后自 2009 年开始，到 2010 年达到了历史的最高峰。说明了总的绝收面积趋势是明显增加的，其中，2010 年的绝收面积接近于 1960 年绝收面积的 4 倍。

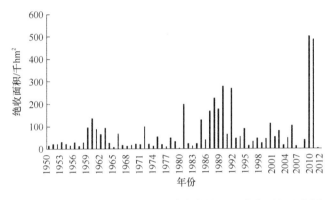

图 3-5　贵州省 1950~2012 年年度农作物因旱绝收面积示意图

4）因旱粮食减产量

图 3-6 为贵州省自 1950~2012 年共 63 年因旱粮食减产情况。

由图 3-6 可以看到，贵州省每年均会发生农作物受旱减产，且历年的粮食减产和绝收面积、成灾面积、受旱面积一样呈明显的增长趋势。其中，第一个高峰发生在 1964 年，然后在 1978 年、1981 年、1985 年、1988 年、1990 年基本持平，1992 年达到峰值，2011 年达到历史最高峰，说明总的粮食减产趋势是明显增加的，其中，2011 年的粮食减产接近于 1960 年粮食减产的 7 倍。

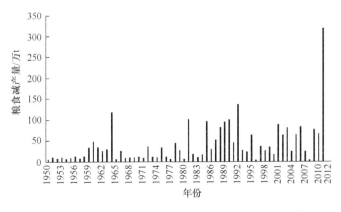

图 3-6　贵州省 1950~2012 年年度因旱粮食减产量示意图

3.1.1.2　空间特征

根据贵州省各市（州）历史统计发生干旱次数及发生干旱季节来分析，得到贵州省旱灾易发地区分布和贵州省易旱季节分布。

图 3-7 为贵州省旱灾发生频次分布情况。

由图 3-7 可以看出，越往东，干旱越易发生，且北部地区较南部地区易旱。

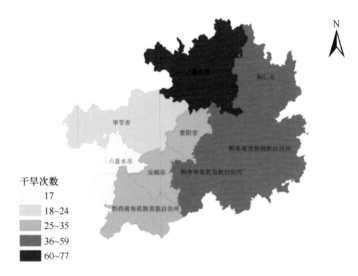

图 3-7　贵州省旱灾发生频数分布示意图

图 3-8 为贵州省旱灾易发季节分布情况。

由图 3-8 可看出，夏旱最易发生，其次为春旱，东部地区夏旱较西部地区易发生，而西部地区春旱较东部地区易发生，且西部地区春旱重于秋旱，东部地区秋旱重于春旱。这些与全省的降水量时空分布规律有关。

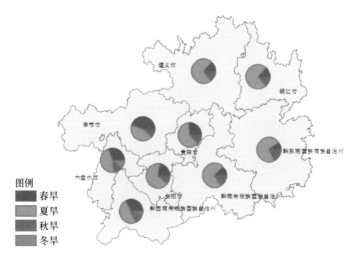

图 3-8　贵州省旱灾易发季节示意图

通过贵州省各市（州）农业干旱灾害情况，对贵州省农业最大受旱率、平均受旱率、最大成灾率、平均成灾率在空间与程度上进行分析。

图3-9为贵州省最大受旱率（图（a））与多年平均受旱率［图（b）］、最大成灾率（图（c））与平均成灾率［图（d）］分布图，由图可知，平均受旱率与平均成灾率最为严重的地区为铜仁市，安顺市和黔南州次之，最大受旱率与最大成灾率最为严重的为铜仁市和毕节市。

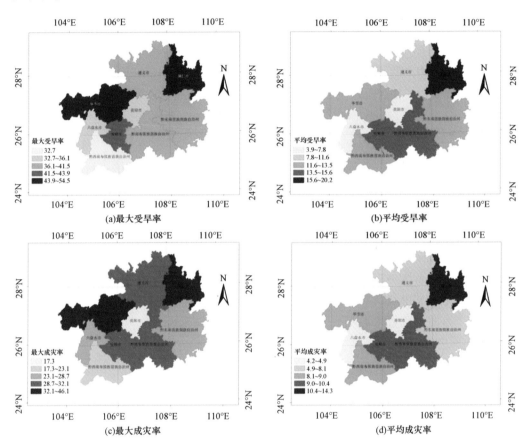

图 3-9 贵州省农业多年最大及平均受旱、成灾率分布图

3.1.2 新中国成立后典型干旱事件

3.1.2.1 1959 年干旱

1959~1963 年的连旱年段对贵州省的农业生产和人民生活造成了很大影响。1959 年是这个连旱年段的第一年，是重旱等级的夏旱年，受灾范围遍及全省各县市，受灾严重的是务川—绥阳—习水—普定—罗甸—独山—从江一线以东地区。其中，黔东北铜仁地区各县市成灾面积均超过播种面积的 10%。铜仁县、玉屏县、德江县灾情最重，成灾面积分别占播种面积的 30.9%、41.8%和36%；遵义市的遵义县、湄潭县、凤冈县、余庆县、正安县成灾面积均超过播种面积的 20%；黔东南州的剑河县成灾面积高达播种面积的 51.8%。

3.1.2.2　1963年干旱

1963年中西部春旱重，持续时间长，3~4月连续干旱的有49个县，其中，3~5月连续3个月干旱的有22个县，都分布在贵州西部，黔西南州望谟县旱情从3月一直持续到7月中旬，毕节地区威宁县3月22日~5月26日连续无透雨的久晴天气长达64天，部分地区大季作物马铃薯播种后70天才出苗，玉米等作物播种后普遍缺苗断行，小季作物的生长发育也受到严重影响；省东部有夏旱，并且开始时间早（6月初露头），对水稻前期生长和玉米的后期生长危害较大。1963年全省有41个县的成灾面积超过其播种面积的10%，其中，西部及西南部的威宁、盘县、册亨、贞丰、晴隆、普安、镇宁、关岭等县的成灾面积占播种面积的比例高达24%~33%。

3.1.2.3　1972年干旱

1972年的夏旱，早期持续时间长，旱情遍及全省，旱情从6月上旬开始露头，直到9月初才解除，对水稻、玉米等秋收作物的大部分生育阶段都有很大的影响。全省有77个县干旱日数在50天以上，其中干旱70天以上的有30个县市，凯里等8个县市干旱天数甚至在80天以上。全省42个县的成灾率在10%以上，最严重的铜仁地区玉屏县为46.0%；黔南州的荔波县、福泉市的成灾率分别为49.3%和50.1%；黔东南州的丹寨县成灾率高达57.6%。东部的铜仁地区、黔南州、黔东南州三个地（州）最为严重，其次是遵义市和安顺地区的部分县市，秋收作物严重减产，对农业和国民经济建设的各个方面都有较大影响。

3.1.2.4　1981年干旱

1981年，贵州省的中部地区有春旱，6~8月夏旱发展迅速，全省出现大面积旱情。大部分地区干旱持续80天左右，省的中部地区继春旱后连接夏旱，局部地区旱期长达100余天（如余庆县干旱108天）。全省有72个县市遭受旱灾，其中，60个县市的成灾面积超过播种面积的10%。铜仁地区10个县市都超过30%；石阡县和沿河县最高，分别是59.3%和60%；其次是遵义市、安顺地区和贵阳市，也都在50%左右。

3.1.2.5　1987年干旱

1987年是贵州省从1950~2012年最严重的春旱年。全省有近80个县持续干旱天数达25天以上，其中39个县超过60天，直到5月底全省还有50%的稻田因缺水无法翻犁。受灾严重的主要是西部地区六盘水市的盘县、六枝和水城3个特区和毕节地区的大方、黔西、纳雍、威宁、赫章等县，最重的赫章县成灾面积占播种面积的58%。安顺地区的安顺市、和贵州市的修文、紫云、镇宁、关岭和贵阳市的等县市成灾面积占播种面积的44%，贵阳市的清镇市成灾面积占播种面积的45.6%。

3.1.2.6 1990年干旱

8月中旬至9月下旬，遵义、铜仁、安顺、黔南等地（州、市）出现严重的夏秋连旱，有45个县级行政区干旱期持续40天以上。尤以遵义地区的旱期之长、雨量之少、高温日数之多为最突出，其中旱期持续时间最长的超过90天，最短的则不少于50天。旱灾造成遵义市大片水稻枯黄，大面积蔬菜干死，84万人、近50万头大牲畜发生严重因旱临时饮水困难，10多个工厂停产或基本停产。铜仁地区铜仁市则出现40天左右长历时干旱，德江县从7月29日至9月20日连旱54天，石阡县部分水稻、玉米干枯，全县农作物成灾面积3.91km^2。

3.1.2.7 1991年干旱

春季前期，全省大部分地区降水比常年同期偏少3~5成，黔西南州部分地区甚至偏少7成以上。不少地区雨季比常年推迟半个月到1个月，黔北个别地区甚至推迟两个月。遵义、黔西南、安顺、毕节、六盘水等5个地（州、市）的22个县受旱影响显著，其中最为严重的为六盘水大部和黔西南州兴仁、普安、兴义、晴隆等地，时间则集中于4月上旬末至中旬。持续干旱造成省内1075条河溪断流，2.20万口山塘水井干涸，250座小水库干涸（死水位以下）。全省累计受旱面积467.3km^2，300万人和150万头大牲畜因旱临时饮水困难。由于春旱缺水，全省的春播进度滞后于常年同期，不少地方无法打田栽秧，仅遵义地区推迟插秧的稻田就有66.7 km^2。

3.1.2.8 1992年干旱

7月下旬至9月中旬，全省大部分地区出现夏秋连旱，旱期持续50天以上，个别地区旱情持续到冬季。尤其在7、8月份，正值各地秋收作物需水关键期，大部分地区雨量不足100mm，个别地区甚至只有不到10mm，较常年偏少2~9成。6月27日~8月31日，遵义地区各县出现高温少雨67天，正安县、习水县水稻大面积干枯；桐梓县旱情则持续至9月，溪河断流923条，干涸11座水库、山塘416口、水井6540口，农作物受旱面积59.3万亩，其中绝收29.7万亩，22.83万人和16.37万头牲畜因旱临时饮水困难；道真县断流溪河295条，干涸水库7座、水井3390口，农作物受旱面积38.11万亩，其中绝收15.35万亩，21万人和25万头牲畜因旱临时饮水困难。黔东南州岑巩县从7月份初起长达170多天未下透雨，其间总降水量仅160.8mm，比常年同期偏少303.2mm，发生了严重的夏、秋、冬三季连旱。黔南州也因夏秋连旱影响，粮食产量受到严重影响。铜仁地区从7月下旬到8月底出现40天左右的夏旱，9月初至12月底又接着出现秋冬连旱，导致次年冬春作物小麦、油菜等品质、产量受到明显影响。干旱同时造成黔西南州水稻、油菜因旱减产量重于1991年干旱。

3.1.2.9　1993 年干旱

4~5 月，全省大部分地区降水量较常年偏少 3~5 成，而在此之前的 1~3 月，各地雨量已普遍偏少 5 成以上，中部和南部甚至偏少 8 成以上，后冬少雨与春季少雨相连，大大加重了当年的春旱灾情。截至当年 2 月底，全省 1.79 万处蓄水工程实蓄水量仅占应蓄水量的 47.1%，直接影响 167km^2 农田春耕时期的打田用水，450 万人、350 万头大牲畜发生临时饮水困难。北部和西部地区 6 月底才打田插秧，导致夏至前水稻栽插面积比常年明显减少。据统计，遵义、安顺、铜仁、黔南、黔西南等 6 个地（州、市）农作物受旱面积达 513.1km^2，其中干枯达 122.5km^2。

3.1.2.10　2001 年干旱

2001 年，全省 9 个地（州、市）先后发生了不同程度的干旱灾害。6 月以前，省中部以西地区降雨与常年同期偏少 1~5 成，其中黔西南州降雨比历年同期偏少 95~237mm。省西部、西南部、中部及南部地区发生了较为严重的冬春连旱。5 月底，旱情最为严重的黔西南州 137 座水库、200 余座山塘干涸，62.70 万人、46.5 万头大牲畜因旱临时饮水困难。旱情最严重时段，全省农作物受旱面积达 346km^2。春旱对水稻育秧、玉米育苗移栽等农事造成一定影响。5 月上旬，大部分受旱地区旱情因降雨补给得到解除，但西南部、西部边缘旱情一直持续到 6 月中旬。

7 月 9 日至 8 月上旬，全省正值秋收作物拔节、抽雄及灌浆乳熟的需水关键时期，北部、东部和南部地区出现了高于 33℃ 的持续高温天气，铜仁地区、黔东南州北部和南部及遵义市大部高温持续时间达 20 天以上，其中部分县出现了超过 30 天的持续高温天气，铜仁地区的沿河县高达 36 天，同时还出现了 40℃ 以上的极端高温。持续高温少雨天气，加上前期降雨严重少于常年同期，造成省北部、东部和南部地区伏旱异常严重。

3.1.2.11　2003 年干旱

2003 年，省的西部、西南部发生春旱，东南部、东北部及南部则发生伏旱。

3 月初至 5 月中旬，全省大部分地区降雨偏少，特别是中西部地区偏少 3~9 成，致使毕节地区、六盘水市、黔西南州、安顺市、贵阳市等 5 个地（州、市）发生了春旱。遵义市城区自 2002 年 11 月至 2003 年 3 月中旬未出现有效降雨，以致供水水源不足而被迫采取分片区限制供水措施。毕节地区受旱最为严重，累计 250 个乡镇 3658 个村、27290 个村民组 383.29 万人受灾，农作物受旱面积达 175km^2，绝收面积 30.4km^2；16.8km^2 土地因旱不能播种，已播种而未出苗面积达 30.8km^2，占播种面积的 18%。全区 24 座水库干涸，128.8 万人、58.2 万头大牲畜发生因旱临时饮水困难。春旱持续至 5 月中旬。

7 月中旬至 8 月下旬，省的东南部、东北部及南部出现伏旱，旱情持续时间较长。7 月 27 日至 8 月 7 日，除省的西南部外，全省大部分地区出现了 33℃ 以上的高温天气，遵义市局部、铜仁地区及黔东南州大部、黔南州南部最高温度在 35℃以上，全省各中小河流来水量与常年同期相比大多偏少 4~8 成，各地旱情发展迅猛，8 月 9 日，全省农作物受旱面积达 648.3km²。黔东南州受旱最为严重，全州有 3700 条溪沟断流、38 座水库、2750 座山塘、3120 口水井干涸，农作物受旱面积达 116km²，57.6 万人、31.6 万头大牲畜发生因旱临时饮水困难。天柱县自 6 月中下旬起持续高温少雨达 40 余天，全县 480 座山塘、2100 口水井干涸，稻田受旱面积 9.5km²，其中重旱 0.31km²，干枯 0.07km²。旱情至 8 月中旬才得以缓解。

3.1.2.12 2006 年干旱

春季，省西部、西南部等地出现不同程度旱情，但总体较轻。从 6 月中旬开始，省北部、东北部降雨较历史同期偏少 6~9 成，气温较历史同期偏高 0.5~2.9℃，遵义市、铜仁地区、黔东南州、贵阳市等地部分县（市、区）发生旱情；7 月中下旬，遵义市、铜仁地区、黔东南州、毕节地区等地仍持续高温晴热少雨，旱情继续发展；9 月上旬，前述地区高温少雨天气持续少变，旱情进一步加剧，以与重庆相邻的遵义市、铜仁地区旱情最为严重。

3.1.2.13 2009~2010 年连年旱

2009 年 7 月至 2010 年 4 月，省内大部分地区降水持续大幅偏少、气温偏高，出现历史罕见的夏、秋、冬、春四季连旱。2009 年，全省雨季普遍提前结束，特别是西部地区雨季提前近 1 个月结束，导致雨季客观水分亏缺；后续 27 个旬中，有 24 个旬的降雨量较常年偏少，特别是 2009 年入秋以后，降水量偏少更为明显，全省大部分地区总降水量较历年同期偏少 5 成以上，黔西南州甚至偏少 8 成。省西南部部分乡镇连续无雨日长达 235 天，出现了 8 个月的持续干旱。2010 年初，受前期降水量持续偏少、气温持续偏高和蒸发量持续偏大的影响，贵州江河来水较历年同期明显减少，工程蓄水量严重不足。2010 年 4 月末，全省水利部门管理工程蓄水量 6.69 亿 m³，仅为应蓄水量的 33.7%。全省 17983 座水库（含山塘）有 12145 座降低到水库死水位，占 67.5%；1780 座完全干涸，水库蓄水严重不足。旱灾对全省城乡居民生活、农林牧渔、工业、社会治安及生态环境等各行业均产生了不同程度的影响。全省因旱受灾人口达 1991.52 万人，其中高峰时段 695.22 万人和 503.36 万头大牲畜发生临时饮水困难；农作物受灾面积 1568.31km²，其中成灾面积 1120.03 km²、绝收 518.63 km²。

3.1.2.14 2011 年干旱

7 月中旬以后，全省大部分地区气温大幅飙升，其中省东部、南部及赤水河谷地区持续出现 35℃以上高温天气；8 月 14 日，赤水市最高温度达 42.6℃，突破了有气象记录以来的历史极值。大部分地区降水较常年同期偏少 5~10 成，江河来水较常年同期偏少 5~9 成，水利工程蓄水较常年同期偏少近 3 成，498 条溪河、619 座水库断流或干涸，天生桥一级、思林、三板溪、光照等 10 余座大型水电站蓄水严重不足，多数水电站被迫停止发电，造成大批企业停产。年度农作物受旱面积 1860.58 khm²，其中受灾面积 1822.48khm²、成灾面积 1196.06 khm²、绝收面积 487.24khm²；因旱受灾人口 2148.33 万人，其中 765.56 万人、310.29 万头大牲畜发生因旱临时饮水困难。

3.1.3　旱灾的影响

　　贵州干旱灾害造成的社会经济损失是巨大的，主要包括工、农业因旱灾减产造成的税收减少、农村副业产量质量下降，导致农产品为原料的轻工业、商贸交易量等也受到不同程度影响，干旱使水电站发电量下降，造成对煤、油等燃料的需求上升等；同时，旱灾也使局部地区生态环境遭到一定程度破坏。

3.1.3.1　旱灾对经济社会的影响

1）因旱粮食减产

　　水是保证农业生产最重要的条件，干旱缺水将直接导致农业减产，甚至绝收。以因旱成灾面积占各种自然灾害总成灾面积的百分比核算因旱粮食减产量。因旱减产粮食的逐年过程与成灾面积的逐年过程相一致。一般干旱年份减产较少，重旱年份的减产粮食成倍增加。旱灾对粮食减产造成的损失每年都有，并且有总体增加的趋势（图 3-10）。

　　从图 3-10 中可以看出：1959 年因旱减产粮食 34.39 万 t，是 1951~1958 年因旱减产粮食平均数的 3.4 倍；1981 年因旱减产粮食为 102.3 万 t，是 1971~1980 年因旱减产粮食平均数的 5.1 倍；1992 年因旱减产粮食 136.7 万 t，是 1981~1990 年因旱减产粮食均值的 2.26 倍；2011 年因旱减产粮食 318.26 万 t，是 2001~2010 年因旱减产粮食均值的 5.5 倍，说明重旱年份因旱粮食减产是主要的。同时，经济损失的变化呈增长趋势，与受旱面积、农作物减产量的变化趋势相一致；且由于油菜籽、烤烟播种面积的逐年增加，旱灾对其造成的经济损失增长趋势更明显。经济损失的增长趋势反映了干旱灾害的加剧趋势。

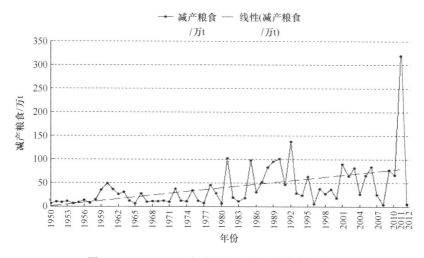

图 3-10　1950~2012 年贵州省历年旱灾粮食减产量

2）因旱人畜饮水困难

旱灾对城市、农村生活造成的影响主要为群众临时生活用水困难和牲畜饮水困难。贵州省由于特殊的自然地理和社会历史原因，人畜饮水困难点多面广，全省各县级行政区都不同程度地存在人畜饮水困难问题，部分地区人畜饮水困难的严重程度甚至在全国也是少见的（图3-11）。

由图3-11可以看出，因旱临时饮水困难的人口较大的年份有2011年、2010年、1999年、1990年。其中，最大的为2011年，达到765.56万。因旱饮水困难大牲畜较大的年份为2010年、1990年、1999年、1992年，其中最大的是2010年，达到528.22万头。因旱临时饮水困难成了当地制约人民小康致富的主要因素之一。

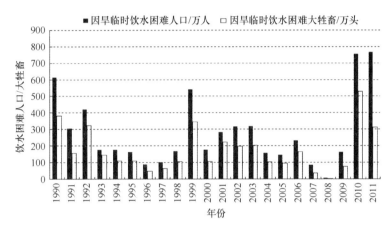

图3-11　旱灾造成的人畜饮水困难年际变化

3）因旱工业影响

城镇缺水直接影响工业生产，给区域经济带来直接或间接损失。据不完全统计，在1950~1989年的40年间，全省因缺水造成的工业产值总损失为54.11亿元（1990年价）。其中，9个城市因干旱缺水而减少的工业值约33.6亿元；而在1990~2012年的共23年中，因旱影响工业增加值为125.41亿元，比之前阶段强度有显著增加。

3.1.3.2　因旱生态环境影响

随着人口增加，为预防干旱减产，个别地区群众为了获取更多的粮食，开荒扩种活动频繁，破坏了原先植被较好的地方，水土流失加重，水土流失面积占全省总面积的29.9%。特别是毕节市，占其总面积的41.5%。水土流失加剧，扩大石漠化面积，破坏水源地水分涵养能力，促使地面干旱加剧、河川径流减少，增加因旱临时饮水困难，河流泥沙增加，加快水库淤积，严重影响生态环境，既造成干旱灾害的频繁发生，又加剧干旱灾害的严重程度，以致形成恶性循环。

贵州省碳酸盐类岩石面积为10.91万km²，占全省总面积的61.9%，贵阳市、黔南州、毕节市、安顺市的碳酸盐类岩石占总面积的比例分别达85%、81.5%、73.3%和71.5%。

地表岩溶十分发育，孔洞、漏斗、裂隙多，地表水很快流入地下岩溶及较低的河谷，地表干涸造成岩溶干旱；岩溶山区河谷深切，河水低而田土高，有水而难以利用；岩溶地区土层薄，加上水土流失严重，有的成为石山，只是石头缝里有些土，所以土层薄而贫瘠，干旱期间形成干热效应，抵御干旱的能力更差，干旱灾害频繁发生。贵州省缺乏灌溉设施的大部分地区存在着干旱灾害与自然环境遭破坏互为因果的恶性循环。因此，工程性缺水仍是贵州旱灾形成的重要因素之一。加大水利投入，扩大有效灌溉面积成为发展贵州高效农业的关键性因素。

3.2　贵州旱情灾情规律

3.2.1　旱情规律

3.2.1.1　基础资料及研究方法

1）基础数据

考虑数据获取的难度和站点的代表性，选用 1950~2012 年的贵州省 19 个地面气象观测台站降水量、气温、日照时数、风速、相对湿度等气象要素的实测资料进行基于 SPEI 指数的贵州旱情规律分析。对个别台站的缺测资料进行了插补处理，经过订正处理后的 19 个台站的各要素资料具有较好的连续性。季节定义为：上年 12~2 月为冬季，3~5 月为春季，6~8 月为夏季，9~11 月为秋季。选取贵州省内 9 个市（州）近 60 年的降水量数据为基础进行干旱频率分析。各市（州）的多年平均年降水量信息见表 3-2。

表 3-2　贵州省各市（州）1950~2012 年多年平均降水量

所在行政区	贵阳市	六盘水市	遵义市	安顺市	毕节市	铜仁市	黔西南州	黔东南州	黔南州
年降水量/mm	1077.92	1118.09	1090.18	1183.42	958.35	1171.62	1194.33	1219.25	1197.84

2）研究方法

a. 标准化降水蒸散指数（SPEI）

SPEI 是 Vicente-Serrano 等在标准化降水指数（SPI）的基础上引入潜在蒸散项构建的，其融合了 SPI 和 PDSI 的优点。干旱的形成和发展是地表水分亏缺缓慢积累的过程，干旱程度应该是水分亏缺量及其持续时间的函数。SPEI 正是从水分亏缺量和持续时间两个因素入手来描述干旱的。与 SPI 相类似，SPEI 具有多时间尺度的特征，可以考虑不同类型的干旱；此外，SPEI 还考虑了温度的因素，引入了地表蒸散变化对干旱的影响，其对全球气温快速上升导致的干旱化反映更加敏感；SPEI 又有多尺度的优点，不仅能检测干旱是否发生，而且可以反映多个时间尺度的持续时间要素，这点对于干旱的分析与监测至关重要。与其他干旱指数相比，SPEI 能抓住影响干旱的主要因素，并可反映干旱的时间尺度，只需降水量和温度资料即可计算求得，便于在业务中使用，是一个较为理想的干旱指数。

SPEI 指数计算方法如下：第一步，计算潜在蒸散（PET）。Vicente-Serrano 推荐的是 Thornthwaite 方法，该方法的优点是考虑了温度变化，能较客观地得出地表潜在蒸发；第二步用公式计算逐月降水与蒸散的差值；第三步如同 SPI 方法，对 D_i 数据序列进行正态化，计算每个数值对应的 SPEI 指数。

关于 SPEI 的阈值目前还没有一个统一的标准。王琳等基于 SPEI 干旱指数自定义的干旱等级分析了近百年来西南地区干旱的演变特征，结果和历史干旱事件基本符合。参照其划分的干旱等级并结合贵州省实际旱情旱灾情况，初步划分 SPEI 指数的干旱等级，见表 3-3。

表 3-3　SPEI 指数干旱等级划分

等级	类型	SPEI 值
1	无旱	−0.5＜SPEI
2	轻旱	−1＜SPEI≤−0.5
3	中旱	−1.5＜SPEI≤−1
4	重旱	−2＜SPEI≤−1.5
5	特旱	SPEI≤−2

指标有效性分析：应用 SPI 和 SPEI 干旱指数的计算结果与贵州历史典型干旱实际典型干旱进行吻合度分析，来验证干旱指标的有效性，以便能更可靠地反映贵州省的实际干旱情况。

由表 3-4 可知，SPEI 的计算结果在干旱类型方面，1962 年没有识别出秋旱，1985 年没有识别出夏旱，2009 年没有识别出冬旱，其余年份均能和实际情况相吻合，而且在干旱时间的判别上也能与实际情况基本吻合。SPI 的计算结果与实际情况则存在明显的误差，1960 年、1962 年、1966 年、1978 年、1988 年的干旱计算情况与实际不符。不同的干旱指标针对不同的地方，识别结果会有明显的不同，通过两者与实际干旱的对比，可以知道，在贵州特殊的环境下，利用标准化降水蒸散指标（SPEI）更能准确描述贵州干旱情况，为后续干旱频率分析和干旱规律的分析奠定了基础。因此，选择 SPEI 作为研究贵州干旱的指标是合理可行的。

b. 干旱评估指标

为了更好地反映较大范围内的区域干旱发生程度，2010 年，黄晚华、杨晓光等引入干旱发生频率，并定义干旱发生站次比和干旱强度。

（1）干旱频率（P_i）。P_i 是用来评价某站有资料年份内发生干旱的频繁程度，用某站发生干旱的年数与该站有气象资料的总年数的比值的百分数表示。

（2）干旱站次比（P_j）。P_j 是用某一区域内干旱发生站数多少占全部站数的比例来评价干旱影响范围大小的，用研究区发生干旱站点数与研究区总的气象站点数比值的百分数表示。

（3）干旱强度（S_{ij}）。S_{ij} 用来评价干旱严重程度，单站某时段内的干旱强度一般可由干旱指标值反映，干旱指标绝对值越大，表示干旱越严重。

表 3-4　典型历史干旱年份与计算结果对比表

干旱年份	历史干旱		SPEI 计算结果		SPI 计算结果	
	干旱类型	干旱时间	干旱类型	干旱时间	干旱类型	干旱时间
1959	夏旱	7~8	夏旱	7~8	夏旱	7
1960	夏秋旱	8~10	夏秋旱	8~10	冬旱	1
1961	夏旱	6	夏旱	6	夏旱	6
1962	夏秋旱	7~9	夏旱	7	冬旱	2
1963	冬春旱	1~4	冬春夏旱	1~6	冬春旱	1~3
1966	夏秋旱	7~9	夏秋旱	8~9	春旱	3
1972	夏旱	7~8	夏旱	6~8	夏旱	7
1978	冬春旱	2~4	冬春旱	1~4	夏旱	7
1981	春夏旱	6~8	夏旱	6~8	夏旱	6
1985	夏秋旱	8~10	秋旱	10	秋旱	10
1987	春旱	3~4	冬春旱	1~4	春旱	3
1988	夏旱	6~8	春夏旱	5~7	秋冬旱	11~12
1989	夏旱	8	春夏旱	5~8	春旱	5
1990	夏旱	6~8	夏旱	7~8	夏旱	8
2009	夏秋冬旱	7~12	夏秋旱	8~11	秋旱	9
2010	冬春旱	1~4	冬春旱	1~3	冬旱	1~2
2011	夏秋旱	7~9	夏旱	8	夏旱	8

3.2.1.2　年尺度干旱时空特征

1）干旱的时间变化特征

为形象、直观地描述年度干旱的时间变化特征，将贵州省 1960~2012 年的干旱站次比和强度绘于图 3-12 中。

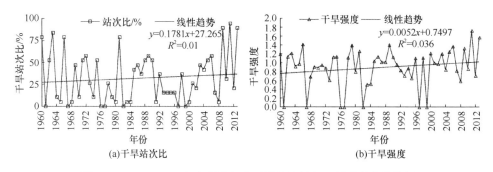

图 3-12　1960~2012 年贵州省年度干旱站次比与干旱强度变化特征

从干旱站次比来看，1960~2012 年，贵州省年度干旱发生范围在波动中呈不断扩大趋势；干旱站次比在 0.0%~94.7%变化，平均为 32.2%，年际差异较大，共有 7 年干旱站次比为 0.0%，最高值出现在 2011 年，为 94.7%。研究时域内，共有 9 年发生局域性干

旱；20 世纪 70 年代和 21 世纪初先后有两年发生区域性干旱；时段则多集中于 20 世纪
80、90 年代和 21 世纪初，有 8 年出现区域性干旱；研究区共有 16 年发生全域性干旱（一
半以上的站点发生干旱），其中进入 21 世纪后，大范围干旱事件频率明显增强，2000~2012
年平均干旱站次比（42.9%）是 1960~1999 年（28.4%）的 1.5 倍，说明近 10 年来，贵
州省干旱影响范围呈扩大化趋势。

从干旱发生强度来看，1960~2012 年干旱强度在 0.00~1.74 之间变化，平均值为
0.89，属轻度干旱，整体上干旱强度有加重趋势。其中，22 年发生轻旱，23 年发生中
旱，1 年（2011 年）发生重旱。干旱站次比和强度的多年变化曲线总体上保持一致，
即两者正相关。如 2009~2010 年西南大旱、2011 年贵州夏秋连季干旱，其发生范围皆
为全域性干旱，干旱程度也均为中旱以上。综上，1960~2012 年贵州省年度干旱以全
域性干旱（29.63%）和局域性干旱（20.37%）为主，强度主要表现为轻度（40.74%）
和中度干旱（42.49%）。

2）干旱的空间变化特征

为展示年度干旱频率空间分布，基于研究区 19 个地面气象站点的 SPEI 计算各站点
年度干旱发生频率，绘制 1960~2012 年贵州省干旱频率分布图（图 3-13），同时采用自
然间断点分级方法将干旱频率从高到低分为最易旱区、易旱区、一般旱区和轻旱区。

由图 3-13 可知，空间上，1960~2012 年贵州省年度干旱整体由西南向东北递减，干
旱发生频率为 28.37%~38.64%，平均为 33.40%。干旱发生频率地区差异较为明显，最易
旱区集中在黔西北、黔西南地区，包括威宁、盘县、兴义和望谟一带，干旱频率在 37%
以上；毕节市中部、安顺市东北部和黔南州西南部地区干旱发生频率也相对较高
（33%~37%），处于易旱区；轻旱区处于黔北地区，涉及遵义市和铜仁市的思南一带，发
生频率在 30% 以下。

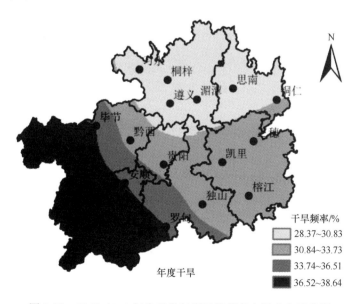

图 3-13　1960~2012 年贵州省年度干旱频率空间分布示意图

3.2.1.3 季尺度干旱时空特征

1）干旱的时间变化特征

为描述季节干旱的时间变化特征，将贵州省 1960~2012 年季节干旱站次比和强度变化曲线分别绘于图 3-14 和图 3-15 中。

由图 3-14、图 3-15 可知：

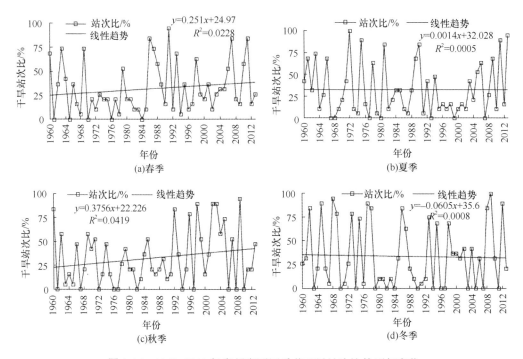

图 3-14　1960~2012 年贵州省不同季节干旱站次比的历年变化

（1）春旱。1960~2012 年春旱站次比呈增加趋势，在 0%~95% 波动，平均为 31.9%，其变化趋势率为 2.5%/10a，春旱站次比最大值出现在 1991 年。有 14 年发生全域性春旱，有 6 年发生区域性干旱；2001 年、2006~2007 年、2010~2011 年发生全域性或区域性春旱，这与贵州省近几年实际春旱发生年份相吻合，有 20 年发生局域性干旱，其余年份无明显干旱发生。

春旱强度在 0.00~1.77 之间，平均为 0.89，整体呈加重趋势。有 25 年发生轻旱，23 年发生中度及以上干旱，其中，1963 年、2011 年发生了重旱。1960~2012 年春季发生局域性干旱和全域性干旱的比例分别为 37.04% 和 25.93%，干旱强度表现为轻度（46.30%）和中度（40.74%）。

（2）夏旱。1960~2012 年夏旱站次比呈缓慢增加趋势，在 0%~100% 之间变化，平均为 32.1%，夏旱站次比最大值出现在 1972 年，所有站点均发生了干旱。有 13 年发生了全域性夏旱，其中 4 年是发生在 2005~2012 年期间，有 5 年和 6 年分别发生区域性和局部区域性夏旱，有 18 年发生局域性夏旱。

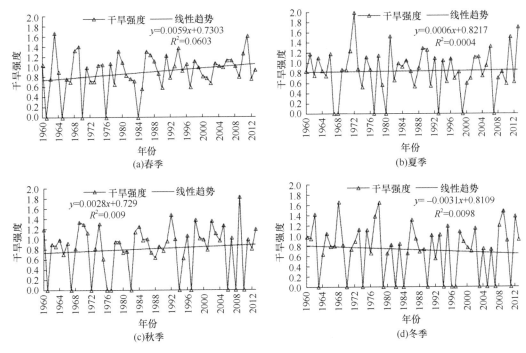

图 3-15　1960~2012 年贵州省不同季节干旱强度历年变化

夏旱强度波动范围为 0.00~2.09，平均为 0.84。其中，1972 年、1981 年、2011 年发生重度夏旱，有 15 年发生中旱，有 28 年发生轻旱。总体上夏季干旱强度变化不明显；与春旱类似，1960~2012 年贵州省以全域性干旱（25.93%）、局域性干旱（33.33%）为主，干旱强度主要为轻度（51.85%）和中度（27.78%）。

（3）秋旱。1960~2012 年秋旱站次比呈较明显增加趋势，增长速率为 3.8%/10a，在各季节中增长最快，其值在 0.0%~94.7% 之间波动，平均为 32.6%，2009 年秋旱站次比最大，为 94.7%，这在 2009~2010 年西南五省夏秋冬春连旱中得到了验证。有 15 年发生了全域性秋旱，多集中在 20 世纪 60 年代和 90 年代以后，尤以 21 世纪初发生了 5 次全域性秋旱最为突出，有 8 年发生了区域性秋旱，1978 年和 1989 年发生局部区域性干旱，有 16 年发生局域性干旱。

1960~2012 年秋旱强度在 0.00~1.83 之间波动，平均为 0.81。2009 年为重度秋旱，有 20 年的干旱强度大于 1，为中旱，有 11 年未发生明显强度的干旱，其余 22 年为轻旱。总体上，研究时域内秋旱强度呈逐渐上升趋势。综上，1960~2012 年秋旱主要以局域性干旱（29.63%）和全域性干旱（27.78%）为主，干旱强度体现为轻度（40.74%）和中度（37.04%）特征。

（4）冬旱。1960~2012 年冬旱发生站次比在 0%~100% 之间，平均为 33.9%，年际间波动幅度较大，最大值出现在 2009 年，站次比达到 100%，有 18 年的冬季没有观测到明显干旱发生，有 16 年发生了全域性干旱，有 4 年和 7 年分别发生了区域性和部分区域性干旱，有 9 年发生了局域性干旱。总体上，贵州省冬旱有所缓解。

冬旱强度在 0~1.66 之间波动变化，整体呈缓慢下降趋势，有 16 年发生中度及以上干旱，有 24 年发生了轻度干旱。综上，1960~2012 年研究区冬旱以全域性干旱（29.63%）为主，强度主要表现为轻度（44.44%）和中度（25.93%）。

2）干旱的空间变化特征

为展示季节干旱频率空间分布，将 1960~2012 年贵州省季节干旱频率变化分布绘制于图 3-16 中。

由图 3-16 可知：①春旱。1960~2012 年研究区春旱发生频率在 26.92%~38.46%之间，平均为 32.07%。其中，黔西北的威宁、毕节一带干旱发生频率最高，其频率均在 37%以上，为最易旱区；黔西南州西南部的兴义、毕节市东部的黔西、六盘水市，以及遵义市西北部的习水、桐梓一带处于干旱易发区，发生频率在 31.72%~34.84%之间；而黔东北的铜仁市和黔东南州春旱发生频率较低，仅在 26.92%~29.31%之间，为轻旱区。总体上，1960~2012 年贵州省春旱发生频率呈西高东低的分布态势。②夏旱。贵州省夏旱发生频率在 30.57%~44.59%之间变化，平均为 38.66%，最易旱区分布在遵义市中东部、黔南州北部，以及铜仁市、黔东南州的大面积土地，频率约为 44%；遵义市西部、贵阳市中部以及黔南州大部为易旱区，发生频率在 37.18%~41.51%之间，而轻旱区主要位于黔西北的威宁和黔西南的盘县、兴义、望谟一带，干旱频率在 33%以下。可见，夏季是贵州省干旱的多发季节，且影响范围广、频率高。③秋旱。研究区秋旱发生频率在 32%左右，介于 25.03%~36.81%之间，其中，最易旱区位于黔东南州以及贵州省东南部边缘河谷地区的罗甸、独山一带，干旱频率在 35%以上；轻旱区分布在西部的高海拔地区，最小值出现在盘县，干旱发生频率为 25.03%。④冬旱与春旱类似，冬旱发生频率大体呈西南向东北递减趋势，但干旱发生频率在季节中最低，干旱频率在 20.76%~28.95%之间，平均为 24.70%。黔西北和黔西南地区的干旱频率在 26.00%以上，为冬旱最易发区；低发区位于铜仁市、遵义市大部以及黔东南州的三穗一带，干旱发生频率较低，仅为 21.15%。

3.2.1.4 秋收作物生长季干旱时空特征

研究重点关注研究区内产量占比大，分布广的秋收作物。贵州秋收作物生长季为 4~9 月，以每年 4~9 月的 SPEI-6 值的 SPEI 时间序列进行分析。

（1）干旱的时间变化特征。为分析秋收作物生长季干旱的时间变化特征，将 1960~2012 年贵州省秋收作物生长季干旱站次比和强度绘于图 3-17 中。

由图 3-17 可知，秋收作物生长季干旱站次比总体呈增加趋势，平均为 32.2%，趋势倾向率为 2.2%/10a。年际间变化较大，有 12 年未发生明显干旱，有 15 年发生局域性干旱，但也有 22 年发生区域性或全域性干旱，其中，1963 年、1981 年、2009 年、2011 年有 4/5 以上的站点发生了干旱，尤以 2011 年干旱站次比（100%）最为突出。

秋收作物生长季干旱强度在 0.00~1.97 之间波动变化，平均为 0.88，整体有波动加重趋势。1963 年、2011 年发生了重旱，有 19 年发生了中旱，有 25 年发生了轻旱。

综上，近 54 年来，贵州省秋收作物生长季干旱以局域性干旱（27.78%）和全域性干旱（24.07%）为主，强度表现为轻度（49.30%）和中度（35.19%）干旱。

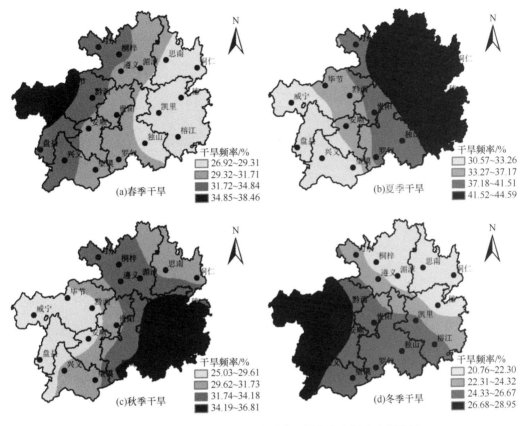

图 3-16 1960~2012 年贵州省各季节干旱频率空间分布示意图

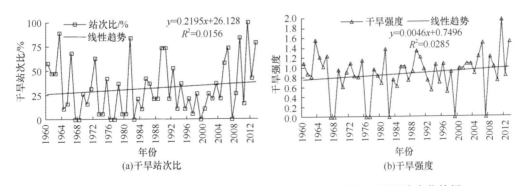

图 3-17 1960~2012 年贵州省秋收作物生长季干旱站次比与干旱强度变化特征

（2）干旱的空间变化特征。为分析秋收作物生长季干旱频率空间分布，将 1960~2012 年秋收作物生长季干旱频率空间分布图绘于图 3-18 中。

由图 3-18 可知，研究区秋收作物生长季干旱发生频率在 25.78%~37.04% 之间，平均约为 31.77%，在贵州中部以东的遵义市、铜仁市、黔东南州地区以及毕节西部的威宁一带，干旱频率在 34% 以上，干旱频率相对较高，为干旱最易发区；从中部以西地区，经毕节向中部连接贵阳、安顺大部并延伸至南部地区，干旱发生频率相对较低，为干旱低发区，平均干旱发生频率在 27.00% 左右。总体上，1960~2012 年贵州省秋收作物生长季干旱频率空间分布呈哑铃状，即东、西部地区干旱发生频率较高，但中部偏西地区干旱发生频率较低。相比于 1960~1990 年，2001~2012 年干旱频率重心坐标向西、向南移动约 41.6km，且大致位置在贵阳市境内。

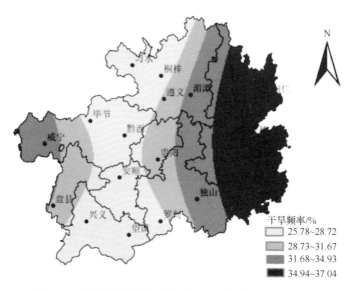

图 3-18　贵州秋收作物生长季干旱频率空间分布示意图

3.2.2　干旱特征指标对气候变化的响应

从表 3-5 中可以看出，1960~2012 年贵州省除夏季、冬季降水有缓慢的上升趋势外，其他时段内降水量均呈下降趋势，其中，春季和秋收作物生长季内降水量下降趋势通过了 $\alpha=0.01$ 的显著性检验；年度、4 个季节和秋收作物生长季的温度均为上升趋势，这与全球气候变暖的大背景相吻合，年度和秋收作物生长季内温度上升比较显著，通过了 $\alpha=0.01$ 的显著性检验；相对湿度和日照时数在年度、4 个季节和秋收作物生长季都表现为下降趋势，其中，相对湿度在年度、秋季和秋收作物生长季内呈显著下降趋势，日照时数在年度、夏季和秋收作物生长季内下降趋势比较显著，且均通过了 $\alpha=0.01$ 的显著性检验；年度、春季和冬季的风速降低，春季风速下降比较显著，通过了 $\alpha=0.01$ 的显著性检验，夏季、秋季和秋收作物生长季内的风速呈上升趋势，其中，夏季风速上升趋势通过了 $\alpha=0.01$ 的显著性检验。

降水量、相对湿度及日照时数与相应时段内的 SPEI 时间序列相关性较好。降水量和相对湿度与 SPEI 正相关，相关性均通过了 $\alpha=0.01$ 的显著性检验；其中，降水量与年度、4 个季节以及秋收作物生长季内 SPEI 的相关系数最高，都在 0.8 以上，尤以夏季最高，达 0.955；夏季和秋收作物生长季 SPEI 与相对湿度的相关系数较高，分别达到了 0.782、0.709；即随着降水量和相对湿度的减少，SPEI 相应降低，干旱越容易发生。日照时数与 SPEI 负相关，通过了 $\alpha=0.01$ 的显著性检验，即随着日照时数的减少，SPEI 变大，干旱越不易发生；其中，冬季的相关系数绝对值最大，达 0.739，春季最小，为 0.384。此外，温度与 SPEI 也存在一定的相关性，年度、夏季、冬季和秋收作物生长季

表 3-5   1960~2012 年贵州省干旱对气候变化的响应

指标		降水量/mm	温度/℃	相对湿度/%	日照时数/小时	风速/（m/s）
气候要素的年际 变化趋势/（10a）$^{-1}$	年度	-21.725^{*}	0.111^{**}	-0.485^{**}	-42.483^{**}	-0.005
	春季	-11.847^{**}	0.036	-0.508^{*}	-10.801^{*}	-0.040^{**}
	夏季	1.237	0.079^{*}	-0.464^{*}	-22.011^{**}	0.030^{**}
	秋季	-11.832^{*}	0.162^{*}	-0.675^{**}	-3.551	0.006
	冬季	0.692	0.135	-0.306	-6.678	-0.014
	生长季	-17.579^{**}	0.080^{**}	-0.612^{**}	-30.342^{**}	0.008
SPEI 与气候要素 的相关系数	年度	0.867^{**}	-0.428^{**}	0.619^{**}	-0.405^{**}	-0.292^{*}
	春季	0.877^{**}	-0.329	0.633^{**}	-0.384^{**}	-0.331
	夏季	0.955^{**}	-0.509^{**}	0.782^{**}	-0.712^{**}	-0.328
	秋季	0.879^{**}	-0.259	0.662^{**}	-0.447^{**}	-0.212
	冬季	0.862^{**}	-0.381^{**}	0.688^{**}	-0.739^{**}	-0.310^{*}
	生长季	0.890^{**}	-0.525^{**}	0.709^{**}	-0.555^{**}	-0.351^{*}

*和**分别表示通过了 95%和 99%的置信度检验。

的相关系数都通过了 $\alpha=0.01$ 的显著性检验，表现为显著负相关性，即随着温度的升高，SPEI 降低，干旱越容易发生。相比而言，风速对贵州省干旱影响效果不大。

综上所述，受全球气候变暖的影响，贵州省平均温度呈上升趋势，而相对湿度和日照时数则表现为下降趋势，年度、春季、秋季以及秋收作物生长季内的降水量有减少趋势；降水量、相对湿度和日照时数是影响贵州省年度、4 个季节以及秋收作物生长季内干旱情况的主要气象要素，其次在年度、夏季、冬季以及秋收作物生长季内，温度与SPEI 显著负相关。

3.2.3   灾情规律研究

3.2.3.1   贵州干旱致灾因素

干旱灾害的形成比较复杂，不仅与自然环境因素有关，如气象条件（降雨、气温、湿度、风速等）、水文条件（土壤水、地表水、地下水）、农业条件（雨养、灌溉、土壤、作物等），还与地貌地质、人文、社会经济条件等有着密切的联系。

一般来说，灾害是由某种不可控制或未予控制的破坏性因素引起的、突然或在短时间内发生的、超越事发地区防救力量所能解决的大量人员伤亡或物质财富毁损的现象。灾害的形成发生是在大的孕灾环境中，致灾因子与承灾体之间的相互作用，如图 3-19 所示，也就是：灾害（D_s）=孕灾环境（E）∩ 致灾因子（H）∩ 承灾体（S）：

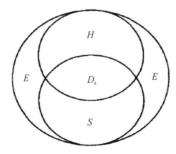

图 3-19   区域灾害系统结构体系

就干旱灾害的形成来说，并不是所有的干旱都引起旱灾，一般地，干旱只有在造成粮食减产、经济损失甚至危及人畜饮水时，才可以称为旱灾。而旱灾是一个渐发性的灾害过程，是由长时期的严重干旱和其他多种因素共同作用下逐渐形成的。

1）致灾因子

致灾因子可分为自然致灾因子和人为致灾因子，其决定了灾害的性质。旱灾从性质上属于自然灾害，因此对于旱灾来说，干旱是最直接的致灾因子。根据干旱的形成过程，可将干旱致灾因子概括为气候异变和人为因子两大项。

（1）气候异变

气候异变体现在降水、气温、日照、风速、湿度等气象要素的变化。旱灾形成的直接因素是干旱，降水是天然条件下干旱形成的水分收入项，而气温、日照、风速等其他要素通过影响蒸发而影响干旱形成水分支出项。因此，气候异变是干旱形成的重要因素。

贵州气候温暖湿润，属亚热带湿润季风气候，多年平均年降水量为1200mm左右，其中长江流域平均为1126mm，珠江流域平均为1280mm。降水量年内、年际分配也很不均匀，根据长系列气象资料，夏季（5~10月）降雨最为集中，占全年降水量的75%左右，且地区差异明显，总体呈由东南向西北递减趋势。地表径流主要由降雨形成，但由于喀斯特山区地貌的影响，尽管夏季降水量很大，但降雨"来得快，消得快"，全省多年平均径流深为602.8mm，其余降水多经岩溶漏失；另一方面，气温与日照等一些气象要素呈显著正相关关系，多种气象要素耦合打破了下垫面水分的收支失衡，进而形成干旱，甚至演变成旱灾。尤其是夏季，贵州秋收大多处于需水临界期，干旱对农业生产会造成严重的影响。

（2）人为因子

在天然条件下，旱灾的形成与干旱程度有着直接的联系，但是一些消极的人类活动同时也是旱灾形成的重要因素。经济社会的快速发展，迫使人类向自然环境不断扩张，破坏植被、滥开滥采导致水分涵养能力急剧降低的现象一定程度上存在，导致水源涵养不足；随着工业化、城镇化的迅速发展，加上各行各业存在的产业结构不尽合理等因素，社会对水资源的刚性需求增加，客观上导致用水户间的取水竞争日益激烈，同时也导致水环境的日益恶化。众多因素综合，导致农业用水本身受到大幅挤占，在工程性缺水、土壤保水保墒能力本身不足的背景下，加剧了农业旱灾发生的概率和影响程度。再者，相比国内其他省份，贵州生产节水工艺伴随社会经济发展水平相对落后，水资源利用效率低，群众节水意识也相对较弱，防旱、抗旱能力也就相对薄弱，一定程度上加剧了旱情旱灾的严重程度。

2）孕灾环境

孕灾环境可分为自然环境和人为环境两大类。孕灾环境是使灾情扩大或缩小的因素，而不是致灾的直接动力。贵州干旱致灾的孕灾环境有以下几个方面。

（1）地势。贵州省地势由西往东逐渐降低，分三个梯级：西部威宁、赫章、水城一带为一个梯极，海拔高度在2000~2400m以上；贵阳、安顺、瓮安为第二梯级，海拔在

1000~1400m；镇远以东地区为第三梯级，海拔降到 500~800m。由西向东，西部第一梯级，旱地多，水田少，农作物需水量较小，以春旱为主；中部第二梯级旱地与水田都多，农作物需水量较大，是西部春旱为主向东部夏旱为主的过渡区，旱灾损失较大；东部第三梯级水田多于旱地，农作物需水量大，夏旱最为突出，灾情也重。说明地势与干旱灾害有一定的关系。

（2）喀斯特地貌。贵州属于高原山区，地貌类型复杂多样，其中，92.5%的面积为山地和丘陵，地形坡度较平缓（8°以下）的地面很少，仅占 8.6%，而较陡（15°以上）地区占 69.4%。全省喀斯特（出露）面积为 10.91 万 km^2，占全省总面积的 61.9%，是喀斯特地貌发育最典型地区之一。

喀斯特流域下垫面异质性强，具有地表、地下二元结构，达西流与非达西流并存的多重水流特征。典型喀斯特地貌断面由上向下分别为表土层、表层岩溶带、深层饱和水流带、地下河（网），如图 3-20 所示。

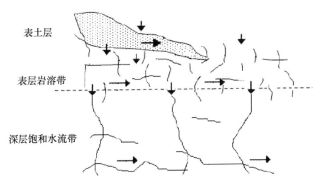

图 3-20　典型喀斯特垂向断面

贵州喀斯特地区多处于山区、丘陵区，很难进行土地平整，且表土层浅薄，伴随着岩溶作用，表面岩石不断风化，石漠化严重。在石漠化的过程当中，植被系统不断被破坏，土壤受到侵蚀的程度增加，使得土壤坚实度增大，结构恶化，蓄水保肥能力减弱；同时，频繁的干旱湿润交替，使得土壤体积频繁膨胀收缩，容易对植物根系造成机械损伤；另一方面，土壤中的碳酸盐含量不断增加，微量元素、有机质、腐殖质、阳离子交换量都有大幅下降，造成土壤化学性质变化，影响植物生长发育，发生干旱时，灾变的可能性提高。

（3）灌溉条件。对于雨养农业，发生干旱的情况下，很容易灾变，造成旱灾损失；对于有灌溉条件的农业生产，当遇到一般干旱发生时，可通过河流、水库、塘坝等水利工程引水及时灌溉，能够满足或基本满足作物正常的需水要求，但是遇到特大持续干旱事件发生时，灌溉水源来水将受到显著影响，进而形成干旱灾害。

贵州大部分地区地形复杂破碎，即便有地表河流可供水灌溉，但由于"山高水低"，加上山区经济条件制约，灌区大多都是由供水保证率较低的水源供水形成的小规模支离破碎的灌区，抗旱能力弱，极易受旱，甚至造成农作物减产绝收。

3）承灾体

任何灾害的形成都是在孕灾环境中，致灾因子作用于承灾体，造成承灾体的损失或破坏。没有承灾体，致灾因子只能称作自然环境异变。旱灾是贵州的主要自然灾害之一，而对旱灾最为敏感的是农业生产和农村人畜饮水，工业、第三产业和生态环境也是旱灾的承灾体。

由于贵州农村大多处于偏远山区，农业生产及农村人畜分布零星且范围较广，骨干水源工程严重匮乏，供配水系统简单粗放，供水保证率相对较低，大部分旱坡地甚至无灌溉设施，加上石漠化、喀斯特等众多原因导致的严重水土流失，土层较薄，作物根系较浅，以致农业生产环境相对恶劣，持续的无降雨极易导致农业旱象显现甚至旱灾发生。伴随着旱情持续，工业、第三产业因水源、供配水系统供水能力的局限而不同程度受到影响，生态环境也因自身水分涵养不足而出现旱情旱灾。在旱情加剧、旱灾深入的应急供水情况下，按照"先生活，后生产，再生态"的供水优先次序，实质上农业尤其是农业生产也是处于最不利的情形。

3.2.3.2　贵州旱灾时空分布特征

贵州省各种自然灾害频繁发生，旱灾是主要的灾害之一，发生频次高，受灾范围广。受旱灾影响最大的是农业，贵州省历史上记载最多的自然灾害就是旱灾，旱灾历来就是制约农业生产发展的重要因素之一。历史上有关旱灾的记载始于公元前27年，至1441年前仅5年有旱灾记载。1442~1839年的398年中有95年旱灾记载，旱灾频率4.19年，近代1840~1949年的110年有65年旱灾记载，旱灾频率1.69年。说明随着社会的发展，干旱所形成的灾害越来越频繁与严重（表3-6）。

表3-6　贵州省1950~2012年逐年旱灾统计表

年份	播种面积/万 hm²	受旱面积/万 hm²	受旱率/%	受灾面积/万 hm²	受灾率/%	成灾面积/万 hm²	成灾率/%	减产粮食/万 t
1950	197.15	13.3	6.75	9.06	4.60	8.35	4.24	5.96
1951	205.52	20.27	9.86	16.81	8.18	13.54	6.59	10.05
1952	214.09	19.27	9.00	13.13	6.13	12.65	5.91	8.60
1953	222.17	27.36	12.31	21.64	9.74	17.65	7.94	11.29
1954	232.17	19.89	8.57	16.55	7.13	9.08	3.91	6.57
1955	245.73	18.24	7.42	12.43	5.06	11.66	4.75	8.97
1956	283.92	26.08	9.19	20.97	7.39	17.7	6.23	13.39
1957	299.91	15.53	5.18	10.58	3.53	10.16	3.39	7.63
1958	296.63	26.84	9.05	19.29	6.50	16.51	5.57	13.72
1959	257.48	50.29	19.53	37.27	14.47	35.58	13.82	34.39
1960	282.21	65.7	23.28	51.47	18.24	46.59	16.51	48.22
1961	258.09	50.62	19.61	40.49	15.69	36.34	14.08	35.95
1962	259.08	40.99	15.82	30.01	11.58	27.93	10.78	25.66
1963	248.07	45.32	18.27	32.82	13.23	29.98	12.09	30.15
1964	244.39	24.33	9.96	16.58	6.78	14.9	6.10	11.90
1965	260.54	14.7	5.64	10.32	3.96	9.42	3.62	6.78
1966	271.01	44.06	16.26	32.02	11.82	28.54	10.53	26.48
1967	284.87	15.39	5.40	12.49	4.38	10.35	3.63	9.42

续表

年份	播种面积/万 hm²	受旱面积/万 hm²	受旱率/%	受灾面积/万 hm²	受灾率/%	成灾面积/万 hm²	成灾率/%	减产粮食/万 t
1968	253.3	17.97	7.09	14.25	5.62	12.22	4.82	11.32
1969	255.2	18.47	7.24	13.59	5.32	11.73	4.60	10.33
1970	256.53	20.45	7.97	16.94	6.60	13.24	5.16	11.66
1971	266.77	19.1	7.16	13.02	4.88	12.14	4.55	9.17
1972	288.07	54.83	19.03	40.36	14.01	38.22	13.27	37.01
1973	292.1	21.29	7.29	14.51	4.97	13.88	4.75	12.23
1974	286.01	18.08	6.32	13.32	4.66	12.07	4.22	10.83
1975	290.56	51.26	17.64	34.93	12.02	33.58	11.56	33.78
1976	304.86	22.12	7.26	15.07	4.94	13.87	4.55	12.06
1977	298.36	14.62	4.90	10.94	3.67	8.57	2.87	7.20
1978	316.96	44.27	13.97	32.16	10.15	28.76	9.07	44.55
1979	300.98	37.65	12.48	25.59	8.50	20.77	6.90	28.10
1980	283.69	10.8	3.81	7.36	2.59	5.83	2.06	6.68
1981	285.24	89.44	31.36	67.95	23.82	64.71	22.69	102.30
1982	293.21	30.48	10.40	20.77	7.08	16.46	5.61	18.30
1983	289.98	20.63	7.11	14.06	4.85	9.67	3.33	10.97
1984	299.15	30.01	10.03	20.45	6.84	16.67	5.57	17.47
1985	302.06	90.5	29.96	75.67	25.05	66.54	22.03	96.69
1986	314.11	44.86	14.28	30.57	9.73	29.46	9.38	29.90
1987	323.55	79.7	24.63	60.01	18.55	56.6	17.49	52.30
1988	333.22	114.08	34.24	83.70	25.12	80.05	24.02	82.44
1989	346.9	104.6	30.15	77.28	22.28	72.67	20.95	95.11
1990	357.76	128.94	36.04	99.11	27.70	95.15	26.60	100.67
1991	278.09	62.31	22.41	52.31	18.81	17.49	6.29	46.30
1992	390.61	138.3	35.41	98.35	25.18	82.6	21.15	136.70
1993	397.19	55.53	13.98	33.93	8.54	25.86	6.51	28.19
1994	405.59	37.98	9.36	20.39	5.03	18.81	4.64	23.10
1995	420.53	57.8	13.74	39.60	9.42	32.51	7.73	63.40
1996	432.37	11.57	2.68	8.75	2.02	4.68	1.08	4.60
1997	449.25	39.6	8.81	24.19	5.38	14.58	3.25	37.00
1998	451.42	37.65	8.34	26.57	5.89	21.1	4.67	26.40
1999	461.25	50.24	10.89	30.27	6.56	18.78	4.07	35.97
2000	469.6	35.07	7.47	21.62	4.60	17.3	3.68	17.69
2001	477.3	97.42	20.41	78.93	16.54	62.98	13.20	89.13
2002	464.54	58.27	12.54	32.51	7.00	20.53	4.42	63.90
2003	463.42	70.94	15.31	54.83	11.83	29.39	6.34	81.01
2004	469.23	41.27	8.80	28.12	5.99	9.4	2.00	25.15
2005	480.41	52.67	10.96	30.25	6.30	18.47	3.84	65.27
2006	444.94	64.13	14.41	52.79	11.86	40.45	9.09	83.62
2007	446.45	33	7.39	22.70	5.08	13.9	3.11	25.00
2008	461.94	4.95	1.07	3.04	0.66	1.33	0.29	4.00
2009	478.07	56.85	11.89	38.28	8.01	34.24	7.16	76.84
2010	488.93	181.75	37.17	153.17	31.33	107.79	22.05	66.19
2011	502.12	186.06	37.05	182.25	36.30	119.61	23.82	318.56
2012	518.29	5.51	1.06	5.51	1.06	1.05	0.20	0
总计	21253.14	3001.20	—	2243.90	—	1802.64	—	2474.22
均值	337.35	47.64	14.12	35.62	10.56	28.61	8.48	39.27

从表 3-6 中可以看出，在 1950~2012 年的 63 年中，年年有旱情，几乎年年都有旱灾，只是受灾范围大小和受灾程度不同而已，旱灾给农业生产造成了巨大的损失。1950~2012 年全省受旱面积为 3001.20 万 hm²，年均受旱面积为 47.64 万 hm²，占播种面积的 14.12%，受灾面积为 2243.90 万 hm²，平均每年 35.62 万 hm²，占播种面积的 10.56%，成灾面积为 1802.64 万 hm²，平均每年 28.61 万 hm²，占播种面积的 8.48%，因旱灾减产粮食总量为 2474.16 万 t，年均减产粮食为 39.27 万 t。63 年中因旱成灾面积超过播种面积 20% 的年份有 6 年，分别是 1988 年、1989 年、1990 年、1992 年、2010 年、2011 年。

各年代中，20 世纪 50 年代年均受灾面积为 17.77 万 hm²，60 年代年均受灾面积为 25.4 万 hm²，70 年代年均受灾面积为 21.68 万 hm²，80 年代年均受灾面积为 45.78 万 hm²，90 年代年均受灾面积为 43.35 万 hm²，21 世纪前 12 年年均受灾面积为 56.87 万 hm²。可见 20 世纪前 12 年年均受灾面积最大，最小的是 50 年代。

受灾面积大于 30 万 hm² 的有 29 个大旱灾年，频率为 47%，约 2.1 年 1 次，分别是：1959~1963 年连旱年段。1966 年，1972 年，1975 年，1978 年，1981 年及 1985~1993 年连旱，1995 年，1999 年，2001~2003 年连旱年段，2005~2006 年连旱年段，2009~2011 连旱年段。在这 29 年典型旱灾中，平均受灾面积为 58.73 万 hm²，年均成灾面积为 47.63 万 hm²，29 年共减产粮食 2030.71 万 t。受灾面积和成灾面积前三的分别都是 2011 年、2010 年、1990 年，其中，2011 年受灾面积最大达到 182.25hm²，成灾面积达到 119.61hm²。减产粮食前三的分别是 2011 年、1992 年、1981 年，其中，2011 年粮食减产最大为 318.56 万 t。

在 1950~2012 年各年代中，旱灾频繁且最为严重的是 2000~2011 年，12 年中有 8 年典型旱灾，其中，连续大旱灾共发生 3 次，分别为 2001~2003 年连续三年、2005~2006 年连续二年、2009~2011 年连续三年旱灾。其次是 80 年代和 90 年代，10 年中也有 6 年旱灾。其中，最突出的是 1985~1993 年连续 9 年旱灾。

分析 1950~2012 年的不同地区农田受旱率、成灾率情况，见表 3-7。

表 3-7　1950~2012 年贵州省各地区受旱率、成灾率比较表（%）

地区名称	平均受旱率	平均成灾率	年最大受旱率		年最大成灾率	
全省	14.2	9.6	55.4	1992	33.1	1992
贵阳市	6.9	4.2	38.2	1992	20.61	1992
六盘水	7.8	4.9	48.1	2001	28.3	2001
遵义市	11.6	8.0	41.5	1990	32.1	1990
安顺市	15.0	10.2	54.4	1992	30.96	1992
毕节市	13.5	9.0	53.5	1990	38.9	1990
铜仁市	20.2	14.3	79.5	1991	46.1	1981
黔南州	15.6	10.4	40.9	1981	30.8	1981
黔东南州	13.1	8.1	39.2	1990	28.7	1985
黔西南州	13.5	8.6	46.3	1992	34.5	1992

可以看出，从 1950~2012 年的 63 年中，全省 9 个市（州）的年最大受旱率和成灾率在 20 世纪 90 年代初最为集中，1992 年最为严重；黔南州最严重的年份为 1981 年，

六盘水市最严重的年份出现在 2001 年。从地区之间的比较看，贵阳市的受旱率和成灾率最低，原因是水利化程度较高；而受旱率和成灾率最高的是铜仁市。

3.2.3.3 贵州旱灾季节分布特征

贵州省地处云贵高原的东斜坡上，干旱的季节特征具有明显的地区性，这与全省的降水量时空分布规律有关。东部地区雨季来得早，4 月进入雨季；中部地区 5 月进入雨季；西部地区雨季来得迟，6 月进入雨季，造成春旱。而雨季结束都在 9 月、10 月，中部以东地区雨季较长，其降雨并不连续，干旱年份会出现较长的无雨或少雨时段，造成夏旱。所以干旱灾害的季节特征是西部地区以春旱为主，中部以东地区则以夏旱为主。

贵州省农业生产的需水量，主要集中在春、夏两季，占总需水量的 80% 以上。当这两季出现 20 天的少雨或无雨期时就开始有旱象，持续 30 天以上就会形成旱灾，持续时间越长，旱灾越重。少雨期出现的季节，可以是春旱、夏旱或春夏连旱。秋旱的影响较小，冬旱的影响更小。

夏旱直接影响大季作物的生长，而大季作物产量要占农业总产量的 70% 以上，所以夏旱受灾减产对群众生活的影响较大。全省夏旱成灾面积占全省干旱总成灾面积的 60.2%。按夏旱发生的时段，分为 6 月中旬到 7 月初的"洗手干"和 7 月中旬到 8 月底的"伏旱"，一般情况下，"洗手干"还可以采取补救措施；而伏旱后，灾害已成定局，所以"伏旱"的影响较大。夏旱主要发生在省之东部，并自东向西逐渐减轻。铜仁市、黔南州、黔东南州和遵义市 4 个市（州）夏旱最重，其成灾面积占本市（州）各类干旱总成灾面积的 75% 左右；贵阳市和安顺市东部夏旱略轻，其成灾面积占 60%~70%；西部毕节市、六盘水市、黔西南州 3 个市（州）只占 30% 左右；少数极旱年，夏旱可遍及全省各地，如 1972 年、1981 年和 1990 年。

全省春旱成灾面积占干旱总成灾面积的 27.8%，并由西向东逐渐减少，省之西部毕节市、黔西南州、六盘水市 3 个市（州），往往春旱接冬旱，有时连旱时间长达 3 个月，甚至更长。因而，这 3 个市（州）的春旱成灾面积占本市（州）各类干旱总成灾面积的 50% 以上。中部安顺市与贵阳市占 20% 多，东部 4 个市（州）只占 10% 左右。

中部贵阳市和安顺市是由东部夏旱为主向西部地区以春旱为主的过渡地带。其夏旱不如东部严重，但较西部明显，春旱不如西部严重，但较东部地区明显。对比中部的春旱与夏旱的影响，仍是夏旱重于春旱。

1）各类旱灾成灾面积的统计分析

全省干旱总成灾面积中夏旱占 60.2%，春旱占 27.8%，秋旱占 10.4%，冬旱占 1.6%，见表 3-8。

夏旱成灾面积占本地区干旱总成灾面积的百分比由大到小依次是黔南州、遵义市、铜仁市、黔东南州直到西部的六盘水市和毕节市为最小，体现了贵州省夏旱由东向西逐渐减轻的基本规律；春旱正好相反，其百分比由西部的毕节市、黔西南州、六盘水市逐渐向东递减，春旱最轻的是黔南州、遵义市、铜仁市 3 个市（州）。

表 3-8　贵州省各地区各类干旱成灾面积百分比统计表（%）

地区成灾比率	春旱	夏旱	秋旱	冬旱
全省	27.8	60.2	10.4	1.6
贵阳市	24.1	58.8	17.1	
六盘水市	51.2	33.1	3.9	11.8
遵义市	10.3	81.7	8.0	
安顺市	21.5	69.6	8.9	
毕节市	62.1	27.3	10.6	
铜仁市	8.0	79.5	12.5	
黔南州	10.5	81.8	7.7	
黔东南州	10.7	72.1	17.2	
黔西南州	52.0	37.6	8.2	2.2

1950~2012 年的各类干旱发生频次的季节特点是（表 3-9）：夏旱发生频次最高，占 62.5%，春旱占 22.5%，秋冬旱占 15%，各类干旱发生频次的地区分布规律与成灾面积的地区分布规律基本一致。

表 3-9　贵州省各类干旱发生频次占总频次百分比统计表

地区发生频次/%	春旱	夏旱	秋旱	冬旱
全省	22.5	62.5	13.1	1.9
贵阳市	26.0	61.0	13.0	
六盘水市	30.0	47.6	10.0	12.5
遵义市	13.0	73.0	14.0	
安顺市	22.0	67.0	11.0	
毕节市	45.0	44.0	11.0	
铜仁市	13.0	74.0	13.0	
黔南州	12.5	72.0	15.5	
黔东南州	8.7	74.0	17.3	
黔西南州	32.0	50.0	13.0	5.0

2）易旱季节的确定及地区分布

根据 1950~2012 年各地区的干旱灾害统计资料，按各类干旱发生频次最高和干旱成灾面积最大来确定该地区的易旱季节。

易旱季节地区分布大致为：六盘水市大部为春旱；黔西南州大部为春旱，局部为春夏旱；毕节市部分为春旱，部分为春夏旱；贵阳市、安顺市大部为春夏旱；遵义市大部为春夏旱，局部为夏旱；黔南州大部为夏旱，局部为春夏旱；铜仁市、黔东南州大部为夏旱。

3.2.3.4　贵州旱灾频率分析

旱灾损失序列反映了一定时期和一定区域内气候条件、自然地理条件和人为因素等对干旱事件的综合响应，可认为由随机性成分和确定性成分叠加而成。

研究首先采用 M-K 变异诊断方法对旱灾损失成灾率序列进行诊断，若存在突变趋势，根据最小二乘法确定趋势线方程，据此将旱灾损失序列分解成随机性和确定性成分。对随机性成分进行 P-III 型曲线频率分析，得到旱灾损失序列在过去时间段的频率规律特征，然后根据分布合成方法将确定性成分和随机性成分合成，生成满足统计规律的纯随机序列，对合成的序列进行 P-III 型曲线频率分析，得到旱灾损失序列现状时间段的频率规律特征。通过过去与现状的对比分析，得到旱灾损失序列的变化趋势。

旱灾损失序列的一致性变化由随机性反映，非一致性变化由确定性反映。假定旱灾损失序列 X_t 各个组件满足线性叠加特性，X_t 可表示为

$$X_t = Y_t + P_t + S_t \tag{3-1}$$

式中，Y_t 为确定性的非周期成分，包括趋势、跳跃等瞬变成分和相似周期成分等；P_t 为确定性的周期成分，包括简单周期或复合周期成分等；S_t 为随机成分，包括稳定或非稳定的随机成分。

1）确定性成分分析

根据 1950~2012 年贵州旱灾损失资料，得到不同年份的旱灾损失成灾率指标，利用 M-K 秩次检验，发现贵州旱灾损失自 20 世纪 60 年代以来发生了四次突变（图 3-21）。

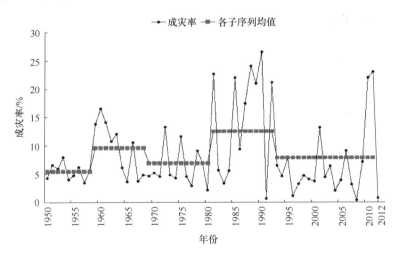

图 3-21 贵州省 1950~2012 年旱灾成灾率序列

突变点为分别为 1958 年、1968 年、1980 年、1992 年，可分为 1950~1958 年、1959~1968 年、1969~1980 年、1981~1992 年、1993~2012 年 5 个子序列，各子序列均值分别为 5.4、9.6、6.9、12.5、7.9。旱灾损失突变点与第 2 章中贵州典型区降水突变一致性极高。

在该研究时段内，贵州成灾率发生最低在 2012 年，发生最高在 1990 年。经线性回归分析，趋势线公式为

$$Y_{t,2} = 0.038t - 68.24 \tag{3-2}$$

假设旱灾损失序列趋势变化不显著，那么序列的均值是过上式第一点（$t=1950$）的一条水平线，此时 $Y_{t,1}=5.86$，反映旱灾损失前的平均情况。因此，年损失序列的确定性

成分（$Y_{t,2}-Y_{t,1}$）：

$$Y_t = \begin{cases} 0 & t < 1950 \\ 0.038t - 74.1 & 1950 \leqslant t \leqslant 2012 \end{cases} \quad (3\text{-}3)$$

2）随机性成分分析

由旱灾损失序列 X_t 的组成成分相关关系可知，随机性成分 $S_t = X_t - Y_t$，因此，S_t 为

$$S_t = \begin{cases} X_t & t < 1950 \\ X_t - 0.038t + 74.1 & 1950 \leqslant t \leqslant 2012 \end{cases} \quad (3\text{-}4)$$

用 M-K 趋势检验对随机性成分 S_t 进行变异性诊断（图 3-22）：

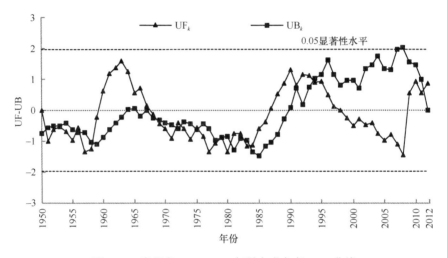

图 3-22　贵州省 1950~2012 年旱灾成灾率 M-K 曲线

1950~1959 年，UF_k 小于 0，旱灾损失呈现降低趋势；1960~1967 年，UF_k 大于 0，旱灾损失呈现增加趋势；1968~1987 年，UF_k 小于 0，旱灾损失呈现降低趋势；1988~1998 年，UF_k 大于 0，旱灾损失呈现增加趋势；1999~2008 年，UF_k 小于 0，旱灾损失呈现降低趋势；2009~2012 年，UF_k 大于 0，旱灾损失呈现增加趋势。UF_k 曲线整体上在置信区间 ±1.96 内，接受原假设，表明随机性成分 S_t 总体变化趋势不显著。S_t 满足一致性灾损分析条件，说明上述分解过程是合理的。

3）随机性成分的频率分析

利用传统的水文频率计算方法可以对满足一致性水文分析条件的 S_t 进行频率分析，采用有约束加权适线法计算 S_t 的 P-III 频率曲线的均值 $\bar{x}=5.93$，变差系数 $C_v=1.25$，偏态系数 $C_s=2.5$，见图 3-23。

4）非一致性合成频率分析

非一致性干旱序列的频率分析，合成是目的，分解只是形式。干旱序列的确定性成分和随机性成分利用分布合成方法计算。统计试验时，随机生成 500 年的旱灾成灾率样

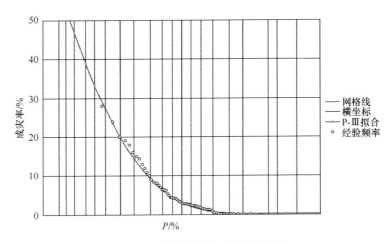

图 3-23 随机性成分 P-III频率曲线

本，与对应时刻的确定性成分相加得到干旱序列的样本数据，计算大于等于每一个样本点距的次数和样本的经验频率。对合成的干旱成灾率序列用有约束加权法进行频率分析。在现状年，2012 年条件下合成序列的均值为 $\bar{x}=8.19$，偏态系数 $C_s=1.76$，变差系数 $C_v=0.81$，见图 3-24。

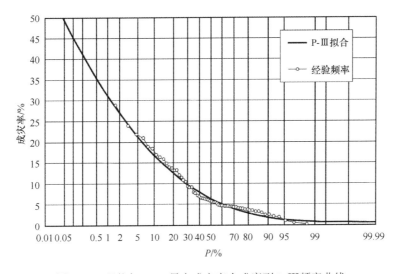

图 3-24 现状年 2012 旱灾成灾率合成序列 P-III频率曲线

随机性成分的频率计算结果可以反映过去旱灾损失的形成条件。2012 年确定性成分和随机性成分的合成计算结果，可以反映现状旱灾损失的形成条件。由 P-III频率曲线所代表的意义可以知道，99.9%频率下对应的成灾率代表了最常出现的旱灾损失情况，50%频率下对应的成灾率代表了多年平均的旱灾损失情况，1.0%频率下对应的成灾率代表了百年一遇的旱灾损失情况，0.1%频率下对应的成灾率代表了千年一遇的旱灾损失情况。

由过去的成灾率频率曲线可得，贵州省多年平均情况下旱灾的成灾率为 3.7%，十年一遇的旱灾成灾率为 14.8%，百年一遇的旱灾成灾率为 33.6%，千年一遇的极端旱灾成灾率为 46.9%。

由现状的成灾率频率曲线可得，贵州省最常出现的旱灾成灾率为 1.1%，多年平均情况下旱灾的成灾率为 6.7%，十年一遇的旱灾成灾率为 17.4%，百年一遇的旱灾成灾率为 32.1%，千年一遇的极端旱灾成灾率为 41.9%。

总体来说，从过去到现在的频率曲线变化趋势，频率低的极端旱灾成灾率呈现降低趋势，频率高的旱灾成灾率呈现增加趋势。最常出现的旱灾成灾率增加 0.6%，多年平均成灾率增加 3%，十年一遇的旱灾成灾率增加 2.6%，而极端条件下，百年一遇的旱灾成灾率降低 1.5%，千年一遇的旱灾成灾率降低 5.0%。

3.3　贵州农业干旱致灾机理

旱灾的本质是长期的降雨不足导致气候干燥，使得土壤水分含量持续下降，对作物正常生长造成显著负面影响的情形。若发生时段处在作物生长的需水临界期内，则会使作物生长发育受到严重影响，进而造成减产或绝收，最终影响作物产量和品质。

不同类型的干旱对农作物造成的影响不同，如春旱主要对夏粮作物产量产生较大的影响，夏旱对秋收作物产生较大影响，并且干旱发生时段所对应的作物品种生育期不同，其对作物的影响方式也不同。贵州单个种类作物从播种到成熟多为 4~6 个月，而最短的生育期也为 10 天左右。前面章节描述贵州干旱的指标（SPEI）是以"月"或"季"为时间尺度的，可以用来反映干旱长时间序列的发展情况和规律，但在致灾机理研究中不能准确地阐述问题，达不到所需的精度，因此，研究考虑到干旱的积累效应，并能反映逐日的干旱程度，经过指标的优选，采用"标准化先前降水指数"（SAPI）来描述逐日气象干旱指标。

由于 SAPI 指标的客观性，根据概率统计将其逐日干旱标准分级如下，见表 3-10。

表 3-10　SAPI 逐日气象干旱等级

等级	类型	范围	累积概率/%
1	无旱	$(-0.5, +\infty)$	64
2	轻旱	$(-1.0, -0.5]$	22.2
3	中旱	$(-1.5, -1.0]$	11.1
4	重旱	$(-2.0, -1.5]$	2.6
5	特旱	$(-\infty, -2.0]$	0.1

3.3.1　致灾要素量化

灾害的发生与发展大致需要具备 4 个要素，即致灾因子、孕灾环境、承灾体、抗旱能力。对于贵州干旱致灾的研究，从以上 4 个方面着手，分析各要素在灾害发生时段的变化过程及对农业生产的影响。

3.3.1.1　致灾因子

旱灾的致灾因子是干旱，具体表现为干旱是造成农作物减产绝收的重要因素。干旱直接影响土壤墒情，通过土壤墒情的变化影响作物，而目前墒情监测数据为点尺度数据，缺乏农田尺度和区域尺度数据，研究考虑墒情数据的完整性，拟采用 SAPI 数据取代土壤墒情。根据 SAPI 的计算结果，结合 2013 年的旱情实际，作出 6 个典型县的 SAPI-实测土壤墒情图（图 3-25~图 3-30）。

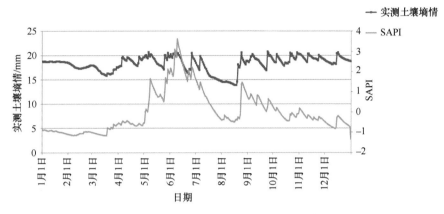

图 3-25　修文县 2013 年 SAPI-土壤墒情变化图

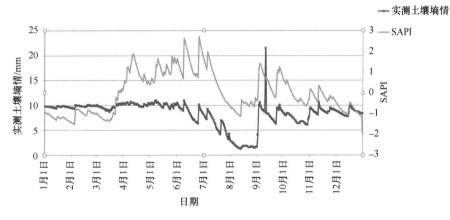

图 3-26　湄潭县 2013 年 SAPI-土壤墒情变化图

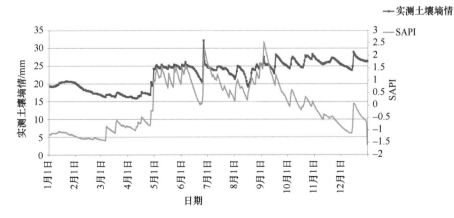

图 3-27　兴仁县 2013 年 SAPI-土壤墒情变化图

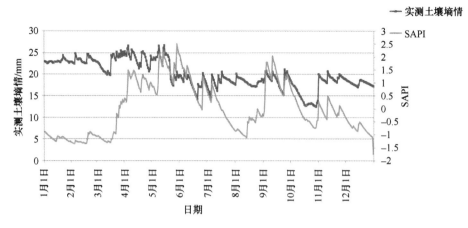

图 3-28 印江县 2013 年 SAPI-土壤墒情变化图

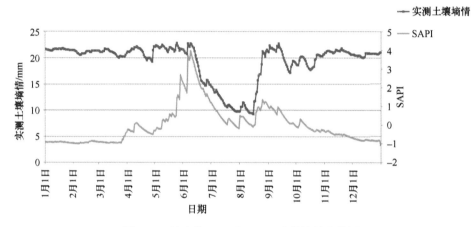

图 3-29 纳雍县 2013 年 SAPI-土壤墒情变化图

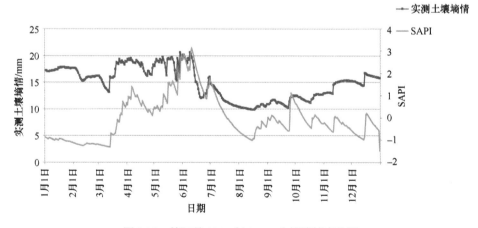

图 3-30 榕江县 2013 年 SAPI-土壤墒情变化图

从以上图中可以看出，2013 年贵州 6 个典型县 SAPI 指标的变化与实测土壤墒情的变化具有一定的协调性，尤其是在灾情最严重时段（6 月底~8 月底），两者具有高度的一致性（表 3-11）。长时间的干旱也影响到农村人畜饮水，也使得人畜饮水水源受到严重影响。因此，可用气象干旱指标 SAPI 作为对贵州干旱的致灾因子，拟定当 SAPI＜–0.5 时，认为作物开始受旱（水分胁迫）。

表 3-11　各典型县灾情发生时段 SAPI-土壤实测墒情相关系数

典型县	修文	湄潭	兴仁	印江	纳雍	榕江
SAPI-墒情相关系数	0.8403	0.9274	0.7495	0.7206	0.8525	0.9852

3.3.1.2 孕灾环境

孕灾环境在灾害形成过程中的作用表现为脆弱性、敏感性，即容易发生灾害的程度。由于地形地貌等特点，贵州省在干旱致灾的孕灾环境方面具有其独特性，尤其是喀斯特地貌广泛发育导致的水分迅速流失；另一方面，大面积分布的山地和丘陵使得很多农作物种植于旱坡地上，水土流失严重；大部分耕地覆土薄且不连续，土壤的持水保水蓄水能力比较低，这些因素使得贵州干旱极易农业致灾。

贵州干旱农业致灾有诸多孕灾环境要素，有些孕灾环境要素，如地形、地貌、土壤条件等在致灾机理研究中极难进行量化分析，但诸多孕灾环境要素在影响农业旱灾形成方面反映为一个共同点，即土壤的持水能力差，土壤水分不利于作物吸收利用。在理想状态下，若已知典型点的土壤厚度、类型、分布等参数，可用土壤水动力学相关方程求出水分的渗透、运移来反映孕灾环境的敏感性，但在实际情况下，考虑到地形地貌的复杂程度和相关数据资料的完整性，可用其他指标代替。

引起土壤水分变化的主要因素有作物生长生理需水、降雨、蒸发、灌溉、地下水补充等方面。考虑贵州喀斯特分布广，地下水埋深较大的实际情况，研究忽略地下水的补充，而降雨与地表蒸发此消彼长，因此，研究用非作物生长时段的两次降雨或者灌溉之间的土壤水分下降速率 K 表示贵州干旱致灾的孕灾环境敏感指数，即

$$K_i = \frac{Q_j - Q_{j+1}}{T} \tag{3-5}$$

式中，K_i 表示 i 地区孕灾环境敏感指数（mm/d）；Q_j、Q_{j+1} 表示某次的降雨或灌溉日期后一日的土壤含水量、下一次的降雨或灌溉日期前一日的土壤含水量；T 表示两次降雨或灌溉的间隔天数。

如此，该指标既反映了贵州地形、地貌、降水条件决定的工程性缺水特点，又反映了土壤厚度及性质的影响，即某地区 K 值比较小，表示土壤层厚或者土壤持水性好；反之 K 值比较大时，表示土壤层薄或者土壤持水性差。归根结底，都是反映作物吸收利用水分的难易程度。由于孕灾环境因素空间差异明显而随时间变化不明显，因此，在较短时间尺度内（10~20 年），可认为孕灾环境因素是个固定的状态。研究经过数据优选，计算出贵州 6 个典型区的孕灾环境敏感指数，见表 3-12。

表 3-12　各典型县孕灾环境敏感指数

典型县	修文	湄潭	兴仁	印江	纳雍	榕江
K	0.309	0.282	0.278	0.211	0.435	0.083

结合贵州省地形、地貌图、贵州喀斯特类型及其分布图等资料，对孕灾环境敏感指数进行合理性分析。榕江县处于黔东南地区，属非典型喀斯特类型区，且地质相对平坦，故而敏感指数低；纳雍处于黔西北毕节市，为贵州省海拔相对较高、地形变化相对较大的地区，且处于喀斯特发育峰丛浅洼地带，故敏感指数较高；其余 4 个典型县，处于中值状态。因此，可以认为各典型区敏感指数计算结果较为合理。

3.3.1.3　承灾体

旱灾主要是干旱造成下垫面水分的收支失衡，使得整个经济社会系统严重缺水。农业水分生产率相对较低，当水分严重不足时，"先生活，后生产，再生态""先工业，后农业""先城市，后乡村"等供水优先次序，往往导致农业抗旱用水被大幅挤占。所以，贵州旱灾的承灾体主要是农业生产，具体来说即为农作物。鉴于不同类型的旱灾影响农作物的机理不尽相同，对贵州，农作物主要有夏粮作物和秋粮作物，春旱主要影响夏粮作物，夏旱主要影响秋收作物，且旱灾发生时段是否处于作物需水临界期、旱灾等级、持续天数等因素对作物的最终产量均有较大影响。

为了直观、定量旱灾对农作物产量影响的大小，研究用作物减产率 I 来表示承灾体方面的指标，表示为

$$I = \frac{Y_a - Y_0}{Y_0} \times 100\% \tag{3-6}$$

式中，Y_a 表示某年某种作物实际单产（kg/亩[①]）；Y_0 表示正常水平年某作物的单产（kg/亩）。

根据 1950~2012 年贵州各县级行政区不同粮食作物单产数据可以看出，随着农业种植及灌溉技术的发展，作物单产总体不断提升，近年来发生严重旱灾时作物单产比早期风调雨顺年份单产要高，故正常水平年某作物单产不易确定。鉴此，研究考虑拟合贵州省各县级行政区 63 年来不同作物单产随时间变化的函数关系，从而求出某一年某种作物的期望单产 Y_m，来代替上式中的 Y_0，进而可求出改进后的某年作物减产率 I_m，作为灾损指数（如式 3-7），拟合出的 6 个典型县不同作物期望单产函数，见表 3-13~表 3-15。

$$I_m = \frac{Y_a - Y_m}{Y_m} \times 100\% \tag{3-7}$$

式中，Y_a 表示某年某种作物实际单产（kg/亩）；Y_m 表示任一年某作物的期望单产（kg/亩）。

表 3-13　各典型县水稻期望单产拟合函数

典型县	拟合函数	R^2 值
修文	$Y_m=4.055x-7699.14$	0.658
湄潭	$Y_m=6.336x-12229.83$	0.756
兴仁	$Y_m=7.549x-14555.12$	0.892
印江	$Y_m=5.398x-10385.1$	0.657
纳雍	$Y_m=3.822x-7267.5$	0.626
榕江	$Y_m=5.755x-11044.34$	0.931

注：x 表示年份，如 2010 年时，$x=2010$。

[①] 1 亩 ≈ 666.67m^2。

表 3-14　各典型县玉米期望单产拟合函数

典型县	拟合函数	R^2值
修文	$Y_{\mathrm{m}}=5.498x-10679.26$	0.838
湄潭	$Y_{\mathrm{m}}=8.582x-16774.54$	0.852
兴仁	$Y_{\mathrm{m}}=5.946x-11514.33$	0.925
印江	$Y_{\mathrm{m}}=5.562x-10799.28$	0.751
纳雍	$Y_{\mathrm{m}}=6.377x-12399.57$	0.865
榕江	$Y_{\mathrm{m}}=3.637x-7091.718$	0.931

注：x 表示年份，如 2010 年时，$x=2010$。

表 3-15　各典型县小麦期望单产拟合函数

典型县	拟合函数	R^2值
修文	$Y_{\mathrm{m}}=2.482x-4826.57$	0.642
湄潭	$Y_{\mathrm{m}}=1.945x-3772.3$	0.626
兴仁	$Y_{\mathrm{m}}=3.397x-6621.51$	0.843
印江	$Y_{\mathrm{m}}=2.106x-4064.26$	0.808
纳雍	$Y_{\mathrm{m}}=1.577x-3044.42$	0.79
榕江	$Y_{\mathrm{m}}=3.637x-7093.8$	0.554

注：x 表示年份，如 2010 年时，$x=2010$。

3.3.1.4　抗旱能力

抗旱能力可分为自然抗旱能力和人为抗旱能力两个部分（图 3-31）。自然抗旱能力表现为客观因素，不以人的意志为转移，如小麦、烤烟的抗旱能力比水稻的抗旱能力强；人为抗旱能力是影响旱灾严重程度的重要因素，也是最主要的可控因素，可以做到"大旱小灾，小旱无灾"。因此，人为抗旱能力在减小旱灾损失方面发挥着极其重要的作用。

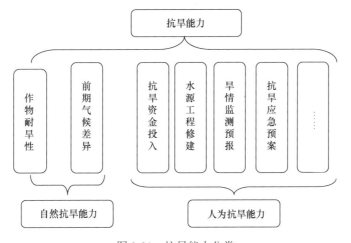

图 3-31　抗旱能力分类

贵州气候异常多变，加上复杂的地形地貌因素，旱灾频繁，各级政府部门、尤其是水利、农业、民政等部门在多年的抗旱工作中积累了大量实用抗旱经验，并随着社会发展和经济水平的不断增强，在抗旱资金、技术、管理等方面的投入有了大幅度提高，有组织、有步骤地实施了一系列的抗旱基础工作：增加了抗旱资金投入，针对贵州特殊地形地貌和工程性缺水的特点，兴建了大量骨干水源工程；加强对旱情的监测及预报；制定了一系列的抗旱应急措施；加强对基层抗旱的服务，建立了更加完善的抗旱调度指挥系统等。

对于农作物来说，有效的抗旱能力表现为最大限度地满足作物缺水时段的需水量。系列抗旱保障措施，如资金投入、水源工程兴建等最终目标都是保证作物受旱时段的需水量，因此，抗旱能力指标用实际可灌溉水量 Q_a 来表示：

$$Q_a = A + kG + cR + \cdots \tag{3-8}$$

式中，A 为机井、备用水源等可直接灌溉的水量（m^3）；kG 为投入资金转化为灌溉的水量（m^3）；G 为投入的资金（万元）；k 为资金转化系数（m^3/万元）；cR 为水库等供水水源工程灌溉蓄水量（m^3）；c 为有效系数，若可提供灌溉水，$c=1$，否则，$c=0$。

由于不同地区的经济技术发展水平参差不齐，抗旱能力保障水平固然存在差异，有必要针对不同地区分别量化抗旱能力。在减灾方面，抗旱能力主要反映人为抗旱能力，但其各方面的作用机理十分复杂，各地区由于经济科技发展水平、发展速度、抗旱管理模式等存在差异，抗旱能力的量化很难找到能够准确反映实际问题的指标，所以，抗旱能力指标的量化目前还处于探索性研究阶段。

3.3.2　干旱致灾过程分析

旱灾不同于干旱。干旱可用多种干旱指标来判别，能反映干旱的强度、历时、烈度等特征，并能描述干旱发生发展的动态过程；而旱灾主要造成农业生产方面的损失，是干旱事件发生发展的最终结果，是一个静态指标。干旱导致旱灾的中间过程相当复杂，影响因素众多，但最终承灾体是农作物，因此，研究农业干旱致灾机理可将农作物生长和产量作为落脚点，从气象干旱出发，进行"天→地→作物"的致灾过程研究，见图3-32。

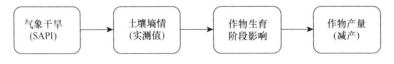

图 3-32　贵州典型农业干旱致灾过程

为了揭示干旱发展过程对灾情的影响，研究选取近年来 3 个典型的干旱致灾事件：2009~2010 年连旱、2011 年夏旱、2013 年夏旱，以及 1 个干旱不致灾年份 2008 年所对应的时段，以水稻、玉米、小麦为代表作物，结合 6 个研究区和对应时段作物所处的生育期来进行分析。

3.3.2.1　2009~2010 年旱灾

2009 年 7 月至 2010 年 4 月，贵州省发生了近年最严重的干旱灾害，干旱灾害持续时间长、受灾范围广、灾情损失严重。结合计算出的 SAPI 指标逐日变化过程，可以看出本次干旱的发展过程，见图 3-33。

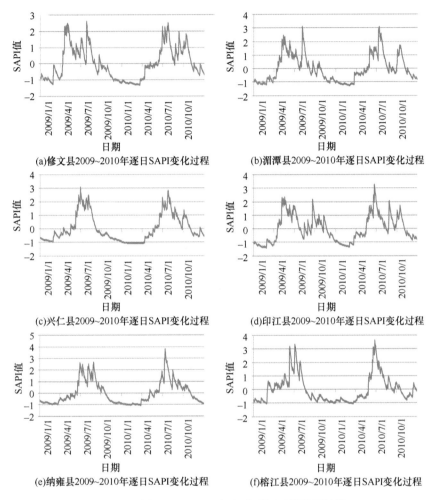

(a)修文县2009~2010年逐日SAPI变化过程   (b)湄潭县2009~2010年逐日SAPI变化过程

(c)兴仁县2009~2010年逐日SAPI变化过程   (d)印江县2009~2010年逐日SAPI变化过程

(e)纳雍县2009~2010年逐日SAPI变化过程   (f)榕江县2009~2010年逐日SAPI变化过程

图 3-33　贵州 2009~2010 年各典型区干旱发展过程

由图 3-33 可以看出：7 月开始，由于降水减少，各地 SAPI 值逐渐降低，开始发生干旱现象，持续到 2010 年 4 月中下旬，之后各地出现降雨缓解旱情，SAPI 值逐渐升高，至 5 月中旬，各地区旱情逐渐解除。结合贵州各地区不同作物生育期，本次干旱是夏秋连旱叠加冬春连旱，对各种作物均产生一定的影响，但主要对夏粮作物产生影响。

本次干旱主要影响的作物产量有 2009 年、2010 年的玉米和水稻，以及 2010 年的小麦、油菜等。结合不同地区不同作物的生育期划分，将作物生育期与干旱指标逐日变化进行耦合，可得到各典型县不同作物的受旱情况及全生育期作物受旱情况，再结合不同作物的实际单产，计算出灾损指数见图 3-34~图 3-38。

根据 6 个典型县旱情发展过程可以得出以下结论。

致灾结果：贵州 2009~2010 年连旱，对玉米、水稻为代表的秋粮作物影响不大，两年的秋粮作物没有发生明显灾损；但对以小麦为代表的夏粮作物以及油菜为代表的油料作物影响巨大，灾损多在70%以上，可理解为农田夏粮作物绝收率相对较高。

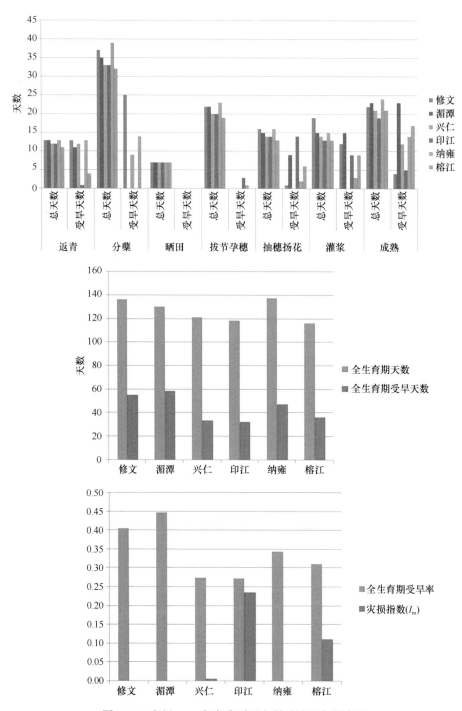

图3-34　贵州2009年各典型区水稻受旱及灾损情况

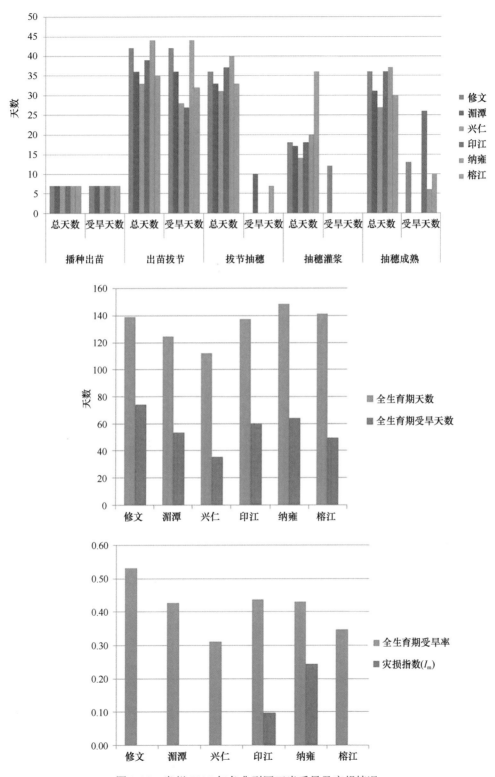

图 3-35　贵州 2009 年各典型区玉米受旱及灾损情况

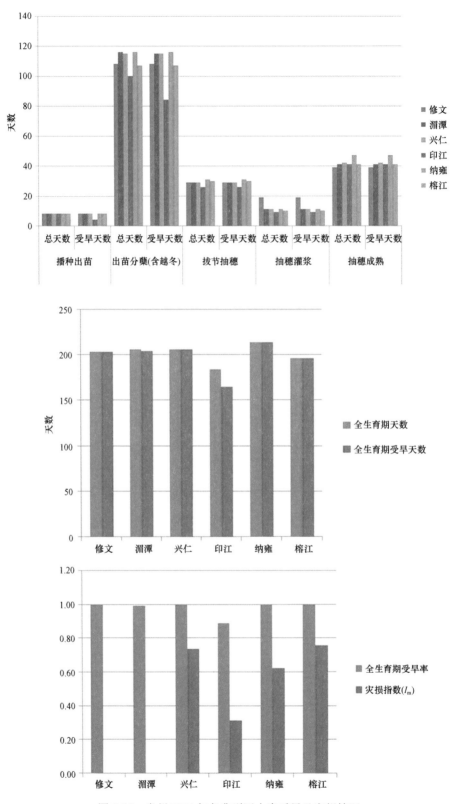

图 3-36　贵州 2010 年各典型区小麦受旱及灾损情况

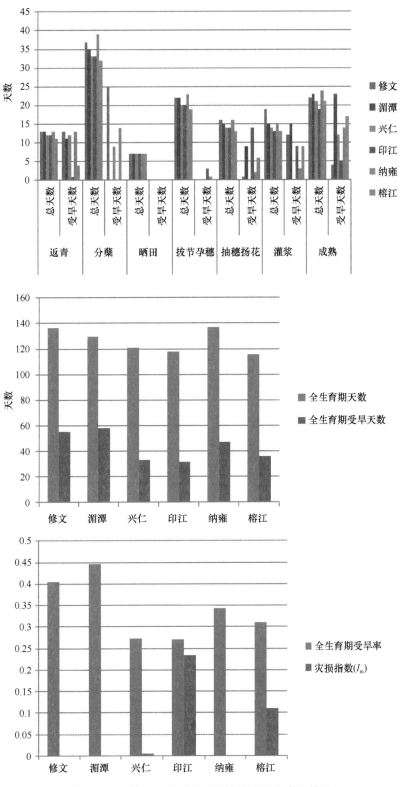

图 3-37 贵州 2010 年各典型区水稻受旱及灾损情况

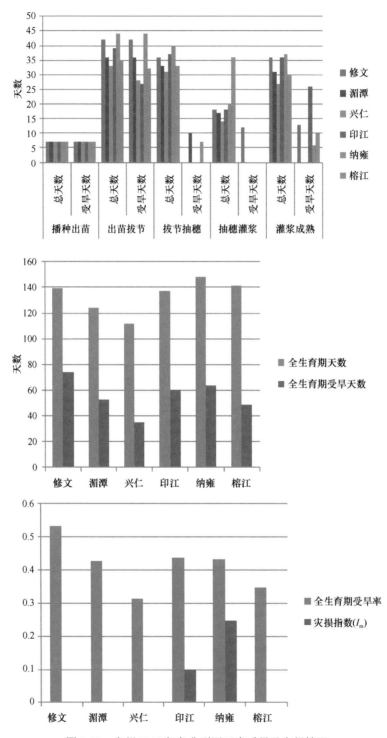

图 3-38 贵州 2010 年各典型区玉米受旱及灾损情况

致灾要素规律及机理分析如下。

（1）对水稻的影响：6 个典型县 2009 年水稻只有印江县受到干旱的影响而发生灾情，

是由于只有印江水稻受旱时期集中在水稻生长发育的拔节孕穗、抽穗扬花期的需水关键阶段，而其余地区干旱发生集中于水稻乳熟、黄熟期。根据相关灌溉试验研究成果，乳熟、黄熟阶段对水分亏缺不敏感，故而产量基本未受影响。2010 年旱情解除时大部分地区水稻尚未进行大田插秧，而只有印江县发生轻微灾损，原因同 2009 年。故而本次干旱总体对水稻并未形成显著旱灾。

（2）对玉米的影响：与水稻相同，玉米也是主要秋粮作物之一，受本次干旱影响不大，并未形成大范围旱灾。玉米作为旱作物，本身具有一定的耐旱性，且本次干旱未影响到玉米的关键生育期。仅 2010 年纳雍县的玉米受到干旱的轻微影响，一方面 2010 年纳雍玉米受旱时间长，另一方面，纳雍的孕灾环境敏感指数较高，加之区内玉米的旱坡地种植模式，使得该地区干旱对玉米形成了轻微灾损。

（3）对小麦的影响：本次干旱对 2010 年以小麦为代表的夏粮作物产生了巨大的影响。一方面，尽管小麦作为旱作物，且具有一定的抗旱性，但是本场干旱发生时间段几乎覆盖了小麦整个生育阶段，由小麦受旱情况表可看出各典型县小麦基本上全生育期受旱，因此，小麦产量受旱影响巨大，灾损非常严重，形成旱灾；另一方面，6 个典型县中，修文、湄潭的小麦未形成灾损，究其原因，主要是修文、湄潭有相对成熟、相当规模的灌区，灌溉水源供水保证率高，且农业种植模式相对合理，加上小麦本身的耐旱性，抗旱能力有极大的保证，故而受干旱影响不显著。

3.3.2.2　2011 年夏秋连旱

2011 年贵州发生严重的夏秋连旱，这次干旱灾害的特点是灾损严重。结合 SAPI 逐日变化过程，可以看出本次干旱的发展过程，见图 3-39。

由图 3-39 可以看出，2011 年上半年持续干旱，6 月雨季来临，对干旱有所缓解，进入 7 月后，由于降雨减少，各地陆续开始出现旱情，持续到 10 月，各地区 SAPI 值开始有所回升。

2011 年干旱主要表现为西部地区的春旱和中东部地区的夏秋连旱，对各种作物的产量均有所影响。结合不同地区不同作物的生育期划分，将作物生育期与干旱指标逐日变化进行耦合，可得到各典型县不同作物的受旱情况及全生育期作物受旱情况，再结合不同作物的实际单产，计算出灾损指数，见图 3-40~图 3-42。

根据 6 个典型县旱情发展过程可以得出以下结论。

致灾结果：贵州 2011 年春旱、夏秋连旱，对各种农作物产量产生了巨大影响，秋粮灾损指数为近年最高。

致灾要素规律及机理分析：

（1）对水稻的影响：水稻全生育期几乎 50% 以上都在受旱，而且受旱生育阶段多集中在水稻生长发育的关键阶段，故而 2011 年水稻灾损指数高；另外，由于经历了 2009~2010 年特大干旱，土壤状况、地下水等还未从上年特大干旱的影响中缓解恢复，再次经历严重干旱使得自身的抗旱能力减弱，造成更大的灾害。

（2）对玉米的影响：规律机理与水稻相同。

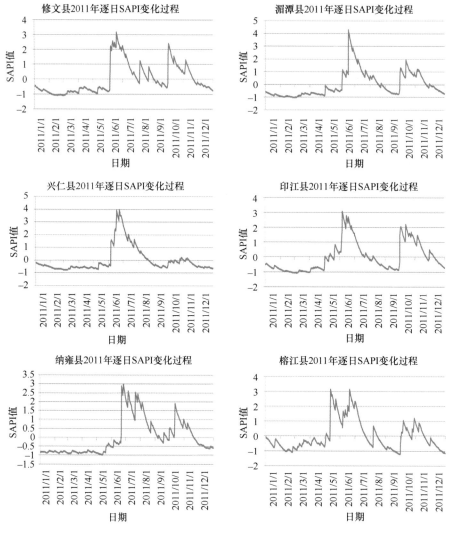

图 3-39 贵州 2011 年各典型区干旱发展过程

（3）对小麦的影响：2011 年春旱对西部地区小麦的产量造成了巨大损失，尽管小麦为旱作物，具有一定的抗旱能力，但由于受旱时间长，几乎全生育期都处于干旱环境下，故而灾损巨大；另外，同水稻和玉米，由于土壤状况、地下水等因素未从上年特大干旱中恢复，使得自身抗旱能力减弱。

3.3.2.3　2013 年大范围夏伏旱旱灾

2013 年 6 月下旬~8 月，贵州省中东部地区出现大范围夏伏旱，遵义市、铜仁市、黔东南州最为严重，给当地人民群众生活和工农业生产造成了一定影响。主要影响秋粮作物如水稻和玉米的产量。结合计算出的 SAPI 值，可以看出 2013 年夏旱发展过程，见图 3-43。

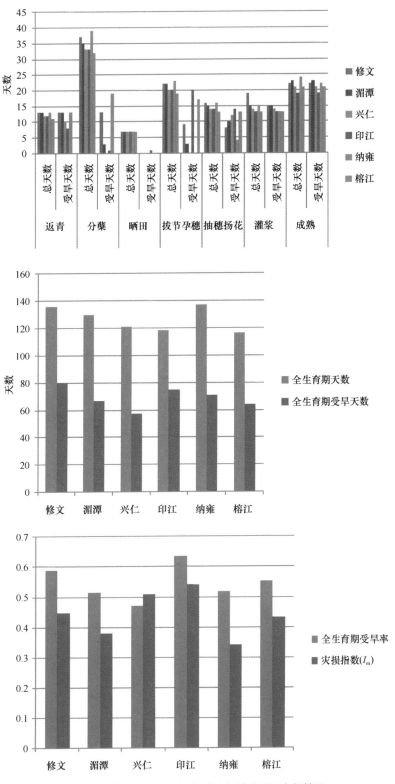

图 3-40 贵州 2011 年各典型区水稻受旱及灾损情况

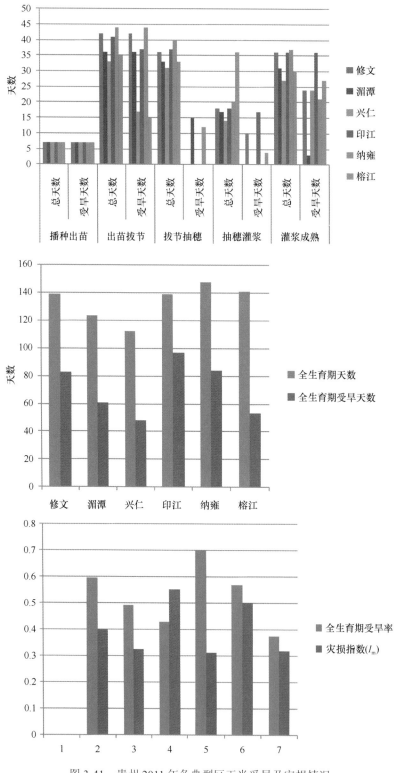

图 3-41　贵州 2011 年各典型区玉米受旱及灾损情况

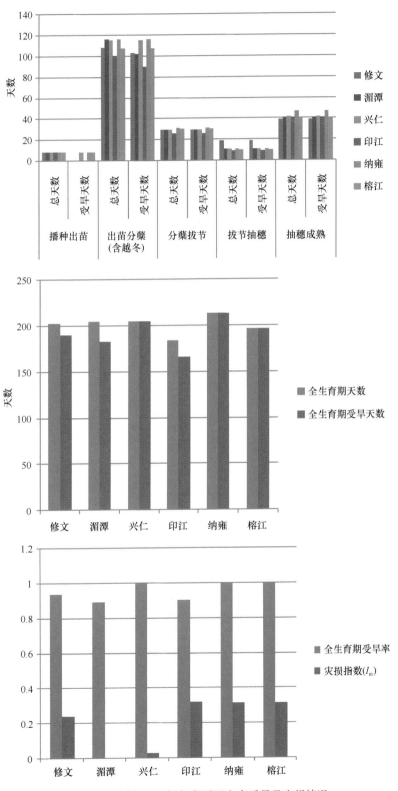

图 3-42 贵州 2011 年各典型区小麦受旱及灾损情况

从图 3-43 中可以看出：逐日干旱指标的变化可反映出贵州省降雨集中的特点，即降雨相对集中，春季、冬季降水少，容易形成气象干旱，夏秋两季降雨多，但是雨热同期，干旱指标容易出现高峰和低谷。年初到 3 月中旬左右，各地由于降水少，SAPI 值较低，气象干旱普遍存在；进入 4 月之后，各地降水普遍增加，SAPI 值稳步上升；6 月下旬开始，出现高温少雨天气，SAPI 值开始下降；进入 7 月后，由于累积效应，出现旱情，长时间高温少雨，干旱持续到 9 月初；9 月之后，降雨对干旱有所缓解，干旱解除，SAPI 值出现锯齿型波动，但变幅不大；入冬之后降水减少，但蒸发随之减小，SAPI 值稳中降低，气象干旱产生。

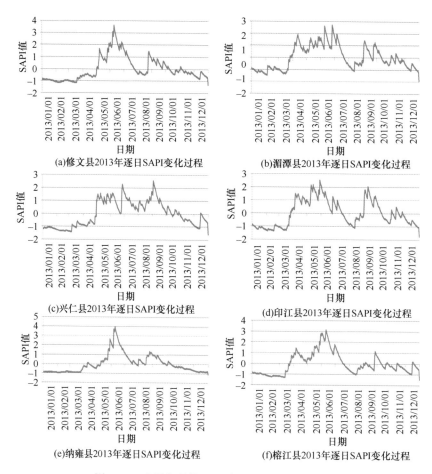

图 3-43　贵州典型县 2013 年逐日 SAPI 指标变化

根据 2013 年贵州各典型区 SAPI 值的变化，可以看出：从旱情角度来说，春季和冬季发生干旱的程度和历时均超过夏季；从旱灾的角度来说，2013 年贵州干旱主要是对秋粮作物产生较大影响，也就是 6 月底~9 月初的干旱形成了灾害。结合不同地区不同作物的生育期划分，将作物生育期与干旱指标逐日变化进行耦合，可得到各典型县不同作物的受旱情况及全生育期作物受旱情况，再结合不同作物的实际单产，计算出灾损指数，见图 3-44 和图 3-45。

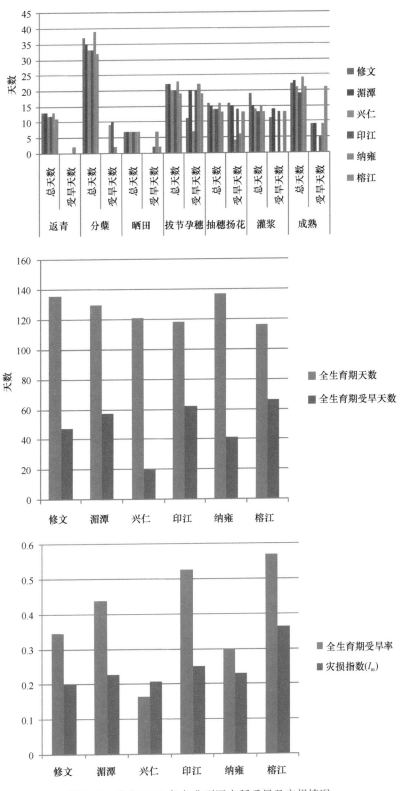

图 3-44　贵州 2013 年各典型区水稻受旱及灾损情况

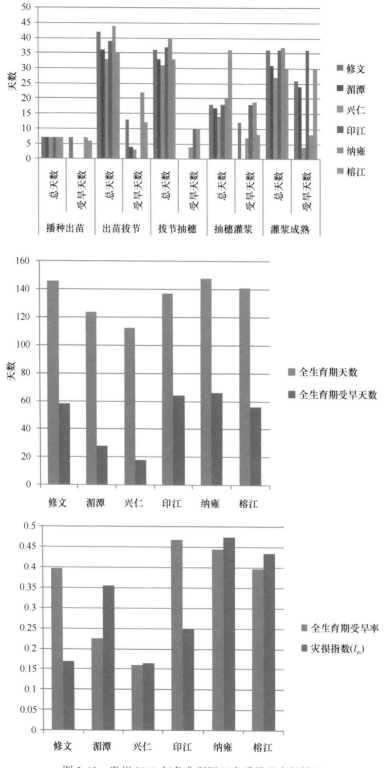

图 3-45　贵州 2013 年各典型区玉米受旱及灾损情况

根据 6 个典型县旱情发展过程可以得出以下结论。

致灾结果：2013 年夏旱主要影响的作物为秋粮作物，即水稻和玉米，各地区均不同程度受到旱灾的影响，其中，6 个典型县中，纳雍、榕江、湄潭灾损最为严重，兴仁灾损最轻。

致灾要素规律及机理分析：

（1）对小麦的影响：2013 年干旱未对中西部地区小麦产生巨大影响，一方面，小麦作为旱作物，其本身具有一定的抗旱能力，短期较小程度的干旱不会对最终产量产生较大影响；另一方面，2013 年年初，干旱虽然在小麦所处生育阶段发生，但干旱发生大部分时间集中在小麦越冬的生育期，根据查阅相邻相近地区灌溉试验资料数据，该阶段作物的缺水敏感系数不高，而在小麦"拔节—抽穗—成熟"的关键生育阶段（3 月中旬~4 月底），并未发生干旱，因此，2013 年干旱对小麦的影响较小。

（2）对水稻的影响：水稻是贵州省主要的秋粮作物。2013 年干旱对水稻产生了巨大的影响，一方面，水稻抗旱能力很弱，若缺乏有效的抗旱保障措施，持续缺水会导致水稻减产，甚至绝收；另一方面，从作物受旱情况可以看出，各地干旱发生时段集中在水稻的"拔节—孕穗—抽穗—扬花—灌浆"生育阶段，根据查阅相邻相近地区灌溉试验资料数据，这些阶段正对应水稻需水临界期，是整个生育期需水的关键阶段，该阶段作物敏感系数高，缺水会严重影响作物的产量，故而水稻受灾严重。

（3）对玉米的影响：玉米也是贵州省主要秋粮作物之一，与水稻不同，玉米作为旱地作物，具有一定的抗旱能力，但是仍然受到严重的影响，一方面，与水稻相同，干旱发生的时段处于玉米"抽穗—灌浆—成熟"期，是作物需水的关键阶段，缺水会对产量产生较大影响；另一方面，与平原区不同，受地形地貌限制，贵州地区的玉米大多种植在旱坡地段，有灌溉条件的玉米很少，故而 2013 年贵州玉米受灾严重。

（4）从灾损指数来看，作物受旱天数越多，尤其是关键生育期的受旱天数越多，作物灾损越严重。但是孕灾环境和抗旱能力对灾损也有重要影响，结合各典型县孕灾环境敏感指数来看，纳雍县 2013 年受灾比较严重，一方面，由于作物关键生育期的受旱天数长；另一方面，不利的孕灾环境使得整个系统向有利于旱灾形成的方向发展，并且能够加重旱灾带来的影响；修文、湄潭等县作物受旱天数不少，但是从最终灾损指数来看，灾情不算最为严重，究其原因，这些地方有相当规模的灌区，灌溉供水保证率相对较高，种植模式较为合理，抗旱能力也就相对较强，能够减小或减免灾害的严重程度。

3.3.2.4   2008 年非旱

2008 年贵州省部分地区出现春旱，局部地区农业生产受旱情影响，但没有形成大范围旱灾，各典型县 2008 年的 SAPI 变化过程见图 3-46。

由图 3-46 可以看出：2008 年，贵州只有部分地区春季出现干旱，进入 4 月之后，各地区 SAPI 基本都处于正常水平，未受干旱影响，进入冬季之后由于降水减少，SAPI 值开始逐渐降低。

根据 2008 年贵州各地区 SAPI 值的变化过程，结合各典型县代表作物的灾损指数，见表 3-16，可以得出以下结论。

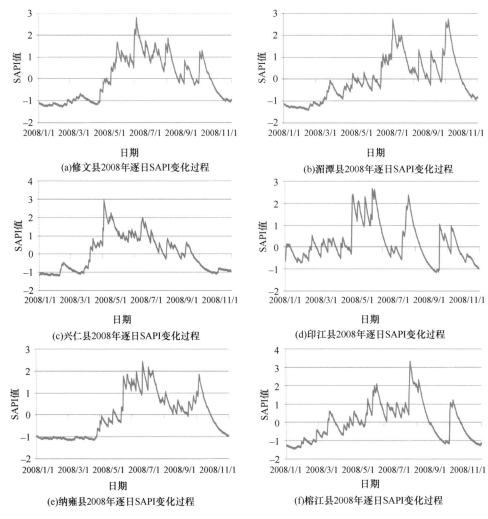

图 3-46 贵州 2008 年各典型区干旱发展过程

表 3-16 贵州 2008 年各典型县代表作物灾损指数

作物	修文	湄潭	兴仁	印江	纳雍	榕江
水稻	0	0	0	0.02%	0	0
玉米	0	0	0	0	0	0
小麦	0	0	0	20%	3.11%	48.11%

致灾结果：未致灾。

原因分析：①从干旱持续时间来说，2008 年干旱持续时间不短，从 SAPI 的变化过程可以看出个别县干旱持续时间达到 4 个月左右；②从干旱发生时段来说，2008 年干旱主要集中发生在 1~4 月，发生的时段并非作物需水关键期或关键生育阶段，对于主要在田作物小麦、油菜来说，处于越冬期或营养生长期，作物水分敏感指数不高，且小麦具有一定耐旱性，而 4 月之后小麦进入开花期及产品形成期，具有较高的水分敏感系数，而该时段干旱已经消亡，故而对产量没造成较大影响，未形成旱灾；对于水稻和玉米为代表的秋粮作物，全生育期未发生干旱，因此，未受干旱影响。通过与典型旱灾年份的对比，可以看出干旱的发生时段是其是否致灾的决定性因素。

3.3.3 基于 SAPI 指数的干旱识别

3.3.3.1 前期气候差异

以 2011 年夏旱和 2013 年夏旱为例，两者发生的时间、持续时间相类似，但是 2011 年的旱灾比 2013 年的旱灾严重得多。一方面，2011 年 1~5 月，平均总降水量为 212.4mm，较常年偏少 4 成，降水持续偏少造成蓄水和地下水补给不足，水源供水保证率相对偏低，抗旱能力下降；2013 年 1~5 月，降水量为 406.1mm，较常年略微偏多，地表和地下水得到恢复补充，耐旱能力增强。另一方面，经历的 2012 年的调节缓解，2013 年夏旱开始前土壤水尤其是地下水等得到一定程度的恢复，而 2011 年由于刚经历 2009~2010 年特大干旱，土壤、地下水等还未完全从严重干旱灾害的影响中缓解，因此，受损更为严重。

3.3.3.2 干旱发生时段的差异

2009 年 7 月初~9 月中旬，部分地区遭受了严重的干旱灾害，给人畜饮水和秋季作物造成了影响。进入冬季后，旱情进一步加剧，黔西南州、六盘水市、毕节市、安顺市等地大部分县级行政区降水量较常年同期偏少 3~10 成。特别是 2009 年 11 月至 2010 年 4 月期间，毕节市、六盘水市、黔西南州大部分地区降水量不足 10mm，较常年同期偏少 7 成以上。省内以西、以南地区、黔东南州西部无降雨天数在 150 天以上，黔西南州、六盘水市南部、黔南州西部、安顺市南部在 200 天以上，干旱持续时间最长的兴仁县长达 242 天。

2011 年 7 月底旱象露头，8 月上旬较大范围降雨有一定缓解，之后北部和中东部持续晴热少雨，干旱进一步发展，10 月初随着降水增多，干旱得以解除；而 2013 年 6 月底旱象露头，下旬的降雨过程暂时遏制了干旱发展，但 7 月后，省内大部以晴热少雨天气为主，重旱区无雨或少雨日数超过 30 天，干旱呈现加重态势。

2013 年 6 月下旬~8 月，全省出现大范围夏伏旱，遵义市、铜仁市、黔东南州最为严重，给当地人民群众生活和工农业生产造成了严重的影响。8 月 23~24 日，受"谭美"登陆后外围云系影响，省内局部出现强降雨，个别乡镇有暴雨，省境内各江河来水和库（塘）蓄水得到不同程度补充，土壤墒情明显改善，全省旱情解除。

3.3.3.3 旱灾影响区域的差异

2009~2010 年干旱期间，除云岩区、南明区、小河区外，其余 85 个县级行政区不同程度受灾，干旱较重区域主要分布在西部地区、黔南地区、西南地区，且由西南向东北逐渐减轻。

2011 年干旱期间随着不同时段、区域的降水变化，重旱区随之变化。早期干旱较重区域是西南部和中部地区，随后向东部地区蔓延；2013 年重旱区相对集中和稳定，主要在毕节市东部、遵义市、铜仁市、黔东南州东部和北部、黔南州北部，以及安顺市、黔西南州的局部。

2013 年重旱区相对集中且相对稳定，主要在毕节市东部、遵义市、铜仁市、黔东南州东部和北部、黔南州北部，以及安顺市、黔西南州的局部。

3.3.3.4 干旱灾害严重程度

2009~2010 年干旱最严重时段为 2009 年 11 月~2010 年 4 月，在田作物为小麦、油菜、蔬菜、茶叶等。重旱期间，小麦处于分蘖期、拔节期至孕穗期，作物生长需水量较大，干旱造成小麦长势较弱、分蘖差，提早抽穗不结籽；油菜处于蕾薹和抽薹期，干旱同时造成营养生长不足而产生早薹、早花，不结荚或不结籽，严重影响产量的形成。干旱同时造成蔬菜生长迟缓、抗性减弱、产量下降、经济价值降低，部分田块蔬菜干枯死亡，对贵阳等城镇蔬菜市场供应和物价稳定带来一定影响；果树、茶树因缺水长势普遍较差，春茶产量下降，部分新建茶园、果园苗木枯死，对水果、茶叶产业发展造成了较大危害。受严重干旱的影响，各地春播普遍推迟 5~7d。

2011 年 7~9 月，是全省秋收在田作物生长需水关键时期。干旱的发生发展和加重导致水稻、玉米减产甚至绝收，旱区仅有少数水源保障好的地区有利于水稻生长和增产；同时，因库塘蓄水和地下水水位下降，人畜饮水困难和水力发电紧张，进而涉及更广的行业。

2013 年 6 月下旬~8 月，全省出现大范围夏伏旱，而全省大部地区秋收作物正处于需水关键时期。在田作物主要有玉米、水稻等，水稻抗旱能力很弱，持续的高温少雨天气导致旱区水稻抽穗不齐、植株矮小、分蘖少，孕穗至抽穗期间受旱害甚至导致抽穗不良、开花授粉不正常、秕谷大增。由于地形地貌的限制，玉米作物多种植在山地，有灌溉条件的玉米地很少。在重旱区，由于持续少雨或无雨，造成空气干燥和土壤缺水现象严重，植株不能正常生长发育，甚至枯死。

3.4 结 论

研究探讨了干旱、旱灾等基础理论，并通过近 60 年贵州干旱旱情发生发展和成灾记录数据，挖掘了贵州干旱演变规律和灾变规律。在此基础上，结合贵州干旱灾变的四种要素在整个干旱灾变中的变化过程和规律，以及主要几种典型农作物的受灾过程和成灾结果，揭示了贵州旱灾的致灾机理。

1）贵州旱情规律及特征

SPEI 干旱指数适用于研究贵州省干旱分析；时间上，1950~2013 年贵州省除冬旱程度有所缓解外，年度、春季、夏季、秋季以及秋收作物生长季的干旱情况均存在不同程度加重，干旱站次比范围扩大，以局域性干旱和区域性干旱为主，干旱强度增强，以轻度和中度干旱为主；SPEI 序列具有长期记忆性，说明在未来的一段时间内，干旱情况将持续加重；秋收作物生长季干旱在 1991 年和 2001 年发生突变，并具有 22 年、5 年和 12 年的周期变化，其中，22 年为第一主周期，2001~2013 年，秋收作物生长季干旱明显加重，且与贵州降水突变点一致性较高；空间上，1950~2013 年贵州省干旱具有显著区域特征，年度、春季和冬季的干旱易发区位于黔西北和黔西南地区，总体呈西高东低的分布态势；而夏季和冬季的干旱易发区位于黔东南和黔东北地区，整体为东高西低的分布特征；秋收作物生长季干旱易发区集中在黔东和黔西北的威宁一带，近十年来，干旱易发区有从东部向西部转移的趋势。因此，今后贵州省西部地区将成为干旱防御的重点区域；从季节干旱发生频率大小来看，春季和夏季是贵州省干旱的易发时段；SPEI 与降水量、相对湿度和日照时数显著相关，即影响贵州干旱的主要气象要素是降水量、相对湿度和日照时数。

2）贵州旱灾灾变规律及特征

根据贵州省近 60 年的旱灾损失资料，以成灾率为指标，分析了贵州旱灾发生发展的时空分布特征、季节分布特征，并依据变化环境下非一致性水文分析方法的原理，提出了基于趋势分析的非一致性旱灾损失频率分析方法。结果表明：从过去到现在的频率曲线变化趋势，频率低的极端旱灾成灾率呈现降低趋势，频率高的旱灾成灾率呈现增加趋势。贵州旱灾损失影响最大的因素就是降雨因素，这与贵州实际的历史气象条件相吻合。贵州人为对干旱的干预程度较低，旱坡地农业靠天吃饭的现状普遍，当降水量低时，很容易形成旱灾，造成成灾面积增大。

3）贵州旱灾致灾机理

在确定贵州干旱致灾的 4 个要素基础上给出了灾变 4 个要素的量化方法，并结合已有数据资料对指标进行量化。以 2009~2010 年连旱、2011 年旱灾、2013 年旱灾为主要研究对象，以 2008 年非旱灾年份作为对比。通过各场旱灾发生发展过程中各个致灾因素的变化规律、贵州典型农作物（水稻、玉米、小麦）受灾的时间过程，以及各场次旱灾的成灾结果来揭示出贵州旱灾的致灾机理。结果表明：干旱发生时间、持续时间是贵州干旱致灾的核心因素，对贵州农业旱灾来说，春旱影响夏收作物（小麦、油菜）、夏旱影响秋收作物（水稻、玉米、烤烟）；孕灾环境和抗旱能力是使成灾结果扩大或缩小的因素，而非干旱致灾的决定性因素，但对于贵州干旱致灾来说，由于孕灾环境和抗旱能力相对脆弱，导致了近些年重特大旱灾频发，这两个因素体现了贵州干旱致灾的独特性。

4 贵州省农业旱灾风险评估

4.1 基于信息扩散理论的贵州农业旱灾风险评估

4.1.1 研究方法

4.1.1.1 基本理论

信息扩散理论来源于模糊数学。在研究过程中，当样本缺乏时，所有的样本提供给我们去认识风险的信息是不完善、不完备的，具有模糊不确定性。信息扩散就是为了弥补信息不足，并优化利用样本模糊信息，对样本进行集值化的模糊数学处理方法，该方法将一个有观测值的样本变成一个模糊集，也就是将单值样本变成集值样本，或者理解为将一个单值样本的资料信息扩散到指标论域中的所有点，从而获得较好的风险分析结果。

由于信息扩散的目的是在样本信息不完备时，挖掘出尽可能多的有用信息，以提高系统风险识别的精度，因此，称为模糊信息处理技术。最常用的模型是正态扩散模型。

4.1.1.2 信息扩散理论原理

基于信息扩散技术的风险分析模型中，正态扩散模型最为常用。假设 X 为由某区域过去 m 年内灾害风险评估指标实际观测值组成的样本集合：

$$X = \{x_1, x_2, x_3, \cdots, x_m\} \tag{4-1}$$

式中，x_i 为观测样本点；m 为样本观测总数。

设 U 为 X 内对每个实际观测值样本进行信息扩散的范围集合，即指标论域：

$$U = \{u_1, u_2, u_3, \cdots, u_n\} \tag{4-2}$$

式中，u_j 为指标论域的控制点，对于归一化样本，为[0，1]区间内以固定间隔离散得到的任意离散实数值；n 为离散点总数。

在样本集合 X 中，任意观测样本点依下式将其所携带的信息扩散给 U 中所有点：

$$f_i(u_j) = \frac{1}{h\sqrt{2\pi}} \exp\left[-\frac{(x_i - u_j)^2}{2h^2}\right] \tag{4-3}$$

式中，h 为信息扩散系数，其解析表达式如下：

$$h = \begin{cases} 0.8146(b-a) & m=5 \\ 0.5690(b-a) & m=6 \\ 0.4560(b-a) & m=7 \\ 0.3860(b-a) & m=8 \\ 0.3362(b-a) & m=9 \\ 0.2986(b-a) & m=10 \\ 2.6851(b-a)/(m-1) & m \geqslant 11 \end{cases} \quad (4\text{-}4)$$

式中，a 和 b 分别为样本集合 X 中的最小值和最大值。

若标记：

$$c_i = \sum_{j=1}^{n} f_i(u_j) \quad (4\text{-}5)$$

则任意样本的归一化信息分布可记为

$$\mu x_i(u_j) = \frac{f_i(u_j)}{c_i} \quad (4\text{-}6)$$

假设：

$$q(u_j) = \frac{f_i(u_j)}{c_i} \quad (4\text{-}7)$$

$$Q = \sum_{j=1}^{n} q(u_j) \quad (4\text{-}8)$$

则由式（4-7）和式（4-8）的比值得到式（4-9）：

$$p(u_j) = \frac{q(u_j)}{Q} \quad (4\text{-}9)$$

式（4-9）即为所有样本落在 $U=\{u_1, u_2, \cdots, u_n\}$ 处的频率值，将这些频率值作为概率估值，则其超越概率的表达式如下：

$$P(u \geqslant u_j) = \sum_{j=1}^{n} p(u_j) \quad (4\text{-}10)$$

式中，P 为不同旱灾情形下的风险值。

4.1.2 贵州农业旱灾风险评估

4.1.2.1 基础资料

研究的基础数据为贵州省 9 个市（州）的 1960~2012 年的农业旱灾成灾面积和农作物播种面积，数据由《贵州省自然灾害年表》、《贵州省水旱灾害（1950~1990）》、《贵州省水旱灾害（1990~2010）》以及各年水旱灾害报表等整理得来。

4.1.2.2 贵州省旱灾风险评估指标选取

表征农业旱灾的风险指标较多，但受数据来源的局限性制约，从灾害后果研究旱灾，主要是采用受灾面积及成灾面积指数作为原始样本进行分析。由农作物受灾面积和成灾面积界定可以看出，受灾是成灾的前提条件，两者之间具有密切联系，考虑到旱灾的实际损失程度，研究选用旱灾成灾面积指数作为评估农业旱灾风险评估的原始指标。

4.1.2.3 贵州农业旱灾风险阈值

基于信息扩散理论的风险评估模型所得到的旱灾风险估计值，可以表明在一定成灾面积指数下旱灾风险概率的大小，但由于研究时段较长和区域个数较多，不便于分析对比。为了更加直观地分析与评价贵州省 9 个市（州）之间的农业旱灾风险空间分布特征，使研究农业灾害的相关工作人员对旱灾风险模型有更加清楚的认识，研究参照刘亚林等编著的《水旱灾害等级划分标准》，结合贵州省 9 个市（州）的旱灾风险估计值，制订贵州省旱灾风险评估等级，将出现农业旱灾的风险评估值划分为高、中高、中、中低、低 5 个等级，具体划分如表 4-1 所示。

表 4-1 贵州省旱灾风险评估等级标准

旱灾成灾面积指数	高风险	中高风险	中风险	中低风险	低风险
$X \geqslant 5\%$	$1 < R \leqslant 2$	$2 < R \leqslant 3$	$3 < R \leqslant 4$	$3 < R \leqslant 5$	$R > 5$
$X \geqslant 10\%$	$1 < R \leqslant 2$	$2 < R \leqslant 3$	$3 < R \leqslant 5$	$5 < R \leqslant 7$	$R > 7$
$X \geqslant 15\%$	$1 < R \leqslant 2$	$2 < R \leqslant 4$	$4 < R \leqslant 6$	$6 < R \leqslant 10$	$R > 10$
$X \geqslant 20\%$	$1 < R \leqslant 2$	$2 < R \leqslant 5$	$5 < R \leqslant 10$	$10 < R \leqslant 20$	$R > 20$

其中，$R=1$ 表示旱灾发生频率为每年一遇，$1 < R < 2$ 表示旱灾发生频率为 1~2 年一遇，$R > 5$ 则指旱灾发生概率大于 5 年一遇，其余依次类推。

4.1.2.4 贵州农业干旱灾害风险分析

根据基于信息扩散理论的风险评估模型和贵州农业旱灾不同成灾面积指数下的风险等级划分标准，可以得出贵州省各市（州）间的不同旱灾成灾面积指数下的风险评估结果及分布格局。

（1）在 $X \geqslant 5\%$ 的面积指数下（图 4-1），旱灾风险级别主要为高风险，所有市（州）发生旱灾造成 5% 以上的成灾面积概率基本在 1.0~1.4 年之间一遇，具体表现为毕节市发生旱灾造成 5% 以上的成灾面积概率最大，为 1.04 年一遇；贵阳市发生旱灾造成 5% 以上的成灾面积概率最小，为 0.39 年一遇。其他地区概率较为相近。

（2）在 $X \geqslant 10\%$ 的面积指数下（图 4-2），旱灾总体风险概率微有下降，除贵阳市风险级别下降幅度较大，变为中低旱风险级别以外，其余市（州）均为高风险级别。

（3）在 $X \geqslant 15\%$ 的面积指数下（图 4-3），旱灾总体风险概率继续有所下降，表现为高、中高、中、低并存，其中，毕节市为高风险地区；六盘水市、遵义市、铜仁市、黔西南州、安顺市、黔南州为中高风险区；为中高风险区；黔东南州为中风险区；贵阳市为低风险区。空间上除贵阳市因水利化比较完善，暂不考虑外，旱灾空间分布格局为西高东低，南北相近。

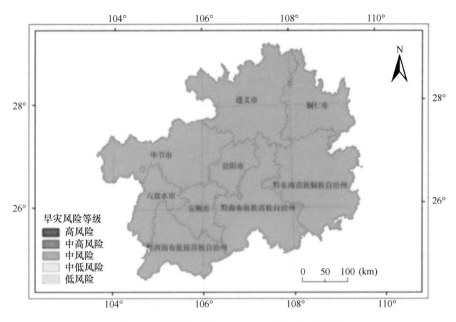

图 4-1　贵州省成灾率≥5%水平旱灾风险图

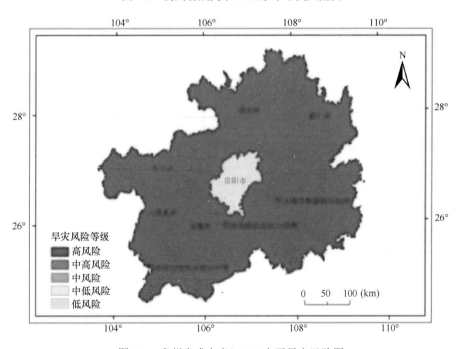

图 4-2　贵州省成灾率≥10%水平旱灾风险图

（4）在 $X \geq 20\%$ 的面积指数下（图 4-4），旱灾总体风险概率继续在下降，高风险区消失，总体表现为中高、中、低风险并存。但不存在中低风险区。铜仁市、黔南州、毕节市、安顺市为中高风险区；六盘水市、遵义市、黔西南州为中风险区；贵阳市、黔东南州为低风险区。旱灾空间分布特点为西南、东北地区严重，其余地区风险比较低。

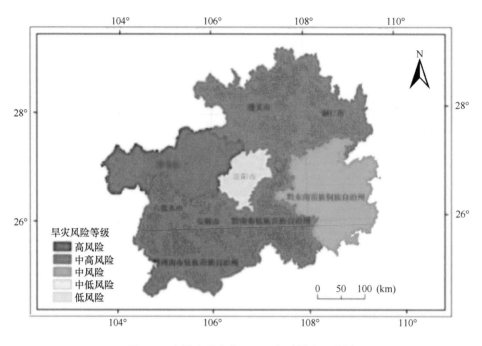

图 4-3 贵州省成灾率≥15%水平旱灾风险图

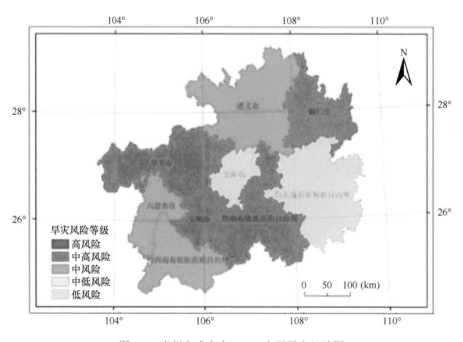

图 4-4 贵州省成灾率≥20%水平旱灾风险图

综上所述，随着贵州省各市（州）旱灾成灾程度的增加，成灾风险概率值总体上呈现下降势态，总体上，铜仁市旱灾风险最大，其次为黔西南州，而贵阳因为水利化设施比较完善，因此，旱灾风险最小。但贵州地区总体上旱灾风险较大，因此，贵州旱灾预防与应急管理研究工作非常有必要性进一步加强。

4.2 贵州省农业干旱灾害风险区划

4.2.1 基于 SPEI 的贵州省农业干旱风险分区

4.2.1.1 干旱指标的选择

在干旱指标方面，通常利用气象、水文、土壤资料，或卫星遥感资料来建立不同的干旱指标，从而进行干旱监测预警。据世界气象组织统计，常用的干旱指标达 55 种之多，例如，降水距平百分率、Palmer 干旱指数（PDSI）、标准化降水指数（SPI）、标准化降水蒸散指数（SPEI）、相对湿度指数、综合气象干旱指数（CI）、Z 指数、连续无雨日数等。

标准化降水蒸散指数具有计算简单、资料容易获取、计算稳定性独特等优点，且其干旱等级划分标准具有气候意义，在不同时段、不同地区都适宜。研究采用标准化降水蒸散指标作为贵州省干旱分区的指标。

4.2.1.2 旱灾风险区划指标合理性分析

通过分析贵州省各市（州）及全省的干旱指标 SPEI6_9 和 SPI6_9 与不同旱情旱灾指标（受旱率、成灾率、粮食减产率和单位减产量）的相关性，选择相关性较好的干旱指标作为旱灾风险区划的指标。各地区干旱指标与旱情旱灾指标相关关系分析见表4-2。

表 4-2 各地区干旱指标 SPEI6_9 与旱情旱灾指标相关关系分析

地区	R_1	R_2	R_3	R_4
贵阳市	−0.7103**	−0.7261**	−0.5445*	−0.5580*
六盘水市	−0.2034	−0.0318	−0.5147*	−0.6330**
遵义市	−0.7197**	−0.7552**	−0.4464	−0.7548**
安顺市	−0.7405**	−0.7299**	−0.7532**	−0.7006**
毕节市	−0.6949**	−0.7112**	−0.6566**	−0.7081**
铜仁市	−0.5387*	−0.5560*	−0.5848*	−0.5742*
黔西南州	−0.4993*	−0.4901*	−0.5805*	−0.5273*
黔东南州	−0.3355	−0.4065	−0.7225**	−0.5557*
黔南州	−0.6681**	−0.6447**	−0.7010**	−0.7469**
贵州省合计	−0.7060**	−0.7364**	−0.7880**	−0.8055**

注：R_1 是受旱率与 SPEI6_9 的相关系数；R_2 是成灾率与 SPEI6_9 的相关系数；R_3 是减产率与 SPEI6_9 的相关系数；R_4 是亩均减产量与 SPEI6_9 的相关系数。$R_{0.05}$=0.468，$R_{0.01}$=0.59，*表示显著性相关（p=0.05），**表示极显著性相关（p=0.01）。

由于贵州省水稻种植面积占粮食作物的 70%左右，为贵州省粮食作物主体，而水稻生长期约为 6 个月（4~9 月）。通过贵州省各市（州）单位面积减产量与 SPEI6 的相关性分析，发现其相关系数 R 达到了 0.553，有较好的相关性（图 4-5），故选取 6 个月尺度、9 月的 SPEI 值（SPEI6_9）作为贵州省农业干旱风险分区的指标。由表 4-2 可以看出干旱指标 SPEI6_9 与旱情旱灾指标单位减产量的相关性，无论是各市（州）还是全省均较好。

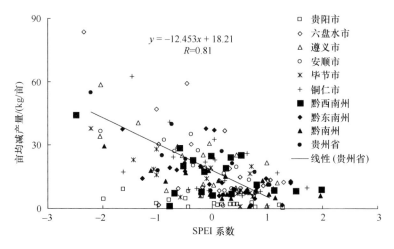

图 4-5　贵州省粮食减产率与 SPEI6_9 的相关关系图

4.2.1.3　风险区划结果

根据分区指标 SPEI6_9 对贵州省干旱情况进行分区，图 4-6 为贵州省 1960~2012 年年均干旱强度分布。从图中可以看出，毕节市西部和铜仁市以及黔南南部局部区域是发生干旱强度较强的地区。干旱强度总体上呈贵州省东部地区强度大于西部地区，且西

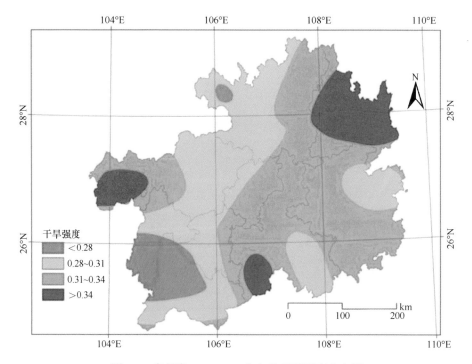

图 4-6　贵州省 1960~2012 年年均干旱强度分布图

部（黔西南州中部以北、以东区域和六盘水市中部以南、以东部分区域）以及遵义市西部小部分区域干旱强度最弱。

依据前文贵州省突变点分析，将1960~2012年划分为两个时间段，即1960~1992年和1993~2012年，对两个时间段的干旱强度分布进行讨论。

图4-7为贵州1960~1992年年均干旱强度分布。由图可知，黔南州西南部边缘区域和黔东南州南部区域是干旱强度发生较强的地区。这个时段的干旱强度总体上呈贵州省东部地区强度大于西部地区，分布规律和全时段的干旱强度分布一致，且干旱强度最弱的区域出现在六盘水市南部区域。

图4-8为贵州省1993~2012年年均干旱强度分布。由图可知，毕节市西部和铜仁市中部大部分区域以及遵义地区南部小部分区域是发生干旱强度较强的地区。干旱强度总体是呈贵州省北部地区强度大于南部地区，且干旱强度最弱的区域为贵州省南部区域以及遵义地区南部小部分区域。

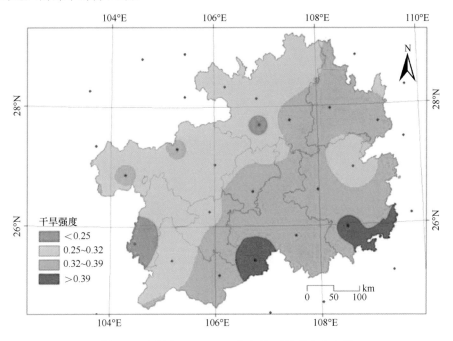

图 4-7　贵州省 1960~1992 年年均干旱强度分布图

图4-9为贵州省1960~2012年年均干旱频率分布。从图中可以看出铜仁市大部分区域和黔南州西南部边缘区域为干旱易发区，具有较高的干旱发生频率。干旱的发生频率总体上东高西低，贵州省西南部（六盘水市南部区域和黔西南州中部以北大部分区域）干旱发生频率最低。

依据前文贵州省突变点的分析，将1960~2012年划分为两个时间段，即1960~1992年和1993~2012年，对两个时间段的干旱频率分布进行讨论。图4-10为贵州省1960~1992年年均干旱频率分布，从图中可以看出铜仁市大部分区域和黔东南州南部区域，以及黔南州西南部分边缘区域是干旱频率发生较高的地区。干旱的发生频率总体上东高西低，西南部（六盘水市南部区域、黔西南州中部以西区域和安顺市西北部区域）干旱频率最低。

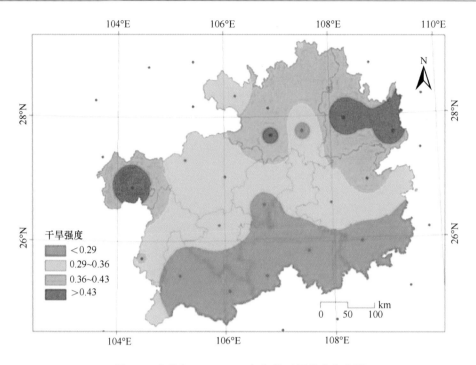

图 4-8　贵州省 1993~2012 年年均干旱强度分布图

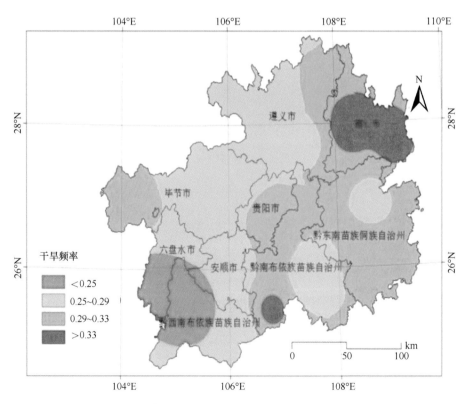

图 4-9　贵州省 1960~2012 年年均干旱频率分布图

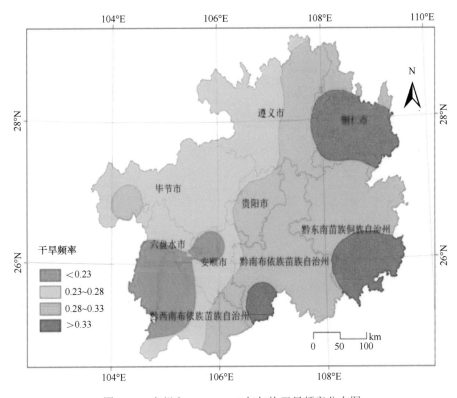

图 4-10   贵州省 1960~1992 年年均干旱频率分布图

图 4-11 为贵州省 1993~2012 年年均干旱频率分布。从图中可以看出铜仁市东北部边缘区域、遵义市南部区域和毕节市西部威宁、赫章一带为干旱易发区，有较高的干旱发生频率。干旱总体呈西北部和东北部较西南部和东南部有较高的干旱发生频率，干旱频率最低的为黔西南州大部分区域、黔南州中部以南大部区域和黔东南州大部分区域，以及遵义市东南部区域。

4.2.2   贵州省农业干旱灾害风险分区

干旱灾害风险区划研究可用于分析旱灾的发生风险及其空间分布，指导不同区域做出合理的旱灾防护措施，以最大限度地防灾减灾。国内外已开展了大量干旱灾害风险区划的研究。以往对贵州省农业干旱灾害风险区划的研究中，并未对贵州干旱发生的原因、自然条件下的干旱敏感程度、承受干旱的能力及投入应对干旱的措施进行综合考虑，故分区结果存在一定片面性。基于此，研究对上述因素进行充分考虑，从致灾因子、成灾环境、承灾体和防灾减灾能力 4 个方面选取指标，利用 GIS 软件，开展了贵州省农业干旱灾害风险区划。

4.2.2.1   研究方法

首先对评价指标规范化和加权评价，利用 ArcGIS 的空间分析技术对评价指标做空

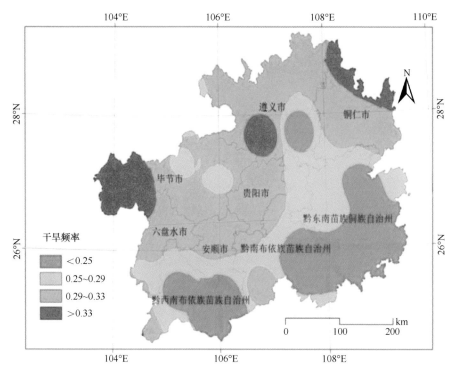

图 4-11 贵州省 1993~2012 年年均干旱频率分布图

间插值及栅格化处理，然后采用栅格图层计算功能进行图层的加权叠加，并根据自然断点法，划定贵州省农业干旱灾害等级，绘制农业旱灾风险区划图。

1）指标的规范化

由于所选取的指标存在量纲和数量级的差异，故需要做规范化处理。规范化计算公式如下。

（1）当指标值越大，目标值越优时：

$$y_{i,j} = 0.5 + 0.5 \times \frac{x_{i,j} - \min(x_j)}{\max(x_j) - \min(x_j)} \tag{4-11}$$

（2）当指标值越小，目标值越优时：

$$y_{i,j} = 0.5 + 0.5 \times \frac{\max(x_j) - x_{i,j}}{\max(x_j) - \min(x_j)} \tag{4-12}$$

式中，$x_{i,j}$ 为评价指标 i 的 j 序列数值，$y_{i,j}$ 为指标的规范化值；$\max(x_j)$ 和 $\min(x_j)$ 为 i 指标 j 序列中的最大值和最小值。

2）加权综合评价

加权综合评价法是综合评价方法的一种，适用于对决策、方案或技术进行综合分析评价。表达式如下。

（1）因子层：

$$p^k = \sum_{j=1}^m y_{i,j}^k w_j^k \tag{4-13}$$

（2）风险层：

$$Q = \sum_{k=1}^4 P^k W^k \tag{4-14}$$

式中，P 为影响因子的总值；k 为影响因子个数（$k=1$，2，3，4）；w 和 W 为指标和影响因子的权重值，由专家打分法获得。

3）农业旱灾分区

农业旱灾分区通过 ArcGIS 软件中的自然断点法实现，共分为 5 个等级区域：低风险区、次低风险区、中等风险区、次高风险区和高风险区。

4.2.2.2　数据来源

贵州 19 个代表性站点的月降水数据来源于国家气象数据平台（1951~2012 年）。农业旱灾统计数据来源于《贵州省水旱灾害（1950~1990）》、《贵州省水旱灾害（1990~2010）》以及贵州各年度水旱灾害报表。土壤类型、耕地类型、地形、地貌类型、林草地等的数字化数据来自于对贵州省各类型地图在 ArcGIS 软件中的数字化。

4.2.2.3　贵州省农业干旱灾害风险评估指标体系

灾害学和自然灾害风险形成机制的研究表明，干旱灾害风险是由致灾因子危险性、成灾环境敏感性、承灾体易损性和防灾减灾能力 4 个方面综合作用形成的。因此，从这 4 个方面建立评价指标体系，对贵州省农业干旱灾害进行风险评估和区划研究。

1）致灾因子危险性

标准化降水蒸散指数（SPEI）计算方法是以月平均气温、月降水和月日照时数为输入资料，通过计算月降水与潜在蒸散量的差值并进行正态标准化处理得到。由于水稻为贵州省主要粮食作物，且水稻生长期为 6 个月（4~9 月），故对贵州省 19 个站点的 6 个月尺度 9 月份的 SPEI 值（SPEI6_9）与贵州省农业损失进行相关性分析，得出 SPEI6_9 与贵州省农业损失（粮食减产率）有较好的相关性，因而用 SPEI6_9 的轻旱、中旱、重旱和特旱频率对致灾因子危险性进行评估。

2）成灾环境敏感性

干旱灾害的成灾环境敏感性取决于多种自然因素，研究考虑降水量、土壤类型、耕地类型、地形、地貌类型和林草地涵养水分能力 6 个指标作为成灾环境敏感性指标。

3）承灾体易损性

承灾体是致灾因子作用的对象，在干旱灾害风险评估中，一般都可考虑如人口、经济和耕地面积等因素。研究选取人口密度、经济密度和常用耕地面积 3 个指标作为承灾体易损性的评价指标。

4）防灾减灾能力

防灾减灾能力是指各种用于防御和减轻干旱灾害的各种管理对策及措施，一般分为工程性措施和非工程性措施两类，研究从人均 GDP 和灌溉保证率这两个方面评价防灾减灾能力。

贵州省农业干旱灾害风险指标规范化结果及指标体系见表 4-3，规范化后各指标空间分布见图 4-12。

表 4-3　贵州省农业干旱灾害风险评估指标体系

影响因子（权重）		指标		权重
贵州省农业干旱灾害风险评估指标体系	致灾因子危险性（0.4）	SPEI6_9 干旱频率	轻旱	0.1
			中旱	0.2
			重旱	0.3
			特旱	0.4
	成灾环境敏感性（0.3）	降水量		0.35
		土壤类型		0.2
		地形		0.15
		地貌类型		0.2
		林草地涵养水分能力		0.1
	承灾体易损性（0.2）	人口密度		0.4
		经济密度		0.3
		常用耕地面积		0.3
	防灾减灾能力（0.1）	人均 GDP		0.5
		灌溉保证率		0.5

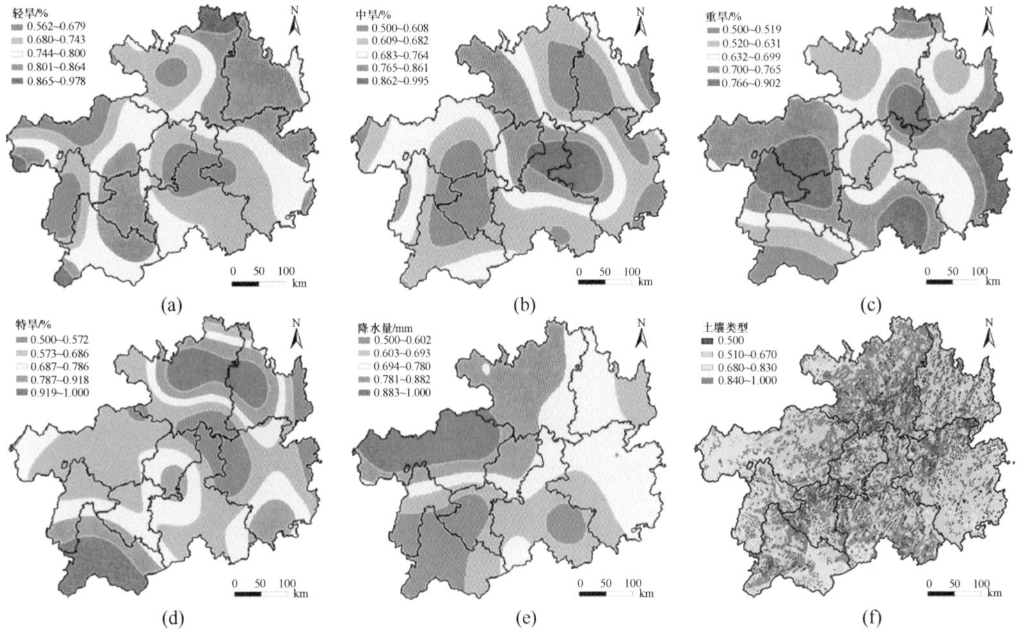

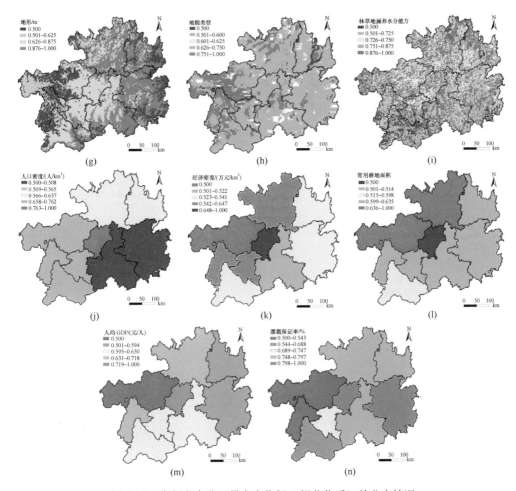

图 4-12　贵州省农业干旱灾害指标（规范化后）的分布情况

（a）轻旱，%；（b）中旱，%；（c）重旱，%；（d）特旱，%；（e）降水量，mm；（f）土壤类型；（g）地形，m；（h）地貌类型；（i）林草地涵养水分能力；（j）人口密度，人/km²；（k）经济密度，万元/km²；（l）常用耕地面积，khm²；（m）人均 GDP，元/人；（n）灌溉保证率，%

4.2.2.4　贵州省干旱灾害影响因子空间分布

分别将贵州省农业干旱灾害指标图层加权叠加，并利用自然断点法进行分级，得到贵州省农业干旱灾害致灾因子危险性、成灾环境敏感性、承灾体易损性和防灾减灾能力空间分布状况（图 4-13）。

致灾因子危险性（图 4-13（a））最高为贵州省中东部的遵义和铜仁市中西部以及黔西南州大部，危险性最低为毕节市与遵义接壤一带至黔东南西北部沿线，同特旱（图 4-12d）的分布相近；成灾环境敏感性（图 4-13（b））的分布大体呈贵州省西北部敏感性最高，西南部敏感性最低，同降水量（图 4-12（e））的分布情况相近；遵义和毕节市常用耕地面积大，且毕节市经济密度低，安顺地区人口密度较高，综合考虑人口密度、经济密度和常用耕地面积，承灾体易损性（图 4-13（c））最高的为遵义市、毕节市和安顺市，最低的为黔南州，呈现出从贵州省西北部到东南部易损性降低的趋势；人均 GDP毕节市最低，贵阳市最高，灌溉保证率毕节和六盘水市最低，贵阳市和黔东南州最高，

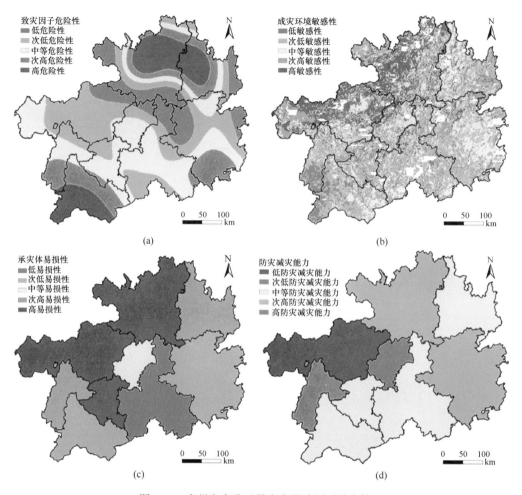

图 4-13　贵州省农业干旱灾害影响因子分布情况

综合考虑人均 GDP 和灌溉保证率，防灾减灾能力（图 4-13（d））最高的为贵阳市，最低的为毕节市，西部总体防灾减灾能力较中东部低。

4.2.2.5　贵州省农业干旱灾害风险区划

利用 ArcGIS 对 4 个影响因子图层进行加权叠加，得到原始贵州省农业干旱灾害风险区划图（图 4-14（a）），对破碎斑块进行处理后得到最终的贵州省农业干旱灾害风险区划图（图 4-14（b））。如图 4-14 所示，贵州北部风险等级高于南部，西部高于东部，中部及东部风险最低，北部及西部风险最高。其中，低风险区主要包括贵阳、黔南东部、黔东南东部和西部及铜仁东部这些地区；次低风险区包括黔东南除东部和西部、六盘水大部及黔南大部分地区；中等风险区包括黔西南大部、六盘水北部、遵义西部和南部及铜仁大部分地区；次高风险区包括毕节东部、遵义除中部和西部的大部及铜仁西部地区；高风险区主要为毕节西部和东部部分地区以及遵义中部地区。

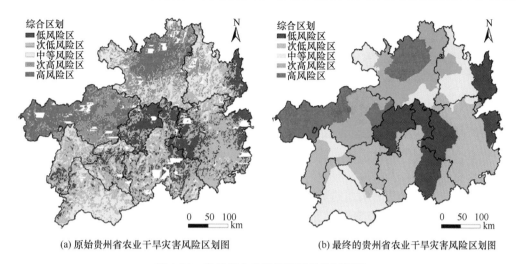

(a) 原始贵州省农业干旱灾害风险区划图　　　　(b) 最终的贵州省农业干旱灾害风险区划图

图 4-14　贵州省农业干旱灾害风险区划图

研究的区划结果同以往的一些研究存在一定差异，产生差异的原因可能与所采用的研究方法不同有一定关系，也可能与所选择的时间尺度有一定关系。本研究风险区分布与一些研究者的结果相近。总体上，研究所选取的指标更加全面，评价方法也较为科学，与实际旱灾发生规律一致，因此，本研究的区划结果是合理的。研究成果对科学识别和预测贵州省农业干旱灾害风险具有重要意义，使决策者在应对干旱灾害时，针对不同区域做出科学的决策，实现更高效的防灾减灾。

4.3　典型区农业干旱灾害风险评估

4.3.1　干旱灾害风险研究方法

1）自然灾害指数法

自然灾害风险指数法是通过研究若干年内可能达到的灾害程度及其发生的可能性而对旱情风险进行分析。一般而言，自然灾害风险是危险性、暴露性和脆弱性相互综合作用的结果，但抗旱减灾能力对于自然灾害风险度大小的作用也是比较大的，因此，研究基于致灾因子危险性（H）、暴露性（E）、脆弱性（V）和抗旱减灾能力（RE）对典型区进行农业干旱灾害风险评估。

2）加权综合评价法

加权综合评价法是根据评价指标对于评价总目标所影响的重要程度的不同，预先分配一个相应的权重系数，然后再与相应的被评价对象的各指标的量化值相乘后再相加。通过加权综合的方式系统地将每个指标对旱情风险影响的正负相关综合起来，用一个量化指标加以集中，表示旱情风险的高低。计算公式为

$$P = \sum_{i=1}^{n} A_i W_i \qquad (4\text{-}15)$$

式中，P 为某评价对象所得的总分；A_i 为某系统第 i 项指标的量化值（$0 \leqslant A \leqslant 1$）；$W_i$ 为某系统第 i 项指标的权重系数（$W_i \geqslant 0$，$\sum\limits_{i=1}^{n} W_i = 1$）；$n$ 为某系统评价指标个数。

3）层次分析法

层次分析法（AHP）是计算复杂系统多指标权重系数的一种广泛使用的方法，可以对指标进行定量定性的分析。通过对每两个指标一对一的比较、判断和计算，得出每个指标的权重，以确定不同指标对同一因子的相对重要性。该方法主要是将研究对象的影响因素细分，并根据其所隶属的紧密程度，分为上下不同的隶属层次，然后根据某种方式，对所细分的指标量化，通过每个指标的不同分量，反映对研究对象的影响轻重程度。

4）灰色关联度

对农业干旱影响的指标很多，有些指标之间相互影响，如用全部指标对农业干旱灾害风险评估势必影响结果的精确性。研究通过全面搜集典型区农业干旱灾情及抗旱资料，结合指标选取的原则剔除一些指标的干扰，同时运用灰色关联分析法来论证指标选取的合理性。

首先通过
$$x_i^1(k) = \frac{x_i(k)}{x_i(1)} \tag{4-16}$$

对两序列进行始点零化处理：得
$$X_0^0 = \left(x_0^0(1), x_0^0(2), \cdots, x_0^0(n) \right) \tag{4-17}$$
$$X_i^0 = \left(x_i^0(1), x_i^0(2), \cdots, x_i^0(n) \right) \tag{4-18}$$

则称
$$\varepsilon_{0i} = \frac{1 + |s_0| + |s_i|}{1 + |s_0| + |s_i| + |s_i - s_0|} \tag{4-19}$$

为两序列的绝对关联度。
其中，
$$|s_0| = \left| \sum_{k=2}^{n-1} \omega_k x_0^0(k) + \frac{1}{2}\omega_n x_0^0(n) \right| \tag{4-20}$$
$$|s_i| = \left| \sum_{k=2}^{n-1} \omega_k x_i^0(k) + \frac{1}{2}\omega_n x_i^0(n) \right| \tag{4-21}$$
$$|s_i - s_0| = \left| \sum_{k=2}^{n-1} \omega_k \left(x_i^0(k) - x_0^0(k) \right) + \frac{1}{2}\omega_n \left(x_i^0(n) - x_0^0(n) \right) \right| \tag{4-22}$$

4.3.2　指标选取的原则

农业干旱灾害风险评价指标体系的选取应遵循以下几个原则。

（1）系统性原则：要想真实地反映一个地区农业干旱灾害风险的状况，干旱指标的选取是至关重要的，建立的指标体系应能全面、客观、准确地评价农业干旱灾害风险。

（2）简明性原则：选择具有相对独立性和代表性的指标，指标体系简单明了，指标概念明确，容易理解和计算。

（3）代表性原则：影响干旱的因素有许多种，在选取指标过程中要尽量选取有代表性的指标，以增强评价结果的科学性和简洁性，同时便于评价结果可以相互比较。

（4）可评价性原则：选取的指标不但要结合贵州地区的实际情况，而且要是比较容易获取的可量化指标。

4.3.3 指标的选取

综合考虑指标体系确定的系统性、简明性、代表性、可评价性原则以及影响农业干旱的气象、水文、农业、社会经济因素，结合贵州地区的实际情况和资料获取的难易程度选取指标。

4.3.3.1 危险性评价指标的选取

自然灾害危险性是指造成灾害的自然变异程度，主要指极端气候条件（无雨或少雨、空气干燥和干热、温度高、风速快、蒸发量大等）及自然地理环境。根据资料的获取情况，气象指标层主要选取降水量、蒸发量、干旱频率、干旱指数 4 个指标；土壤指标层主要选取土壤类型一个指标。将所选取的危险性指标与作物的损失状况进行灰色关联度分析，如表 4-4 所示，结果表明所选取的指标都与干旱灾害损失密切相关，选取这些指标进行干旱灾害风险分析是合理的。

表 4-4　危险性指标与因旱粮食损失率灰色关联度分析

危险性指标	降水量	蒸发量	干旱频率	土壤类型	干旱指数
灰色关联度	0.661	0.663	0.646	0.679	0.698

4.3.3.2 暴露性评价指标的选取

暴露性（承灾体），是指可能受到危险因素威胁的农业系统中的人口、经济、土地等。所选取的暴露性指标与作物的损失状况进行灰色关联度分析，如表 4-5 所示，结果表明所选取的指标都与干旱灾害损失密切相关，选取这些指标进行干旱灾害风险分析是合理的。

表 4-5　暴露性指标与因旱粮食损失率灰色关联度分析

暴露性指标	作物播种面积	人口密度
灰色关联度	0.715	0.613

4.3.3.3 脆弱性评价指标的选取

承灾体的脆弱性或易损性，是指在给定危险地区存在的所有任何财产由于潜在的危险因素而造成的伤害或损失程度，其综合反映了自然灾害的损失程度。将所选取的脆弱性指标与作物的损失状况进行灰色关联度分析，如表 4-6 所示，结果表明所选取的指标都与干旱灾害损失密切相关，选取这些指标进行干旱灾害风险分析是合理的。

表 4-6 脆弱性指标与因旱粮食损失率灰色关联度分析

脆弱性指标	受旱面积比	因旱粮食损失	作物单产
灰色关联度	0.723	0.735	0.810

4.3.3.4 抗旱减灾能力评价指标的选取

抗旱减灾能力表示受灾区在长期和短期内能够从灾害中恢复的程度。根据资料的获取情况，水利工程指标层主要选取耕地灌溉率、旱涝保收率两个指标；经济实力指标层主要选取人均纯收入、抗旱投入资金比两个指标；农业用水水平指标层主要选取节水率、抗旱灌溉面积两个指标。将所选取的抗旱能力指标与作物的损失状况进行灰色关联度分析，如表 4-7 所示，结果表明所选取的指标都与干旱灾害损失密切相关，选取这些指标进行干旱灾害风险分析是合理的。

表 4-7 抗旱能力指标与因旱粮食损失率灰色关联度分析

抗旱能力指标	耕地灌溉率/%	蓄水工程蓄水率/%	人均纯收入/万元	抗旱投入资金比	节水率/%	抗旱灌溉面积
灰色关联度	0.712	0.677	0.592	0.622	0.611	0.800

4.3.4 干旱灾害风险评价指标体系建立

根据自然灾害风险理论和干旱灾害风险的形成原理，从干旱灾害风险的四因子，即危险性、暴露性、脆弱性、抗旱减灾能力出发，建立干旱灾害风险评价指标体系，用于评价干旱灾害风险的程度。整个指标体系分为因子层、副因子层和指标层，并利用层次分析法，综合计算出因子层和指标层的权重（表 4-8）。

表 4-8 农业干旱风险评价指标体系及权重

因子层	副因子层	指标层	权重
农业干旱灾害风险评估指标体系			
危险性（H）0.387	气象	降水量/mm	0.417
		蒸发量/mm	0.241
		干旱频率	0.089
		干旱指数	0.097
	土壤	土壤类型	0.157
暴露性（E）0.155	作物面积	作物播种面积/$10^3\,hm^2$	0.750
	人口状况	人口密度/（人/km^2）	0.250
脆弱性（V）0.265	受旱程度	受旱面积比/%	0.443
		因旱粮食损失/10^4kg	0.387
	耐旱能力	作物单产/（kg/hm^2）	0.170

续表

因子层	副因子层	指标层	权重
抗旱能力（RE）0.193	水利工程	耕地灌溉率/%	0.357
		已建蓄水工程蓄水率/%	0.192
	经济实力	人均纯收入/（元/人）	0.087
		抗旱投入资金比/（元/hm²）	0.108
	农业用水水平	节水率/%	0.073
		抗旱灌溉面积/10³hm²	0.183

4.3.5 干旱灾害风险指标的量化

考虑到所选指标的单位都各不相同，不便计算，需要将每个指标都进行无量纲化处理。具体方法如下。

负向指标：指标值越大，旱情风险越小，属于最大最优型，令

$$X'_{ij} = \frac{X_{\max} - X_{ij}}{X_{\max} - X_{\min}} \qquad (4\text{-}23)$$

正向指标：指标值越大，旱情风险越大，属于最小最优型，令

$$X'_{ij} = \frac{X_{ij} - X_{\min}}{X_{\max} - X_{\min}} \qquad (4\text{-}24)$$

式中，X_{ij} 为第 i 个对象的第 j 项指标；X'_{ij} 为无量纲化处理后第 i 个对象的第 j 项指标值；$X_{\max}$ 和 $X_{\min}$ 分别为该指标的最大值和最小值。通过上式可以看出，$X'_{ij} \in [0, 1]$。

对于其中不能量化的土壤类型采取定量赋值法进行赋值。其量化值见表4-9。

表4-9 土壤类型量化

土壤类型	水稻土	石灰土	黄壤土	红壤土	黄棕壤土	紫色土
量化值	1	2	3	4	5	6

4.3.6 干旱灾害风险指数模型的建立

根据干旱灾害风险形成机制，综合考虑干旱灾害的4个因子以及其相应指标，并利用层次分析法确定各指数权重，建立如下干旱灾害风险指数模型：

$$\text{Risk} = (W_H H) + (W_E E) + (W_V V) + (W_{\text{RE}} RE) \qquad (4\text{-}25)$$

$$H = \sum_{i=1}^{n=5} X_{\text{h}i} W_{\text{h}i} \qquad (4\text{-}26)$$

$$E = \sum_{i=1}^{n=1} X_{\text{e}i} W_{\text{e}i} \qquad (4\text{-}27)$$

$$V = \sum_{i=1}^{n=3} X_{vi} W_{vi} \qquad （4\text{-}28）$$

$$\text{RE} = \sum_{i=1}^{n=6} X_{ri} W_{ri} \qquad （4\text{-}29）$$

式中，Risk 是干旱灾害风险指数，用于表示干旱灾害风险程度，其值越大，干旱灾害风险的程度越大；H、E、V、RE 的值相应地表示危险性、暴露性、脆弱性和防灾减灾能力因子指数；W_H、W_E、W_V、W_{RE} 表示危险性、暴露性、脆弱性和防灾减灾能力的权重；X_i 为各评价指标的量化值；W_i 为各评价指标的权重系数，表示各指标对形成干旱灾害风险的主要因子的相对重要性。

4.3.7　干旱灾害风险评价

4.3.7.1　典型区危险性风险评价

对修文县、榕江县、印江县、湄潭县、纳雍县、兴仁县 6 个地区干旱致灾因子的危险性评价，主要是通过危险性风险的高低来反映自然因素，特别是极端气候条件（无雨或少雨、蒸发量大等），以及自然地理环境等对干旱灾害发生可能性的影响程度，从而制定出合理的干旱灾害应对和管理策略，尽可能地将损失降为最低。

将危险性各个指标因子的量化值，按照致灾因子危险性模型进行计算，从而得到各地区 1960~2012 年的综合危险性度量值，将危险性风险值求均值，得到多年平均风险值，如表 4-10 和图 4-15 所示。

表 4-10　典型区多年危险性风险均值

典型区	修文县	榕江县	印江县	湄潭县	纳雍县	兴仁县
多年危险性风险均值	0.458	0.515	0.410	0.454	0.475	0.461

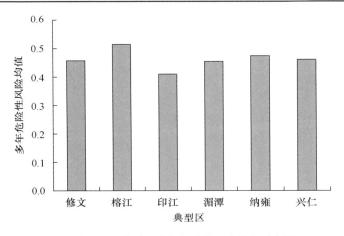

图 4-15　典型区多年危险性风险均值示意图

对比发现，东南部的榕江县、西北部的纳雍县、西南部的兴仁县多年危险性风险值较其他 3 个地区稍高。由于危险性指标只能表现致灾因子对干旱灾害的影响,且因为资料的局限性本研究多选用气象性指标,故修文县、印江县、湄潭县危险性因子低主要是由于降水量相对比较充沛而且稳定,在一定程度上更能够满足农业对水分的需求。

4.3.7.2 典型区暴露性风险评价

暴露性反映一个地区孕灾环境暴露于干旱灾害危险因素(干旱缺水)的程度。将暴露性各个指标因子的量化值按照承灾体暴露性模型进行计算,从而得到各地区1960~2012 年的综合暴露性度量值,将各暴露性风险值求均值,得到多年平均风险值,见表 4-11 和图 4-16。

表 4-11 典型区多年暴露性风险均值

典型区	修文县	榕江县	印江县	湄潭县	纳雍县	兴仁县
多年暴露性风险均值	0.354	0.097	0.117	0.423	0.903	0.415

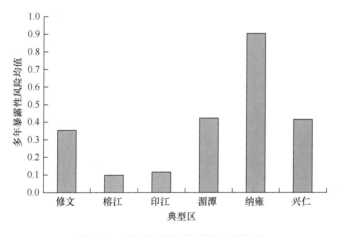

图 4-16 典型区多年暴露性风险均值

通过对比发现,纳雍县风险值明显比其他典型县大,主要是其播种面积和人口密度相对都比较大,一旦遭遇干旱,比其他地区更容易受创。从整体来看,西北、西南部的纳雍县、兴仁县最高,中部的修文县和北部的湄潭县次之,东南、东北部的榕江县、印江县最低。

4.3.7.3 典型区脆弱性风险评价

脆弱性综合反映了干旱灾害的损失程度。一般成灾体的脆弱性越低,灾害损失越小;成灾体的脆弱性越高,灾害损失越大。将脆弱性各个指标因子的量化值,按照承灾体脆弱性模型进行计算,从而得到各地区 1960~2012 年的综合脆弱性度量值,将各脆弱性风险值求均值,得到多年平均风险值,如表 4-12 和图 4-17 所示。

表 4-12　典型区多年脆弱性风险均值

典型区	修文县	榕江县	印江县	湄潭县	纳雍县	兴仁县
多年脆弱性风险均值	0.199	0.232	0.296	0.302	0.341	0.292

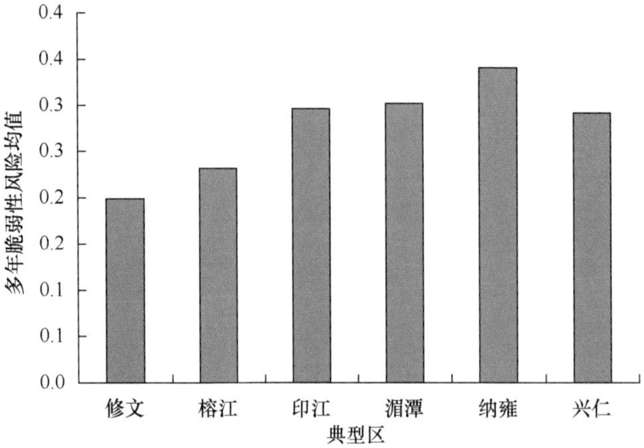

图 4-17　典型区多年脆弱性风险均值

通过对比发现，纳雍县、修文县风险值比印江县、湄潭县、兴仁县大得多。其中，纳雍县的风险值最大主要是其受旱面积比大，受旱面积比反映了耕地的受旱程度，同种灾强下，受旱面积越大，脆弱性越大，受灾损失越大。

4.3.7.4　典型区抗旱能力风险评价

抗旱能力反映了人为对防御和减轻干旱灾害风险的影响。将抗旱能力各个指标因子的量化值按照抗旱能力评价模型进行计算，从而得到各地区 1990~2007 年的综合抗旱能力度量值，将各典型区 1960~2012 年的抗旱能力风险值求均值，得到多年平均风险值，如表 4-13 和图 4-18 所示。

表 4-13　典型区多年抗旱能力风险均值

典型区	修文县	榕江县	印江县	湄潭县	纳雍县	兴仁县
多年抗旱能力风险均值	0.768	0.613	0.663	0.578	0.791	0.834

通过对比发现，兴仁县风险值最大，湄潭县风险值最小，各典型区抗旱能力风险值均小于 1，这说明各典型区在防旱减灾方面都做了一定的工作，尤其在抗旱资金投入方面，国家和地方投入了更多的资金为当地抗旱减灾建设水利工程，并提出相应的政策提高农业技术水平、解决抗旱灌溉和人畜饮水等，也取得了一定的成效，只是不同典型区的成效大小不同。

4.3.7.5　典型区干旱灾害风险评价

干旱灾害风险反映了自然灾害对承灾体的潜在危险和直接危害，依据灾害风险评估

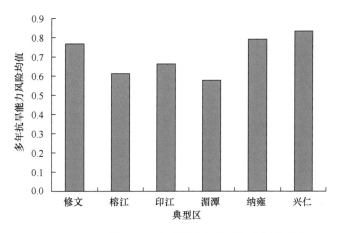

图 4-18 典型区多年抗旱能力风险均值

模型, 综合考虑了致灾因子危险性、承灾体的暴露性和脆弱性, 以及抗旱减灾能力, 得到各典型区 1960~2012 年的旱灾综合风险值, 风险值的大小直接体现了该地区的旱灾风险高低。

将各典型区 1960~2012 年的旱灾综合风险值求均值, 得到多年平均风险值, 如表 4-14 和图 4-19 所示。

表 4-14 典型区多年综合风险均值

典型区	修文县	榕江县	印江县	湄潭县	纳雍县	兴仁县
多年综合风险均值	0.433	0.394	0.383	0.436	0.567	0.481

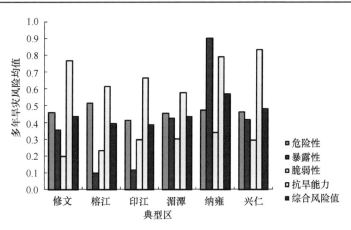

图 4-19 典型区多年综合风险均值

从整体来看, 纳雍县的暴露性、脆弱性因子值最大, 其他因子值也处于较高值, 故其风险值最大; 榕江县虽危险性风险值最大, 但其他因子风险均处于较低水平, 故风险值较低。典型区的干旱灾害风险并不是由单一因素, 如致灾因子危险性、承灾体暴露性和脆弱性以及抗旱减灾能力决定的, 而是 4 个方面因素的综合作用影响的结果, 因此, 在风险较高的年份除去客观因素的影响下, 应当考虑提高农业生产水平、加强完善水利工程设施、加大抗旱减灾力度以便能够有效地抵御灾害对农业产生的影响, 保证区域粮食安全。而对于风险较低的年份来说，典型区表现出了较低的致灾因子风险性，同样在去除客观因素的影响下，建议从承灾体脆弱性方面加强，对抵抗自然灾害起到加强保护作用。

4.3.8　典型区旱灾风险指数与灾害损失回归分析

根据贵州农业灾情统计数据，选择因旱粮食损失率和综合减产系数两个指标来表述灾害损失，具体公式如下：

$$L=(D_1-D_2)\times0.2+(D_2-D_1)\times0.55+D_3\times0.9 \tag{4-30}$$

式中，L 为综合减产系数；D_1 为作物受灾面积占播种面积的比例；D_2 为作物成灾面积占播种面积的比例；D_3 为作物绝收面积占播种面积的比例。

$$F=\Delta Y/Y \tag{4-31}$$

式中，F 为因旱粮食损失率；ΔY 为因旱粮食损失产量；Y 为正常状况下的粮食产量。

4.3.8.1　旱灾风险指数与综合减产系数回归分析

逐年计算 1960~2012 年各典型区综合减产系数，并与之前得到的各典型区的干旱灾害风险指数进行回归分析，以修文县为例，在 SPSS 中先观察散点数据的大致趋势，选择线性、幂函数、指数函数模型，如图 4-20 所示，利用 SPSS 完成模型的参数估计，通过输出的拟合优度、回归系数的显著性检验等参数选择模型。

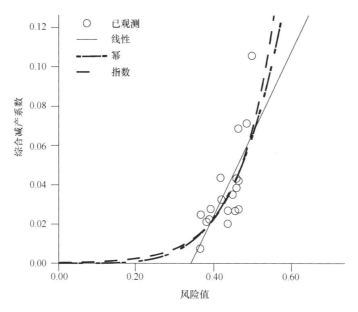

图 4-20　修文县风险指数与综合减产系数回归分析

根据图 4-20，结合输出的参数，从拟合优度来看，指数函数最高，其次是幂函数，线性最低；通过观察方差分析和回归系数的显著性检验可知，系数均满足显著性检验。

故从数据趋势和拟合优度可知，指数函数更加符合实际情况。应用此方法对其他典型区进行风险指数与综合减产系数回归分析，得到各典型区旱灾风险指数与综合减产系数的相关方程，如表4-15所示。

表4-15 各典型区旱灾风险指数与综合减产系数回归方程

典型区	回归方程	相关系数 R
修文县	$y=0.0003e^{11.117x}$	0.772[**]
榕江县		0.187
印江县	$y=0.0038e^{7.101x}$	0.611[**]
湄潭县	$y=0.0021e^{6.900x}$	0.730[**]
纳雍县	$y=0.0001e^{9.671x}$	0.802[**]
兴仁县	$y=0.0026e^{5.718x}$	0.647[**]

**表示通过 $\alpha=0.01$ 的显著性检验。

通过回归分析，修文县、印江县、湄潭县、纳雍县、兴仁县综合减产系数与旱灾风险指数相关系数在0.6以上，通过 $\alpha=0.01$ 的显著性检验，表明两者之间存在明显的正相关关系；据此建立起旱灾风险指数与综合减产系数的联系，为预估典型区的旱灾损失提供一定的参考。榕江县旱灾风险指数与综合减产系数未通过显著性检验，依据现有的有限数据资料暂时无法得出两者明显相关方程，有待进一步完善数据资料进行分析。

4.3.8.2 旱灾风险指数与因旱粮食损失率相关性分析

逐年计算1960~2012年各典型区因旱粮食损失率，并与之前得到的各典型区的干旱灾害风险指数进行回归分析，以榕江县为例，在SPSS中先观察散点数据的大致趋势，选择线性、幂函数、指数函数模型，如图4-21所示，利用SPSS完成模型的参数估计，通过输出的拟合优度、回归系数的显著性检验等参数选择模型。

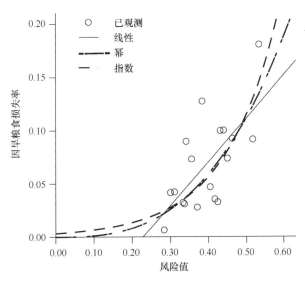

图4-21 榕江县风险指数与因旱粮食损失率回归分析

根据图 4-21，结合输出的参数，从拟合优度来看，指数函数最高，其次是幂函数，线性最低；通过观察方差分析和回归系数的显著性检验可知，系数均满足显著性检验。故从数据趋势和拟合优度可知，指数函数更加符合实际情况。应用此方法对其他典型区进行风险指数与因旱粮食损失率回归分析，得到各典型区旱灾风险指数与因旱粮食损失率的相关方程，如表 4-16 所示。

表 4-16　各典型区旱灾风险指数与因旱粮食损失率回归方程

典型区	回归方程	相关系数 R
修文县		0.345
榕江县	$y=0.8139x^{2.8622}$	0.678**
印江县	$y=2.2223x^{3.6164}$	0.693**
湄潭县	$y=2.8140x^{4.6857}$	0.847**
纳雍县	$y=7.2263x^{8.1730}$	0.788**
兴仁县	$y=0.0011e^{8.2923x}$	0.651**

**表示通过 $\alpha=0.01$ 的显著性检验。

通过回归分析，典型区榕江县、印江县、湄潭县、纳雍县、兴仁县因旱粮食损失率与旱灾风险指数相关系数在 0.6 以上，$\alpha=0.01$ 的显著性检验表明两者之间存在明显正相关关系；据此建立起旱灾风险指数与因旱粮食损失率的联系，为预估典型区的旱灾损失状况提供一定的参考。修文县旱灾风险指数与因旱粮食损失率未通过显著性检验，依据现有的有限数据资料暂时无法得出两者明显相关方程，有待进一步完善数据资料进行分析验证。

通过上述旱灾风险指数与灾害损失回归分析，不仅建立起旱灾风险指数与因旱粮食损失率的联系，同时说明通过指标选取，利用自然灾害风险指数法、层次分析法、加权综合评价法等方法建立模型进行农业干旱灾害风险评价是合理的，其评价结果具有一定的客观性，可以据此模型来评价不同区域农业生产受到干旱灾害影响的风险大小。

4.4　贵州典型区玉米各生育阶段干旱灾害动态风险评价

4.4.1　典型区玉米各生育阶段的划分

统计分析典型区玉米生育期的多年起始时间、全生育期的天数，确定玉米各生长阶段的起止时间。具体划分为 5 个阶段，如表 4-17 所示。

表 4-17　各典型区玉米生育期表

典型区	播种~出苗	出苗~拔节	拔节~抽穗	抽穗~灌浆	灌浆~成熟
修文县	4月17日~4月23日	4月24日~6月3日	6月4日~7月10日	7月11日~7月28日	7月29日~9月2日
榕江县	4月20日~4月26日	4月27日~5月31日	6月1日~7月3日	7月4日~7月19日	7月20日~8月18日
印江县	4月17日~4月23日	4月24日~5月22日	5月23日~6月20日	6月21日~7月4日	7月5日~8月1日
湄潭县	4月8日~4月14日	4月15日~5月20日	5月21日~6月22日	6月23日~7月9日	7月10日~8月9日
纳雍县	4月22日~4月27日	4月28日~6月10日	6月11日~7月20日	7月21日~8月9日	8月10日~9月15日
兴仁县	5月13日~5月19日	5月20日~6月21日	6月22日~7月22日	7月23日~8月5日	8月6日~9月1日

4.4.2 玉米干旱灾害风险指标体系和模型建立

在 4.3.4 节指标体系的基础上,选取适合评价玉米干旱灾害风险的指标建立指标体系,如表 4-18 所示,依据 4.3.5 节的方法进行指标量化,建立如 4.3.6 节的干旱灾害风险指数模型。

表 4-18 玉米干旱灾害动态风险评价指标体系及权重

	因子	副因子	指标体系	权重
玉米干旱灾害风险评估指标体系	危险性(H)0.387	气象	降水量/mm	0.443
			蒸发量/mm	0.387
		土壤	土壤类型	0.170
	暴露性(E)0.155	作物面积	玉米播种面积/10^3hm²	0.750
		人口状况	人口密度/人/km²	0.250
	脆弱性(V)0.265	受旱程度	受旱面积比/%	0.400
		耐旱能力	作物单产/(kg/hm²)	0.600
	抗旱能力(RE)0.193	水利工程	耕地灌溉率/%	0.329
			已建蓄水工程蓄水率/%	0.292
		经济实力	人均纯收入/(元/人)	0.129
			抗旱投入资金比/(元/hm²)	0.146
		农业用水水平	节水率/%	0.105

4.4.3 典型区玉米各生育阶段旱灾风险分析

4.4.3.1 典型区玉米各生育阶段危险性风险分析

对修文县、榕江县、印江县、湄潭县、纳雍县、兴仁县 6 个地区玉米各生育阶段致灾因子的危险性进行评价,以便了解自然因素,特别是极端气候条件(无雨或少雨、蒸发量大等),以及自然地理环境等对玉米各个阶段干旱灾害发生可能性的影响程度,从而制定出合理的干旱灾害应对和管理策略,尽可能地将损失降到最低。

由于资料系列局限,研究选取 1990~2007 年研究区玉米不同生育阶段资料进行分析。将危险性各个指标因子的量化值,按照致灾因子危险性模型进行计算,从而得到各典型区玉米不同生育阶段 1990~2007 年的危险性风险值,如图 4-22 所示。从图中可以看出,典型区玉米各生育阶段危险性风险值在 0~1 之间波动,这主要是由年降水量和蒸发量的不断波动引起的。

将 1990~2007 年各典型区玉米各生育阶段的危险性风险值求均值,得到多年平均风险值,如图 4-23 所示。

a. 通过对比图 4-23 中同一典型区不同生育阶段风险值可以得出以下结论。

(1)修文县玉米全生育期的风险值为 0.588,各生育阶段的危险性风险均值在 0.566~0.728 之间。拔节-抽穗期为玉米的水分临界期,夏旱也经常发生,但该阶段多年降水稳定且充沛,蒸发量不大,降水量基本能够满足该阶段的用水需求,故风险值最低,

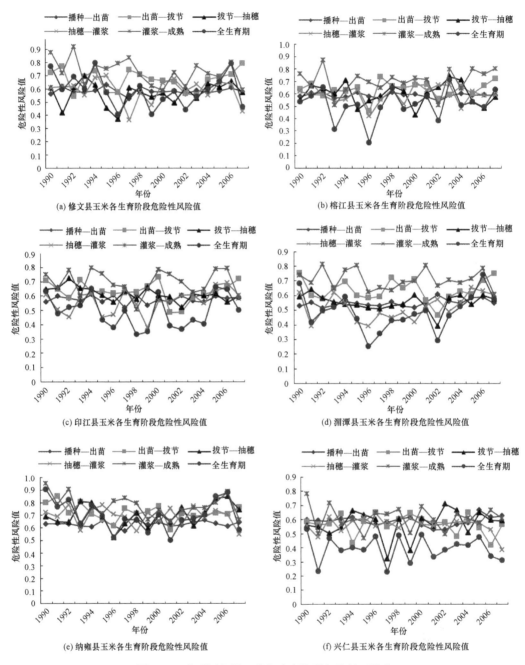

图 4-22　典型区各县玉米各生育阶段危险性风险值

为 0.566；其次是播种-出苗期，该阶段主要是作物种子的萌发，需水量不大，风险相对较低；之后是抽穗-灌浆期，风险值为 0.586；出苗-拔节期的风险值较高，达 0.667，这主要是由于修文处于中度春夏旱过渡区，该阶段发生干旱的频率本来就比较高，而该阶段蒸发强度较降水量明显增大，蒸发强度仅次于灌浆-成熟期，较其他阶段都高；灌浆-成熟期多年的降水波动性比较大，降雨不稳定，而该阶段蒸发量增大，需水量增多，但降水量有小幅度的减少，导致该阶段风险值最大，达到 0.728。

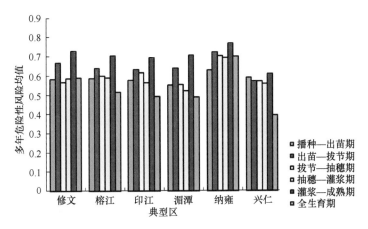

图 4-23 典型区玉米各生育阶段多年危险性风险均值

（2）榕江县玉米全生育期的风险值为 0.515，各生育阶段的危险性风险均值在 0.586~0.704 之间。其中，播种-出苗期的风险值最小（0.586）；其次是抽穗-灌浆期、拔节-抽穗期，风险值分别为 0.589、0.600；风险值较高的是出苗-拔节期，风险值为 0.636，该阶段需水量和降水量相对于播种-出苗期有了明显的提高，但对于榕江县，该阶段降水量的增加在一定程度上还是不能满足作物的需求；风险值最高的是灌浆-成熟期，风险值达到了 0.704，该阶段风险值之所以这么高主要是因为榕江处于中度夏旱区，干旱频率大，而该阶段降水波动幅度大，降水极其不稳定，而该时期是玉米生长的关键时期，对水分反应敏感，需水量大，故而风险最大。

（3）印江县玉米全生育期的风险值为 0.491，各生育阶段的风险值在 0.562~0.694，其中，抽穗-灌浆期的风险值最小（0.562）；其次是播种-出苗期、拔节-抽穗期、出苗-拔节期，风险值分别为 0.575、0.615、0.630；灌浆-成熟期风险值最高，风险值达到了 0.694。总体看来，该县出苗-拔节期、拔节-抽穗期、灌浆-成熟期的风险值较高，主要是该县处于重度夏旱区，在这几个阶段干旱频率大，需水量大，供水量不稳定。

（4）湄潭县玉米全生育期的风险值为 0.486，各生育阶段的风险值在 0.519~0.707。抽穗-灌浆期风险值最小（0.519）；其次是播种-出苗期、拔节-抽穗期，风险值分别为 0.549、0.553；出苗-拔节期、灌浆-成熟期风险值较高，分别为 0.636、0.707。

（5）纳雍县玉米全生育期的风险值为 0.698，各生育阶段的风险值在 0.629~0.768。播种-出苗期的风险值最低，为 0.629，对于该县，该阶段降水量充沛，而作物需水量较少，降水量能够满足种子发芽对水分的需求。其次是抽穗-灌浆期、拔节-抽穗期、出苗-拔节期，风险值分别为 0.629、0.702、0.721；灌浆-成熟期风险值最高，该阶段玉米对水分反应敏感，对水分需要量大，同时该阶段干旱频率较大，降水也比较不规律，故风险较大。

（6）兴仁县玉米全生育期的风险值为 0.392，各生育阶段的风险值在 0.555~0.609，相差不大。抽穗-灌浆期风险最小；其次是出苗-拔节期、拔节-抽穗期；播种-出苗期、灌浆-成熟期风险值较高。

b. 通过对比图 4-23 中同一生育阶段不同典型区风险值可以得出以下结论。

（1）典型区玉米播种-出苗期，位于西北部的纳雍县风险值最大；之后依次是中部的修文县、东南部的榕江县、东北部的印江县、西南部的兴仁县；省北部的湄潭县风险值最小。

（2）典型区玉米出苗-拔节期，该阶段风险值较高的典型区主要是位于中部的修文县和西北部的纳雍县；其次是位于东南部的榕江县、东北部的印江县和北部的湄潭县；风险值较低的是西南部的兴仁县。

（3）典型区玉米拔节-抽穗期，该阶段风险值较高的典型区主要位于西北部的纳雍县，风险值较低的是省北部的湄潭县。

（4）典型区玉米抽穗-灌浆期，除了位于西北部的纳雍县风险值比较大，达到 0.69，其他典型区的风险值都比较接近，中部的修文县风险值为 0.59，东南部的榕江县的风险值为 0.59，东北部的印江县风险值为 0.56，北部的湄潭县风险值最小（0.52），西南部的兴仁县的风险值为 0.56。

（5）典型区玉米灌浆-成熟期，位于西南部的兴仁县的风险值最小（0.61）；位于西北部的纳雍县风险值最大（0.77）；中部的修文县、东南部的榕江县、东北部的印江县、北部的湄潭县风险值介于两者之间，分别为 0.73、0.70、0.69、0.71。

（6）典型区玉米全生育期，风险值波动比较大。位于西北部的纳雍县风险值最大，达到 0.70；其次是位于中部的修文县，风险值为 0.59；位于东南部的榕江县、东北部的印江县、北部的湄潭县风险值比较接近，分别为 0.5 1、0.49、0.49；西南部的兴仁县的风险值风险值最小（0.39）。

4.4.3.2　典型区玉米全生育期暴露性风险分析

对修文县、榕江县、印江县、湄潭县、纳雍县、兴仁县 6 个地区玉米全生育期承灾体的暴露性进行评价，可以了解研究区孕灾环境暴露于干旱灾害危险因素（干旱缺水）的程度。将暴露性各个指标因子的量化值，按照承灾体暴露性模型进行计算，从而得到各典型区玉米全生育期 1990~2007 年的暴露性风险值，如图 4-24 所示。从图中可以看

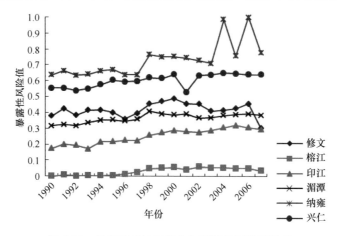

图 4-24　典型区各县玉米全生育期暴露性风险值

出，典型区暴露性风险有逐年缓慢上升的趋势，这主要是随着经济和社会的发展，玉米的种植面积和人口密度逐年增加，使得孕灾环境暴露程度增大，受侵害的程度也会随之增加。

将 1990~2007 年各典型区玉米全生育期的暴露性风险值求均值，得到多年平均风险值，如图 4-25 所示。

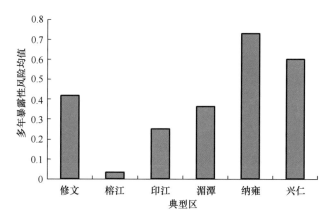

图 4-25　典型区玉米全生育期多年暴露性风险均值

通过对比发现，纳雍县暴露性风险最大，主要是其玉米播种面积和人口密度都相对较大，一旦遭遇干旱，很容易受创。从整体来看，西北、西南部的纳雍县、兴仁县最高，中部的修文县、北部的湄潭县、东北部的印江县次之，东南部的榕江县最低。

4.4.3.3　典型区玉米全生育期脆弱性风险分析

脆弱性综合反映了干旱灾害的损失程度。一般成灾体的脆弱性越低，灾害损失越小；成灾体的脆弱性越高，灾害损失越大。将脆弱性各个指标因子的量化值，按照承灾体脆弱性模型进行计算，从而得到各典型区玉米全生育期 1990~2007 年的脆弱性风险值，如图 4-26 所示。从图中可以看出典型区脆弱性风险有逐年下降的趋势，而且下降趋势相

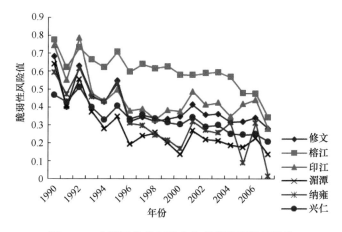

图 4-26　典型区各县玉米全生育期脆弱性风险值

对比较快。这说明，随着抗旱基础设施的建设和人们的投入，受旱面积在逐年减少，玉米单产总体增加，承灾体的脆弱性在降低，抵御灾害的能力在增强。

将 1990~2007 年各典型区玉米全生育期的脆弱性风险值求均值，得到多年平均风险值，如图 4-27 所示。

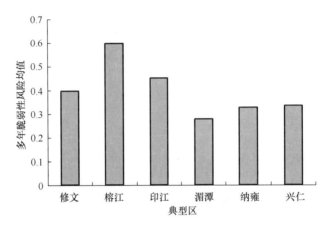

图 4-27　典型区玉米全生育期多年脆弱性风险均值

通过对比发现，榕江县的脆弱性风险值最大，主要是其作物单产低，作物单产客观反映各地区耕地的生产条件好坏和土地压力情况。单产越高，表明同种灾强下御灾能力强、受灾损失相对少，脆弱性小。从整体来看，东南部榕江县最高，东北部印江县次之，北部湄潭县最低。

4.4.3.4　典型区玉米全生育期抗旱能力风险分析

抗旱能力反映了人为对防御和减轻干旱灾害风险的影响，以及受灾区在长期和短期内能从干旱灾害中恢复的程度。将抗旱能力各个指标因子的量化值按照抗旱能力评价模型进行计算，从而得到各典型区玉米全生育期 1990~2007 年的抗旱能力风险值，如图 4-28 所示。从图中可以看出，抗旱能力风险值在多年间呈现逐年缓慢下降的趋势，这说明随

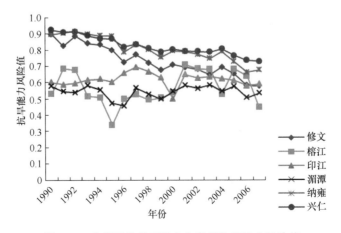

图 4-28　典型区各县玉米全生育期抗旱能力风险值

着经济和社会的进步，各典型区在抵御和减轻灾害方面做了很大的投入和工作，也取得了一定的成效，抗旱减灾能力不断增强。

将 1990~2007 年各典型区玉米全生育期的抗旱能力风险值求均值，得到多年平均风险值，如图 4-29 所示。

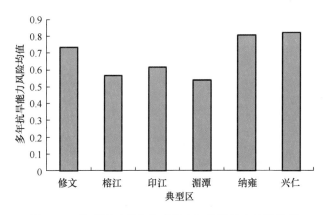

图 4-29　典型区玉米全生育期多年抗旱能力风险均值

通过对比发现，纳雍县、兴仁县风险值较大，主要是其耕地的灌溉面积和旱涝保收面积比较少，在干旱发生的情况下，灌溉的面积越大，或者自身抵御干旱的能力越强，发生旱灾的可能性就越小，风险值就小。在严峻的自然条件下，各地在防旱减灾方面都做了一定的工作，也有一定的成效，只是成效显著程度不同。

4.4.3.5 典型区玉米各生育阶段旱灾风险分析

干旱灾害风险反映了自然灾害对承灾体的潜在危险和直接危害，依据灾害风险评估模型，综合考虑了致灾因子危险性、承灾体的暴露性和脆弱性，以及抗旱减灾能力，得到各典型区玉米不同生育阶段 1990~2007 年的旱灾风险值，如图 4-30 所示，风险值的大小直接体现了该地区的旱灾风险高低。从图中可以看出典型区的旱灾风险有逐年缓慢下降的趋势。这主要是随着典型区社会的发展和经济实力的增强，政府和人民在抗旱方面的经济和物质投入加大，水利基础设施进一步加强，抗旱组织和机构进一步建立和完善，使得抗旱能力逐步提高，旱灾风险有所下降。

将 1990~2007 年各典型区玉米各生育阶段的旱灾风险值求均值，得到多年平均风险值，如图 4-31 所示。

a. 对比图 4-31 中同一典型区不同生育阶段风险值可以得出以下结论。

（1）修文县玉米全生育期的旱灾风险值为 0.540，各生育阶段的旱灾风险均值在 0.531~0.594 之间。拔节-抽穗期的风险值最低（0.531）；其次是播种-出苗期、抽穗-灌浆期，风险值分别为 0.537、0.539，风险相差不大；出苗-拔节期、灌浆-成熟期风险值较大，分别为 0.570、0.594。出苗-拔节期的风险值较高，主要是因为该阶段作物需水量有了一定的增加，而修文县在该阶段发生干旱的频率比较高，降水量不稳定。灌浆-成熟期的风险值最高，这主要是因为该阶段多年的降水波动性比较大，降水不稳定，而该阶段

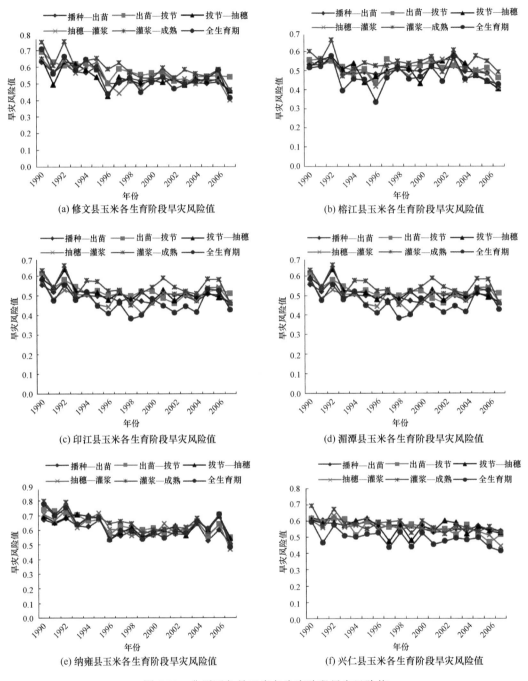

图 4-30　典型区各县玉米各生育阶段旱灾风险值

蒸发量增大，需水量增多，但降水量有小幅度的减少，导致该阶段风险值最大。

　　（2）榕江县玉米全生育期的风险值为 0.472，各生育阶段的旱灾风险均值在 0.499~0.545。其中，播种-出苗期的风险值最小（0.499）；其次是抽穗-灌浆期、拔节-抽穗期，风险值分别为 0.501、0.505；风险值较高的是出苗-拔节期，风险值为 0.519，

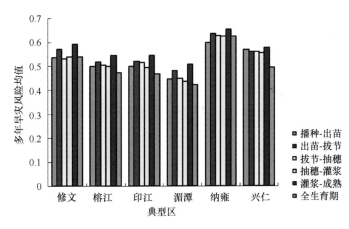

图 4-31　典型区玉米各生育阶段多年旱灾风险均值

该阶段需水量和降水量相对于播种-出苗期有了明显的提高，但对于榕江县，该阶段降水量的增加在一定程度上还是不能满足作物的需求；风险值最高的是灌浆-成熟期，风险值达到了 0.545，该阶段风险值之所以这么高，主要是因为榕江处于重度夏旱区，干旱频率和强度都比较大，而该阶段降水波动幅度大，降水极其不稳定，同时该时期是玉米生长的关键时期，对水分反应敏感，需水量大，故而风险最大。

（3）印江县玉米全生育期的风险值为 0.467，各生育阶段的旱灾风险值在 0.495~0.546。其中，抽穗-灌浆期的风险值最小（0.495）；其次是播种-出苗期、拔节-抽穗期、出苗-拔节期，风险值分别为 0.500、0.515、0.521；灌浆-成熟期风险值最高，风险值达到了 0.546。总体看来，该县出苗-拔节期、拔节-抽穗期、灌浆-成熟期的风险值较高，主要是该县夏季降水量极其不稳定，供水量不足，很容易发生干旱，而这几个阶段又是作物生长的旺季，需水量大。

（4）湄潭县玉米全生育期的风险值为 0.423，各生育阶段的旱灾风险值在 0.436~0.509。抽穗-灌浆期风险值最小（0.436）；其次是播种-出苗期、拔节-抽穗期，风险值分别为 0.448、0.449，风险相差不大；出苗-拔节期、灌浆-成熟期风险值较高，分别为 0.481、0.509。

（5）纳雍县玉米全生育期的风险值为 0.626，各生育阶段的旱灾风险值在 0.599~0.653。播种-出苗期的风险值最低（0.599），该阶段作物需水量较少，降水量能够满足种子发芽对水分的需求。其次是抽穗-灌浆期、拔节-抽穗期、出苗-拔节期，风险值分别为 0.623、0.627、0.635；灌浆-成熟期风险值最高，该阶段玉米对水分反应敏感，对水分需求量大，同时该阶段干旱频率较大，降水也比较不规律，故风险较大。

（6）兴仁县玉米全生育期的风险值为 0.493，各生育阶段的旱灾风险值在 0.557~0.577，相差不大。抽穗-灌浆期风险最小；其次是出苗-拔节期、拔节-抽穗期；播种-出苗期、灌浆-成熟期风险值较高。

b. 通过对比图 4-31 中同一生育阶段不同典型区风险值可以得出以下结论。

（1）典型区玉米播种-出苗期，位于西北部的纳雍县、西南部的兴仁县风险值较大，分别为 0.599、0.570；中部的修文县风险值为 0.537；之后依次是东北部的印江县、东南部的榕江县，风险值分别为 0.500、0.499；位于省北部的湄潭县风险值最小（0.448）。总体来看，玉米播种-出苗期省西部的纳雍县、兴仁县，中部的修文县的风险较高。

（2）典型区玉米出苗-拔节期，位于西北部的纳雍县风险值最大；中部的修文县、西南部的兴仁县，风险值分别为 0.570、0.561；东北部的印江县、东南部的榕江县，风险值分别为 0.521、0.519；位于省北部的湄潭县风险值最小（0.481）。

（3）典型区玉米拔节-抽穗期，位于西北部的纳雍县风险值最大；中部的修文县、西南部的兴仁县次之；位于省北部的湄潭县风险值最小。

（4）典型区玉米抽穗-灌浆期，位于西北部的纳雍县风险值最大（0.623）；西南部的兴仁县、中部的修文县次之，风险值分别为 0.557、0.539；东北部的印江县、东南部的榕江县，风险值分别为 0.495、0.501；位于省北部的湄潭县风险值最小。

（5）典型区玉米灌浆-成熟期，位于西北部的纳雍、中部的修文、西南部的兴仁县风险值较大；东北部的印江县、东南部的榕江县次之；位于省北部的湄潭县风险值最小。

（6）典型区玉米全生育期，位于西北部的纳雍县风险值最大（0.626）；位于中部的修文县，风险值为 0.540；位于西南部的兴仁县、东南部的榕江县、东北部的印江县，风险值分别为 0.493、0、472、0、467；位于省北部的湄潭县风险值最小（0.423）。

4.4.4　典型区玉米各生育阶段旱灾风险指数与灾害损失相关性分析

和其他粮食作物产量一样，玉米产量也受到多种因素的影响，各种影响因素相互间的制约关系也很复杂。随着生产力的发展和社会进步，农技措施也在进一步提高，人们更加注重耕作、施肥、病虫害控制、品种特性、农业生产新技术及其增产措施等，社会投入加大，各种相互因素都在朝着有利于玉米产量增加的趋势发展，使得玉米产量在一定程度上呈现总体增加的趋势，该产量称为玉米的时间技术趋势产量，简称趋势产量，它反映了一定历史时期的社会生产发展水平。

趋势产量的模拟方法很多，常用的方法有多项式模拟，如三次多项式、滑动直线平均模拟、线性模拟、分段模拟等。研究对典型区 1950~2012 年的玉米单产采用三次多项式模拟，建立趋势产量方程（表 4-19）；玉米实际产量与趋势产量如图 4-32~图 4-37 所示，由图亦可以明显地体现出农业技术水平的提高、社会经济的发展等对农作物产量的贡献，具有渐进性和稳定性，典型区玉米单产随着时间的增长而增加（波动线表示）。

农业干旱灾害主要表现为粮食的减产。在得出玉米趋势产量后，可以用玉米实际产量和趋势产量来评估玉米产量的变化情况。

$$Y=(y-y_t)/y_t \tag{4-32}$$

式中，y 为玉米实际产量；y_t 为随时间延长、生产水平提高而不断上升的产量，即趋势

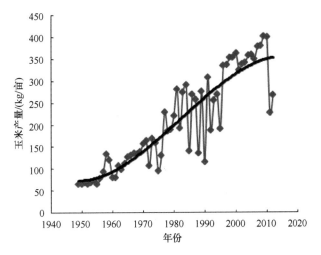

图 4-32　修文县实际产量和趋势产量

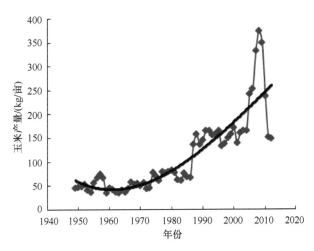

图 4-33　榕江县实际产量和趋势产量

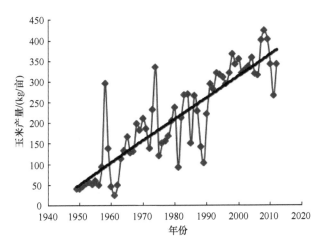

图 4-34　印江县实际产量和趋势产量

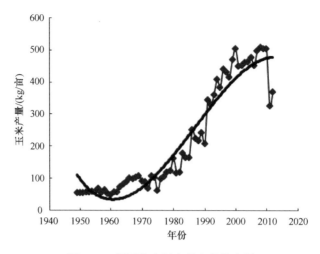

图 4-35　湄潭县实际产量和趋势产量

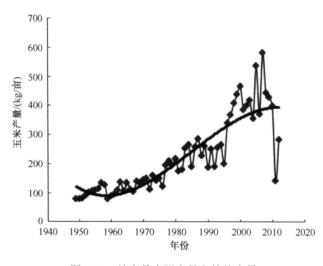

图 4-36　纳雍县实际产量和趋势产量

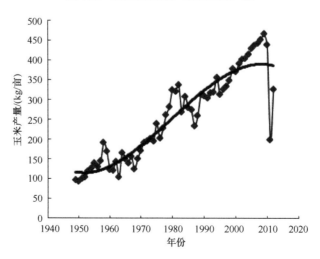

图 4-37　兴仁县实际产量和趋势产量

表 4-19 各典型区玉米趋势产量方程

典型区	玉米趋势产量方程	相关系数 R
修文县	$y=-0.0019x^3+0.1966x^2-0.4292x+73.496$	0.900
榕江县	$y=-0.0002x^3+0.1068x^2-2.7112x+60.952$	0.874
印江县	$y=-0.0001x^3-0.0104x^2+5.5672x+39.2248$	0.863
湄潭县	$y=-0.0063x^3+0.7324x^2-15.454x+125.53$	0.961
纳雍县	$y=-0.004x^3+0.4422x^2-7.8255x+128.67$	0.874
兴仁县	$y=-0.0031x^3+0.2916x^2-1.9751x+119.08$	0.928

产量；Y 为玉米的产量变化情况，Y 为正值的年份即为增产年，大小为增产率，Y 为负值的年份即为减产年，大小为减产率。

实际上引起粮食减产的原因往往是多方面的。在粮食总减产量中，有干旱、洪涝、冰雹、病虫害等气象灾害引起的减产量，也有播种面积减少引起粮食产量的减少，对于贵州典型区，在某一减产年，其灾害种类较少，且以干旱为主，因此，可用该减产百分率来评估典型区玉米的干旱灾害。将得出的典型区玉米各生育阶段风险值与得出的玉米产量波动情况进行相关性分析，可以在干旱风险和产量之间建立一个联系，通过干旱风险的预测，可以相对应地估算受该干旱风险影响的产量波动情况。

4.4.4.1 典型区玉米干旱致灾阈值的时间分布

干旱致灾阈值是指当干旱致灾因子达到多少时，会对人类或社会生产等方面产生较大的影响，形成灾年，它表征的是干旱致灾因子的一个"临界条件"。研究涉及玉米的干旱致灾阈值是指当干旱灾害风险值达到多少时，会对玉米的产量形成较大影响，因旱减产强度达到成灾级别。

致灾阈值的时间分布指，典型区玉米因旱减产强度达到成灾级别，即减产率达到 5% 时，玉米各个生育阶段的风险值的分布情况。由于不同时段玉米致灾因子危险性、承灾体的暴露性、脆弱性和抗旱能力不尽相同，所以各个地区玉米发生干旱灾害的临界风险值也不同。临界风险值越小，说明减产的可能性就越大，越容易发生干旱减产。

1）修文县

修文县玉米各生育阶段干旱灾害风险值和产量变化百分率关系如图 4-38 所示，两者之间的关系方程和相关系数见表 4-20。

由图 4-38 和表 4-20 可得出，修文县玉米各生育阶段风险值和产量变化百分率之间存在明显的负相关关系。当减产率达到 5% 时，拔节-抽穗期的临界风险值为 0.548，在各阶段中最小，该阶段为玉米一生中最重要的阶段，对各种条件要求较高，修文县该阶段临界风险值最低，说明当发生旱灾风险时，该阶段造成减产的可能性最大；其次依次是播种-出苗期临界风险值为 0.550、抽穗-灌浆期临界风险值为 0.559、全生育期临界风险值为 0.562、出苗-拔节期临界风险值为 0.588；灌浆-成熟期的临界风

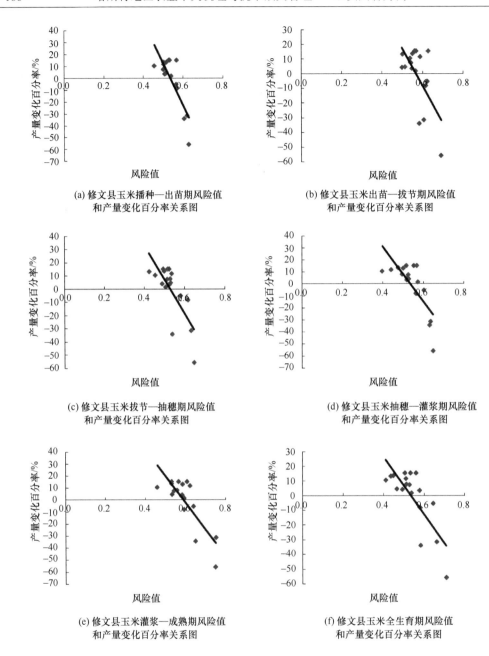

图 4-38 修文县玉米各生育阶段风险值和产量变化百分率关系图

表 4-20 修文县玉米各生育阶段风险值和产量变化百分率方程

生育阶段	风险值和产量变化百分率相关方程	相关系数 R
播种-出苗期	$y=-3.5181x+1.8844$	0.820
出苗-拔节期	$y=-2.5376x+1.4414$	0.629
拔节-抽穗期	$y=-2.5714x+1.3599$	0.747
抽穗-灌浆期	$y=-2.2533x+1.2085$	0.750
灌浆-成熟期	$y=-2.2151x+1.3097$	0.809
全-生育期	$y=-1.9622x+1.0531$	0.777

险值为 0.614，在各阶段中最大，说明在各生育阶段发生同样的干旱灾害，该阶段造成减产的可能性最小。

2）榕江县

榕江县玉米各生育阶段干旱灾害风险值和产量变化百分率关系之间的关系方程和相关系数见表 4-21。

表 4-21 榕江县玉米各生育阶段风险值和产量变化百分率方程

生育阶段	风险值和产量变化百分率相关方程	相关系数 R
播种-出苗期	$y=-4.5775x+2.2396$	0.872
出苗-拔节期	$y=-2.9397x+1.4785$	0.737
拔节-抽穗期	$y=-2.5138x+1.2219$	0.715
抽穗-灌浆期	$y=-2.0513x+0.9796$	0.713
灌浆-成熟期	$y=-1.5737x+0.8108$	0.602
全生育期	$y=-1.3037x+0.5682$	0.624

由表 4-21 可以得出，榕江县玉米各生育阶段风险值和产量变化百分率之间存在着明显的负相关关系。当减产率达到 5%时，播种-出苗期的临界风险值为 0.500，在各阶段中最小，说明榕江县发生干旱灾害风险，该阶段造成减产的可能性最大；其次依次是抽穗-灌浆期临界风险值为 0.502、拔节-抽穗期临界风险值为 0.506、出苗-拔节期临界风险值为 0.520；灌浆-成熟期的临界风险值为 0.547，在各阶段中最大，说明在各生育阶段发生同样的干旱灾害，该阶段造成减产的可能性最小。

3）印江县

印江县玉米各生育阶段干旱灾害风险值和产量变化百分率关系之间的关系方程和相关系数见表 4-22。

表 4-22 印江县玉米各生育阶段风险值和产量变化百分率方程

生育阶段	风险值和产量变化百分率相关方程	相关系数 R
播种-出苗期	$y=-1.6425x+0.874$	0.731
出苗-拔节期	$y=-0.9406x+0.5431$	0.649
拔节-抽穗期	$y=-0.7446x+0.4364$	0.638
抽穗-灌浆期	$y=-1.5021x+0.7962$	0.664
灌浆-成熟期	$y=-1.2000x+0.7077$	0.781
全生育期	$y=-0.9189x+0.4821$	0.669

由表 4-22 可以得出，印江县玉米各生育阶段风险值和产量变化百分率之间存在着明显的负相关关系。当减产率达到 5%时，播种-出苗期、抽穗-灌浆期的临界风险值均为 0.563，在各阶段中最小，说明各生育阶段发生干旱灾害风险，该阶段造成减产的可能性最大；其次依次是全生育期临界风险值为 0.579、出苗-拔节期临界风险值为 0.631、灌浆-成熟期的临界风险值为 0.631；拔节-抽穗期临界风险值为 0.654，在各阶段中最大，

说明在各生育阶段发生同样的干旱灾害，该阶段造成减产的可能性最小。

4）湄潭县

湄潭县玉米各生育阶段干旱灾害风险值和产量变化百分率关系之间的关系方程和相关系数见表 4-23。

表 4-23　湄潭县玉米各生育阶段风险值和产量变化百分率方程

生育阶段	风险值和产量变化百分率相关方程	相关系数 R
播种-出苗期	$y=-2.5902x+1.2182$	0.777
出苗-拔节期	$y=-1.6225x+0.8388$	0.680
拔节-抽穗期	$y=-1.5733x+0.7650$	0.632
抽穗-灌浆期	$y=-1.7546x+0.8234$	0.815
灌浆-成熟期	$y=-1.3570x+0.7481$	0.617
全生育期	$y=-1.2379x+0.5818$	0.751

由表 4-23 可以得出，湄潭县玉米各生育阶段风险值和产量变化百分率之间存在着明显的负相关关系。当减产率达到 5%时，播种-出苗期的临界风险值为 0.490，在各阶段中最小，说明各生育阶段发生干旱灾害风险，该阶段造成减产的可能性最大；其次依次是抽穗-灌浆期临界风险值为 0.498、全生育期临界风险值为 0.510、拔节-抽穗期临界风险值为 0.518、出苗-拔节期临界风险值为 0.548；灌浆-成熟期的临界风险值为0.588，在各阶段中最大，说明在各生育阶段发生同样的干旱灾害，该阶段造成减产的可能性最小。

5）纳雍县

纳雍县玉米各生育阶段干旱灾害风险值和产量变化百分率关系之间的关系方程和相关系数见表 4-24。

表 4-24　纳雍县玉米各生育阶段风险值和产量变化百分率方程

生育阶段	风险值和产量变化百分率相关方程	相关系数 R
播种-出苗期	$y=-4.8556x+2.9365$	0.952
出苗-拔节期	$y=-3.7437x+2.4042$	0.850
拔节-抽穗期	$y=-3.3910x+2.1548$	0.779
抽穗-灌浆期	$y=-3.6239x+2.2864$	0.928
灌浆-成熟期	$y=-3.1777x+2.1020$	0.874
全生育期	$y=-2.6348x+1.6763$	0.822

由表 4-24 可以得出，纳雍县玉米各生育阶段风险值和产量变化百分率之间存在着明显的负相关关系。当减产率达到 5%时，播种-出苗期的临界风险值为 0.615，在各阶段中最小，说明各生育阶段发生干旱灾害风险，该阶段造成减产的可能性最大；其次依次是抽穗-灌浆期临界风险值为 0.645、拔节-抽穗期临界风险值为 0.650、全生育期临界风险值为0.655、出苗-拔节期临界风险值为 0.656；灌浆-成熟期的临界风险值为 0.677，在各阶段中

最大，说明在各生育阶段发生同样的旱灾，该阶段造成减产的可能性最小。

6）兴仁县

兴仁县玉米各生育阶段干旱灾害风险值和产量变化百分率关系之间的关系方程和相关系数见表 4-25。

表 4-25 兴仁县玉米各生育阶段风险值和产量变化百分率方程

生育阶段	风险值和产量变化百分率相关方程	相关系数 R
播种-出苗期	$y=-1.9180x+1.1120$	0.862
出苗-拔节期	$y=-1.6139x+0.9253$	0.799
拔节-抽穗期	$y=-0.5738x+0.3418$	0.586
抽穗-灌浆期	$y=-1.5074x+0.8583$	0.719
灌浆-成熟期	$y=-0.8976x+0.5377$	0.692
全生育期	$y=-0.8968x+0.4617$	0.710

由表 4-25 可以得出，兴仁县玉米各生育阶段风险值和产量变化百分率之间存在着明显的负相关关系。当减产率达到 5%时，抽穗-灌浆期的临界风险值为 0.603，在各阶段中最小，该阶段为玉米关键生长阶段，对各种条件要求高，兴仁县该阶段临界风险值最低，说明兴仁县各生育阶段发生干旱灾害风险，该阶段造成减产的可能性最大；其次依次是出苗-拔节期临界风险值为 0.604、播种-出苗期临界风险值为 0.606、灌浆-成熟期临界风险值为 0.655；拔节-抽穗期的临界风险值为 0.683，在各阶段中最大，说明在各生育阶段发生同样的干旱灾害，该阶段造成减产的可能性最小。

4.4.4.2 典型区玉米干旱致灾阈值的空间分布

干旱灾害的发生与气象、地质地貌、水文环境及社会等因素密切相关，因此具有地域性，即使在相同的条件下，不同地区自然地理环境条件、经济水平和抵御干旱的能力各不相同，发生干旱灾害的临界风险值也不同。因此，可以根据典型区玉米不同生育阶段风险值和产量变化百分率之间的关系，研究各个生育阶段当减产率达到成灾级别（即减产率达到 5%）时，干旱致灾阈值的空间分布。

由图 4-39 典型区各县干旱致灾阈值的分布情况可知：①播种-出苗期，湄潭县和榕江县为风险临界值较小的地区，风险值均小于等于 0.5，说明随着干旱灾害风险的增大，这两个地区较其他地区更易造成减产。风险临界值较大的地区为兴仁县和纳雍县，两者的风险值均大于 0.6，分别为 0.606 和 0.615。修文县和印江县的临界风险值介于 0.5~0.6，分别为 0.550 和 0.563。②出苗-拔节期，干旱致灾阈值的较大的地区主要为研究区西北部的纳雍县、东北部的印江县和西南部的兴仁县，其中，纳雍县的干旱致灾阈值的最大，为 0.656；该阶段致灾阈值低值区为东南部的榕江县。③拔节-抽穗期，干旱灾害风险临界值最小的为省东南部的榕江县，风险临界值为 0.506；干旱灾害风险临界值最大的为省西南部的兴仁县，风险临界值为 0.683。④抽穗-灌浆期，湄潭县和榕江县为风险临界值较小的地区，风险值分别为 0.498 和 0.502，说明随着干旱灾害风险的增大，这两个地区较其他地区更易造成减产。风险临界值较大的地区为兴仁县和纳雍县，两者的风险值均大于 0.6，分别为 0.603 和 0.645。修文县和印江县的临界风险值介于 0.5~0.6，分别为 0.559 和 0.563。⑤灌浆-成熟期，致灾阈值最小的为省东南部的榕江县，风险临界值为 0.547；其次是省北部的湄潭县；致灾阈值高值区主要集中于省西部，其中，省西北部的纳雍县风险临界值最大，最不易发生干旱减产。⑥全生育期，榕江县为风险临界值最小的地区，风险值仅为 0.474，说明随着干旱灾害风险的增大，该地区较其他地区更易造成减产。风险临界值最大的地区为省西北部的纳雍县，其风险值已超过 0.6，达到 0.655，与其他典型县相比最不容易发生干旱减产。修文县、印江县、湄潭县、兴仁县的临界风险值介于 0.5~0.6。

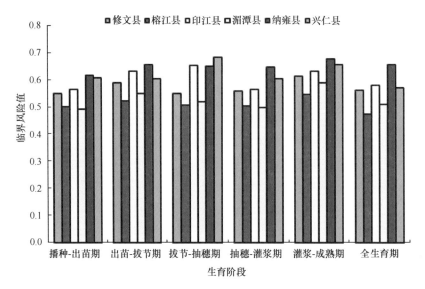

图 4-39　典型区各县玉米各生育阶段干旱致灾阈值的空间分布图

4.5　贵州典型区小麦各生育阶段干旱灾害动态风险评价

4.5.1　典型区小麦各生育阶段的划分

　　统计分析典型区小麦生育期的多年起始时间、全生育期的天数，确定小麦各生长阶段的起止时间。具体划分为 5 个阶段，见表 4-26。

表 4-26　各典型区小麦生育期表

典型区	播种-出苗期	出苗-分蘖期	分蘖-拔节期	拔节-抽穗期	抽穗-成熟期
修文县	10 月 15 日~10 月 22 日	10 月 23 日~2 月 7 日	2 月 8 日~3 月 7 日	3 月 8 日~3 月 17 日	3 月 18 日~4 月 26 日
榕江县	10 月 19 日~10 月 26 日	10 月 27 日~2 月 10 日	2 月 11 日~3 月 11 日	3 月 12 日~3 月 22 日	3 月 23 日~5 月 2 日
印江县	10 月 10 日~10 月 17 日	10 月 18 日~1 月 25 日	1 月 26 日~2 月 20 日	2 月 21 日~3 月 1 日	3 月 2 日~4 月 11 日
湄潭县	10 月 8 日~10 月 15 日	10 月 16 日~2 月 8 日	2 月 9 日~3 月 9 日	3 月 10 日~3 月 20 日	3 月 21 日~4 月 30 日
纳雍县	10 月 25 日~11 月 1 日	11 月 2 日~2 月 25 日	2 月 26 日~3 月 28 日	3 月 29 日~4 月 8 日	4 月 9 日~5 月 25 日
兴仁县	10 月 12 日~10 月 19 日	10 月 20 日~2 月 11 日	2 月 12 日~3 月 12 日	3 月 13 日~3 月 23 日	3 月 24 日~5 月 4 日

4.5.2 小麦干旱灾害风险指标体系和模型建立

在 4.3.4 指标体系基础上，选取适合评价小麦干旱灾害风险指标，建立指标体系，如表 4-27 所示，依据 4.3.5 的方法进行指标的量化，建立如 4.3.6 的干旱灾害风险指数模型。

表 4-27　小麦干旱灾害动态风险评价指标体系及权重

	因子	副因子	指标体系	权重
小麦干旱灾害风险评估指标体系	危险性（H）0.387	气象	降水量/mm	0.443
			蒸发量/mm	0.387
		土壤	土壤类型	0.170
	暴露性（E）0.155	作物面积	小麦播种面积/10^3hm^2	0.750
		人口状况	人口密度/（人/km^2）	0.250
	脆弱性（V）0.265	受旱程度	受旱面积比/%	0.400
		耐旱能力	作物单产/（kg/hm^2）	0.600
	抗旱能力（RE）0.193	水利工程	耕地灌溉率/%	0.329
			已建蓄水工程蓄水率/%	0.292
		经济实力	人均纯收入/（元/人）	0.129
			抗旱投入资金比/（元/hm^2）	0.146
		农业用水水平	节水率/%	0.105

4.5.3 典型区小麦各生育阶段旱灾风险分析

4.5.3.1 典型区小麦各生育阶段危险性风险分析

对修文县、榕江县、印江县、湄潭县、纳雍县、兴仁县 6 个地区小麦各生育阶段致灾因子的危险性进行评价，有助于了解自然因素，特别是极端气候条件（无雨或少雨、蒸发量大等），以及自然地理环境等对小麦各个阶段干旱灾害发生可能性的影响程度，从而制定出合理的干旱灾害应对和管理策略，尽可能地将损失降为最低。

由于资料系列局限，研究选取 1990~2007 年研究小麦不同生育阶段资料进行分析。将危险性各个指标因子的量化值，按照致灾因子危险性模型进行计算，从而得到各典型区小麦不同生育阶段 1990~2007 年的危险性风险值，如图 4-40 所示。从图中可以看出，典型区小麦各生育阶段危险性风险值在 0~1 之间波动，这主要是因为在小麦生育阶段内，降水量和蒸发量在多年间不断波动引起的。

将 1990~2007 年各典型区小麦各生育阶段的危险性风险值求均值，得到多年的平均风险值，如图 4-41 所示。

a. 通过对比图 4-41 中同一典型区不同生育阶段风险值可以得出以下结论。

（1）修文县小麦全生育期的风险值为 0.516；播种-出苗期、出苗-分蘖期、拔节-抽穗期、抽穗-成熟期风险值分别为 0.511、0.618、0.551、0.588；分蘖-拔节期风险值为 0.575。播种-出苗期的风险值最低，该阶段主要是作物种子的萌发，需水量不大，风险相对

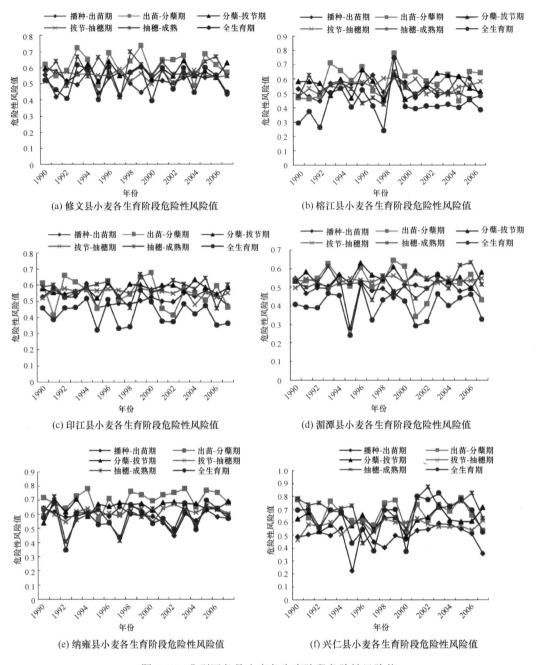

图 4-40　典型区各县小麦各生育阶段危险性风险值

较低；其次是拔节-抽穗期、分蘖-拔节期，这两个阶段的降水量比较少，使得风险值比较大，但由于这两个阶段蒸发量小，使得总体风险值比较小。出苗-分蘖期、抽穗-成熟期的风险值比较大，主要是这两个阶段的降水量少，而蒸发又比较大，使得整体的风险值偏大。

（2）榕江县小麦全生育期的风险值为 0.422；播种-出苗期风险值为 0.545；出苗-分蘖期、分蘖-拔节期、拔节-抽穗期、抽穗-成熟期风险分别为 0.590、0.559、0.549、

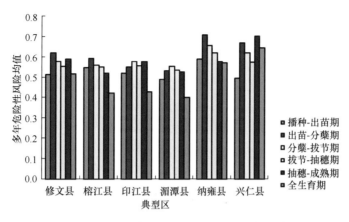

图 4-41 典型区小麦各生育阶段多年危险性风险均值

0.519。其中，抽穗-成熟期的风险值最小，该阶段降雨比较大，蒸发量少，使得总体风险比较小；其次是播种-出苗期、拔节-抽穗期、分蘖-拔节期，这几个阶段降雨量都比较少，使得降雨量风险值比较大，但蒸发量少，蒸发量风险值很小，故总体风险较低；出苗-分蘖期风险值最大，该阶段降雨量少，而且蒸发量比较大，总体风险比较高。

（3）印江县小麦全生育期的风险值为 0.426；各生育阶段的风险值在 0.519~0.576之间。其中，播种-出苗期的风险值最小（0.519）；其次是出苗-分蘖期、拔节-抽穗期，风险值分别为 0.549、0.555；分蘖-拔节期、抽穗-成熟期风险值最高，达到了0.576。

（4）湄潭县小麦全生育期的风险值为 0.400；各生育阶段的风险值在 0.487~0.552 之间。播种-出苗期风险值最小（0.487）；其次是抽穗-成熟期、出苗-分蘖期、拔节-抽穗期，风险值分别为 0.523、0.530、0.535；分蘖-拔节期风险值最大（0.552）。

（5）纳雍县小麦全生育期的风险值为 0.570。各生育阶段的风险值在 0.576~0.706 之间。抽穗-成熟期的风险值最低，达到 0.576；其次是播种-出苗期、拔节-抽穗期，风险值分别为 0.589、0.618；分蘖-拔节期、出苗-分蘖期风险值较大，分别为 0.655、0.706。

（6）兴仁县小麦全生育期的风险值为 0.642；各生育阶段的风险值在 0.493~0.667 之间。播种-出苗期风险值最小（0.493）；其次是拔节-抽穗期、分蘖-拔节期，风险值分别为 0.574、0.619；出苗-分蘖期、抽穗-成熟期风险值较高，分别为 0.667、0.699。

b. 通过对比图 4-41 中同一生育阶段不同典型区风险值可以得出以下结论。

（1）典型区小麦播种-出苗期，位于西北部的纳雍县风险值最大；之后依次是东南部的榕江县、东北部的印江县、中部的修文县、西南部的兴仁县；位于省北部的湄潭县风险值最小。

（2）典型区小麦出苗-分蘖期，该阶段风险值较高的典型区主要是位于西北部的纳雍县和西南部的兴仁县；其次是位于中部的修文县、东南部的榕江县、东北部的印江县；风险值最低的是北部的湄潭县。总体来看，该阶段位于省西部和中部的典型区风险较高。

（3）典型区小麦分蘖-拔节期，该阶段风险值较高的典型区主要是位于西北部的纳雍县和西南部的兴仁县；风险值较低的是省北部的湄潭县。总体来看，该阶段位于省西部的典型区风险较高。

（4）典型区小麦拔节-抽穗期，除了位于西北部的纳雍县风险值比较大，达到0.618，其他典型区的风险值都比较接近，西南部的兴仁县的风险值为0.574，东北部的印江县风险值为0.555，中部的修文县风险值为0.551，东南部的榕江县的风险值为0.549，北部的湄潭县风险值最小（0.535）。

（5）典型区小麦抽穗-成熟期，位于西南部的兴仁县的风险值最大（0.699）；位于东南部的榕江县风险值最小；介于两者之间的依次为中部的修文县、西北部的纳雍县、东北部的印江县、北部的湄潭县。

（6）典型区小麦全生育期，风险值波动比较大。位于西南部的兴仁县的风险值最大；其次是位于西北部的纳雍县、中部的修文县；东北部的印江县、东南部的榕江县风险值比较接近，分别为0.426、0.422；位于北部的湄潭县风险值最小。

4.5.3.2　典型区小麦全生育期暴露性风险分析

对修文县、榕江县、印江县、湄潭县、纳雍县、兴仁县6个地区小麦全生育期承灾体的暴露性进行评价，可以了解研究地区孕灾环境暴露于干旱灾害危险因素（干旱缺水）的程度。将暴露性各个指标因子的量化值，按照承灾体暴露性模型进行计算，从而得到各典型区小麦全生育期1990~2007年的暴露性风险值，如图4-42所示。从图中可以看出，修文县、兴仁县暴露性风险有逐年缓慢上升的趋势，这主要是随着经济和社会的发展，小麦的种植面积和人口密度逐年增加，使得孕灾环境暴露程度增大，受侵害的程度也会随之增加。榕江县、印江县、湄潭县、纳雍县的暴露性风险呈现先缓慢上升再下降的趋势，主要是这几个地方虽然人口密度逐年增加，但是小麦的种植面积先增加后减少，而且播种面积引起的风险变化在暴露性风险中占的比重比较大。

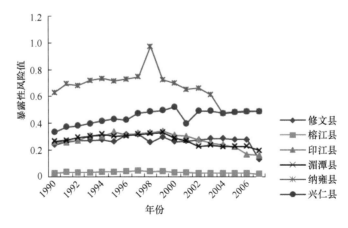

图4-42　典型区各县小麦全生育期暴露性风险值

将1990~2007年各典型区小麦全生育期的暴露性风险值求均值，得到多年的平均风险值,如图 4-43 所示。

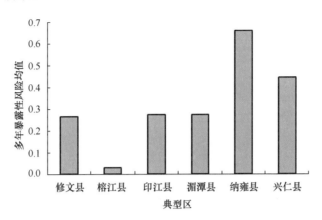

图 4-43 典型区小麦全生育期多年暴露性风险均值

通过对比发现,纳雍县暴露性风险最大,主要是其小麦播种面积和人口密度都相对比较大,一旦遭遇干旱,很容易受创。从整体来看,西北、西南部的纳雍县、兴仁县最高,北部的湄潭县、东北部的印江县、中部的修文县次之,东南部的榕江县最低。

4.5.3.3 典型区小麦全生育期脆弱性风险分析

脆弱性综合反映了干旱灾害的损失程度。成灾体的脆弱性越低,灾害损失越小;反之,灾害损失越大。将脆弱性各个指标因子的量化值按照承灾体脆弱性模型进行计算,从而得到各典型区小麦全生育期 1990~2007 年的脆弱性风险值,如图 4-44 所示。

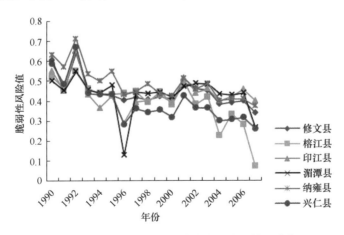

图 4-44 典型区各县小麦全生育期脆弱性风险值

从图 4-44 中可以看出典型区脆弱性风险有逐年下降的趋势,而且下降趋势相对比较快。这说明,随着抗旱基础设施的建设和人们的投入,受旱面积在逐年减少,小麦单产逐年增加,承灾体的脆弱性在降低,抵御灾害的能力在增强。

将 1990~2007 年各典型区小麦全生育期的脆弱性风险值求均值,得到多年的平均风险值，如图 4-45 所示。

通过对比发现，纳雍县的风险值最大，主要是其小麦单产低，作物单产客观反映各地区耕地的生产条件好坏和土地压力情况，单产越高，表明同种灾强下御灾能力强、受灾损失相对少，脆弱性小。

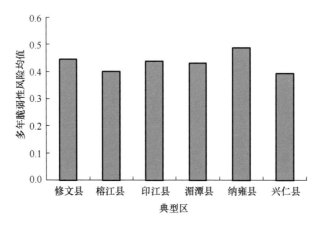

图 4-45　典型区小麦全生育期多年脆弱性风险均值

4.5.3.4　典型区小麦全生育期抗旱能力风险分析

抗旱能力反映了人为对防御和减轻干旱灾害风险的影响，以及受灾区在长期和短期内能从干旱灾害中恢复的程度。将抗旱能力各个指标因子的量化值，按照抗旱能力评价模型进行计算，从而得到各典型区小麦全生育期 1990~2007 年的抗旱能力风险值，如图4-46 所示。

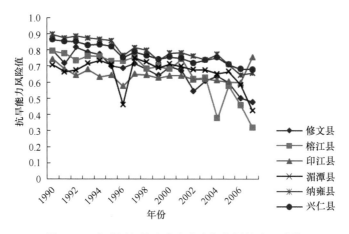

图 4-46　典型区各县小麦全生育期抗旱能力风险值

从图中可以看出，抗旱能力风险值在多年间呈现逐年缓慢下降的趋势，这说明随着经济和社会的进步，各典型区在抵御和减轻灾害方面做了很大的投入和工作，也取得了一定的成效，抗旱减灾能力不断增强。

　　将 1990~2007 年各典型区小麦全生育期的抗旱能力风险值求均值，得到多年的平均风险值，如图 4-47 所示。

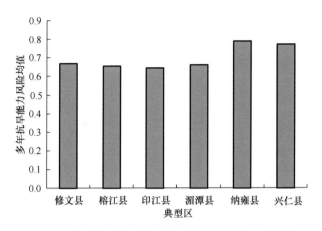

图 4-47　典型区小麦全生育期多年抗旱能力风险均值

　　通过对比发现，纳雍县、兴仁县风险值较大，主要是其耕地的灌溉面积和旱涝保收面积比较少，在干旱发生的情况下，灌溉的面积越大，或者自身抵御干旱的能力越强，发生旱灾的可能性就越小，风险值就小。在严峻的自然条件下，各地在防旱减灾方面都做了一定的工作，也有一定的成效，只是成效的大小不同。

4.5.3.5　典型区小麦各生育阶段旱灾风险分析

　　干旱灾害风险反映了自然灾害对承灾体的潜在危险和直接危害，依据灾害风险评估模型，综合考虑了致灾因子危险性、承灾体的暴露性和脆弱性，以及抗旱减灾能力，得到各典型区小麦不同生育阶段 1990~2007 年的旱灾风险值，如图 4-48 所示，风险值的大小直接体现了该地区的旱灾风险高低。从图中可以看出典型区的旱灾风险有逐年缓慢下降的趋势。这主要是随着典型区社会的发展和经济实力的增强，政府和人民在抗旱方面的经济和物质投入加大，水利基础设施进一步加强，抗旱组织和机构进一步建立和完善，使得抗旱能力逐步提高，旱灾风险有所下降。

　　对 1990~2007 年各典型区小麦各生育阶段的旱灾风险值求均值，得到多年的平均风险值，如图 4-49 所示。

　　a. 通过对比图 4-49 中同一典型区不同生育阶段风险值可以得出以下结论。

　　（1）修文县小麦全生育期的旱灾风险值为 0.488，各生育阶段的旱灾风险均值在 0.486~0.528 之间。播种-出苗期的风险值最低，为 0.486，该阶段主要是作物出苗，需水量少，而修文县该阶段的蒸发强度减少，土壤水分基本能够满足出苗对水分的需求；其次是拔节-抽穗期、分蘖-拔节期、抽穗-成熟期，风险相差不大。出苗-分蘖期的风险值较高，主要是因为该阶段虽然小麦的植株比较小，耗水量少，但干旱会使小麦分蘖减少，不能正常生长，修文县在该阶段的降水量减少、蒸发量增加，两者引起的风险都比较大。

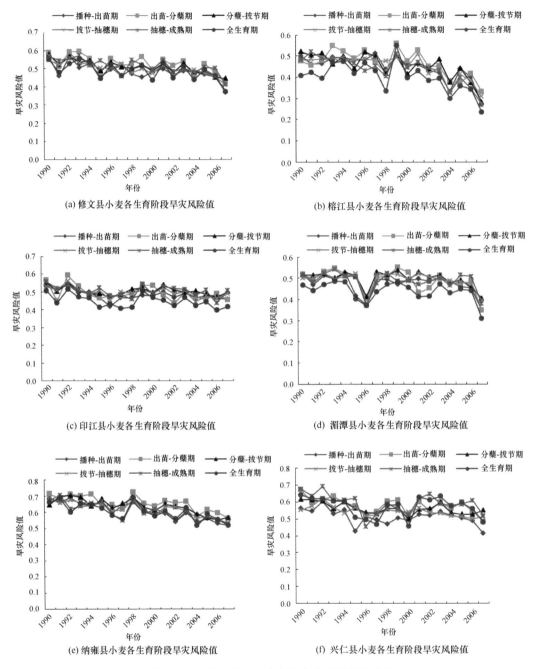

图 4-48　典型区各县小麦各生育阶段旱灾风险值

（2）榕江县小麦全生育期的风险值为 0.401，各生育阶段的旱灾风险均值在 0.438~0.466 之间。其中，抽穗-成熟期的风险值最小（0.438）；其次是播种-出苗期、拔节-抽穗期、分蘖-拔节期，风险值分别为 0.448、0.450、0.454；风险值较高的是出苗-分蘖期，风险值为 0.466，该阶段需水量相对于播种-出苗期有了明显的提高，但对于榕江县，该阶段降水量的减少，在一定程度上不能满足作物对水分的需求，同时该时期是小麦生长的关键时期，干旱会使小麦分蘖减少，不能正常生长。

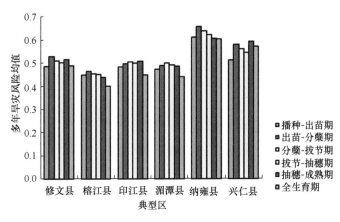

图 4-49 典型区小麦各生育阶段多年旱灾风险均值

（3）印江县小麦全生育期的风险值为 0.448，各生育阶段的旱灾风险值在 0.484~0.506 之间。其中，播种-出苗期的风险值最小（0.484）；其次是出苗-分蘖期、拔节-抽穗期，风险值分别为 0.495、0.498；分蘖-拔节期、抽穗-成熟期风险值最高，风险值达到了 0.506。总体看来，该县分蘖-拔节期、抽穗-成熟期的风险值较高。

（4）湄潭县小麦全生育期的风险值为 0.439，各生育阶段的旱灾风险值在 0.473~0.498 之间。播种-出苗期风险值最小（0.473）；其次是抽穗-成熟期、出苗-分蘖期，风险值分别为 0.487、0.489，风险相差不大；拔节-抽穗期、分蘖-拔节期风险值较高，分别为 0.491、0.498。

（5）纳雍县小麦全生育期的风险值为 0.605，各生育阶段的旱灾风险值在 0.612~0.657 之间。播种-出苗期的风险值最低，为 0.612，对于该县，该阶段降水量充沛，而作物需水量较少，降水量能够满足种子发芽对水分的需求。其次是抽穗-成熟期、拔节-抽穗期、分蘖-拔节期，风险值分别为 0.607、0.623、0.637；出苗-分蘖期风险值最高，该阶段小麦的植株比较小，耗水量少，但是干旱会使小麦分蘖减少，不能正常生长，而且会使小麦从分蘖开始期到分蘖普遍期的时间延长，严重的干旱还会导致冬小麦不能产生分蘖，从而对产量产生较大的影响。

（6）兴仁县小麦全生育期的风险值为 0.571，各生育阶段的旱灾风险值在 0.513~0.593 之间。播种-出苗期风险最小；其次是拔节-抽穗期、分蘖-拔节期、出苗-分蘖期；抽穗-成熟期风险值最高。

b. 通过对比图 4-49 中同一生育阶段不同典型区风险值可以得出以下结论。

（1）典型区小麦播种-出苗期，位于西北部的纳雍县、西南部的兴仁县风险值较大，分别为 0.612、0.513；中部的修文县、东北部的印江县、北部的湄潭县，风险值分别为 0.486、0.484、0.473；位于省东南部的榕江县风险值最小（0.448）。总体来看，小麦播种-出苗期省西部纳雍县、兴仁县风险较高。

（2）典型区小麦出苗-分蘖期，位于西北部的纳雍县、西南部的兴仁县风险值较大，分别为 0.657、0.580；中部的修文县、东北部的印江县、北部的湄潭县，风险值分别为 0.528、0.495、0.489；位于省东南部的榕江县风险值最小（0.466）。总体来看，小麦出苗-分蘖期省西部纳雍县、兴仁县风险较高。

（3）典型区小麦分蘖-拔节期，位于西北部的纳雍县、西南部的兴仁县风险值较大，分别为0.637、0.562；中部的修文县、东北部的印江县、北部的湄潭县，风险值分别为0.511、0.506、0.498；位于省东南部的榕江县风险值最小（0.454）。总体来看，小麦分蘖-拔节期省西部纳雍县、兴仁县风险较高。

（4）典型区小麦拔节-抽穗期，位于西北部的纳雍县、西南部的兴仁县风险值较大，分别为0.623、0.544；中部的修文县、东北部的印江县、北部的湄潭县，风险值分别为0.502、0.498、0.491；位于省东南部的榕江县风险值最小（0.450）。总体来看，小麦拔节-抽穗期省西部纳雍县、兴仁县风险较高。

（5）典型区小麦抽穗-成熟期，位于西北部的纳雍县、西南部的兴仁县风险值较大，分别为0.607、0.593；中部的修文县、东北部的印江县、北部的湄潭县，风险值分别为0.516、0.506、0.487；位于省东南部的榕江县风险值最小（0.438）。总体来看，小麦抽穗-成熟期省西部纳雍县、兴仁县风险较高。

（6）典型区小麦全生育期，位于西北部的纳雍县、西南部的兴仁县风险值较大，分别为0.605、0.571；中部的修文县风险值为0.488；东北部的印江县、北部的湄潭县、东南部的榕江县，风险值分别为0.448、0.439、0.401。总体来看，小麦全生育期省西部纳雍县、兴仁县风险较高。

4.5.4　典型区小麦各生育阶段旱灾风险指数与灾害损失相关性分析

和其他粮食作物产量一样，小麦产量也受到多种因素的影响，各种影响因素相互间的制约关系也很复杂。随着生产力的发展和社会的进步，农技措施也在进一步提高，人们更加注重耕作、施肥、病虫害控制、品种特性、农业生产新技术及其增产措施等，社会投入加大，各种相互因素都在朝着有利用于小麦产量增加的趋势发展，使得小麦的产量在一定程度上呈现出一定的趋势，该产量称为小麦的时间技术趋势产量，简称趋势产量，它反映了一定历史时期的社会生产发展水平。

趋势产量的模拟方法很多，常用的方法有：多项式模拟如三次多项式、滑动直线平均模拟、线性模拟、分段模拟等。对典型区1950~2012年的小麦单产采用三次多项式模拟，建立的趋势产量方程和相关系数见表4-28；小麦实际产量与趋势产量如图4-50~图4-55所示，由图亦可以明显地体现出农业技术水平的提高、社会经济的发展等对农作物产量的贡献，具有渐进性和稳定性，典型区小麦单产随着时间增加（波动线表示）。

将得出的典型区小麦各生育阶段风险值与得出的小麦产量波动情况做一个相关性分析。通过两者的相关性分析，可以在干旱风险和产量之间建立一个联系，通过干旱风险的预测，可以相对应地估算一下对应于该干旱风险的产量的波动情况。

4.5.4.1　典型区小麦干旱致灾阈值的时间分布

干旱致灾阈值是指当干旱致灾因子达到多少时，会对人类或社会生产等方面产生较

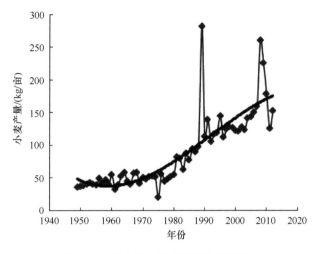

图 4-50 修文县实际产量和趋势产量

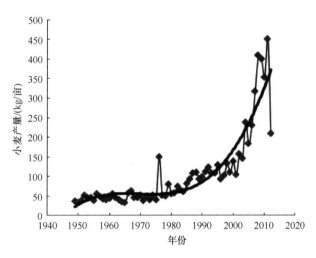

图 4-51 榕江县实际产量和趋势产量

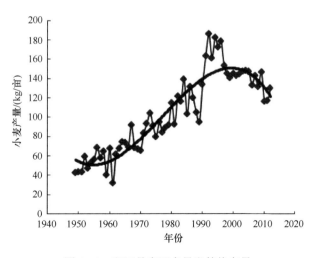

图 4-52 印江县实际产量和趋势产量

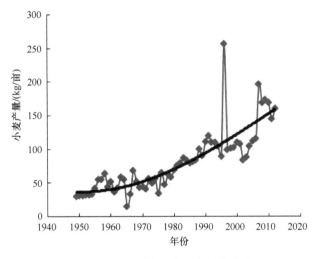

图 4-53　湄潭县实际产量和趋势产量

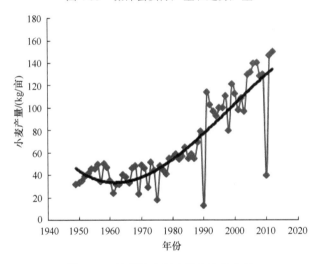

图 4-54　纳雍县实际产量和趋势产量

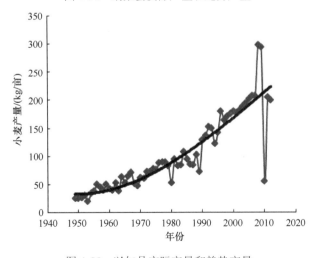

图 4-55　兴仁县实际产量和趋势产量

表 4-28 各典型区小麦趋势产量方程

典型区	小麦趋势产量方程	相关系数 R
修文县	$y=-0.0007x^3+0.1104x^2-2.0731x+48.467$	0.834
榕江县	$y=0.0048x^3-0.3227x^2+6.6357x+14.457$	0.910
印江县	$y=-0.0018x^3+0.1606x^2-1.6637x+55.804$	0.911
湄潭县	$y=-0.0002x^3+0.0483x^2-0.2913x+37.374$	0.839
纳雍县	$y=-0.0003x^3+0.0705x^2-1.7303x+45.982$	0.885
兴仁县	$y=-0.0003x^3+0.0118x^2+1.0336x+28.144$	0.878

大的影响，形成灾年，它表征的是干旱致灾因子的一个"临界条件"。本书中小麦的干旱致灾阈值是指当干旱灾害风险值达到多少时，会对小麦的产量形成较大影响，因旱减产强度达到成灾级别。

致灾阈值的时间分布指的是，典型区小麦因旱减产强度达到成灾级别，即减产率达到 5%时，小麦各个生育阶段的风险值的分布情况。由于不同时段小麦致灾因子危险性、承灾体的暴露性、脆弱性和抗旱能力不尽相同，所以各个地区小麦发生干旱灾害的临界风险值也不同。临界风险值越小，说明减产的可能性就越大，越容易发生干旱减产。

1）修文县

修文县小麦各生育阶段干旱灾害风险值和产量变化百分率关系如图 4-56 所示，两者之间的关系方程和相关系数如表 4-29 所示。

由图 4-56 和表 4-29 可以得出，修文县小麦各生育阶段风险值和产量变化百分率之间存在着明显的负相关关系。当减产率达到 5%时，播种-出苗期的临界风险值为 0.482，在各阶段中最小，说明修文县发生旱灾风险，该阶段造成减产的可能性最大；其次依次是全生育期临界风险值为 0.484、拔节-抽穗期临界风险值为 0.495、分蘖-拔节期临界风险值为 0.506、抽穗-成熟期临界风险值为 0.510；出苗-分蘖期的临界风险值为 0.524，在各阶段中最大，说明在各生育阶段发生同样的干旱灾害，该阶段造成减产的可能性最小。

2）榕江县

榕江县小麦各生育阶段干旱灾害风险值和产量变化百分率关系之间的关系方程和相关系数见表 4-30。

由表 4-30 可以得出，榕江县小麦各生育阶段风险值和产量变化百分率之间存在着明显的负相关关系。当减产率达到 5%时，抽穗-成熟期的临界风险值为 0.378，在各阶段中最小，榕江县该阶段临界风险值最低，说明榕江县发生干旱灾害风险，该阶段造成减产的可能性最大；其次依次是播种-出苗期临界风险值为 0.392、拔节-抽穗期临界风险值为 0.402、分蘖-拔节期临界风险值为 0.405；出苗-分蘖期的临界风险值为 0.408，在各阶段中最大，说明在各生育阶段发生同样的旱灾，该阶段造成减产的可能性最小。

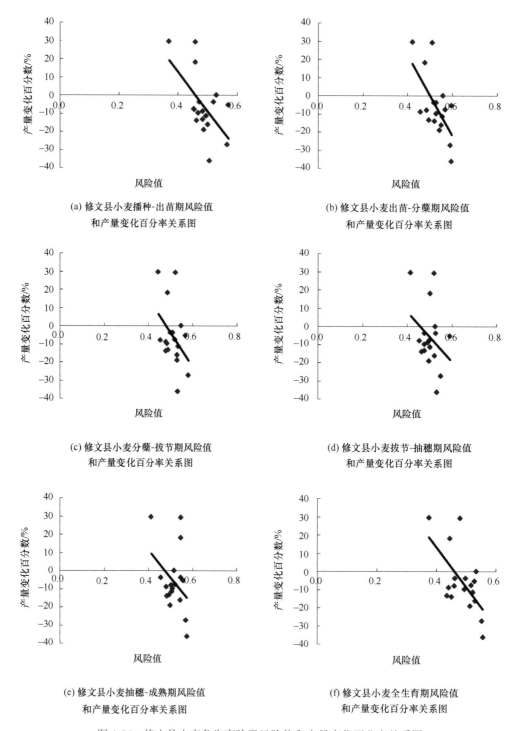

图 4-56　修文县小麦各生育阶段风险值和产量变化百分率关系图

3）印江县

印江县小麦各生育阶段干旱灾害风险值和产量变化百分率关系之间的关系方程和相关系数见表 4-31。

表 4-29　修文县小麦各生育阶段风险值和产量变化百分率方程

生育阶段	风险值和产量变化百分率相关方程	相关系数 R
播种-出苗期	$y=-2.1497x+0.9867$	0.570
出苗-分蘖期	$y=-2.2376x+1.1217$	0.631
分蘖-拔节期	$Y=-1.8953x+0.9097$	0.408
拔节-抽穗期	$Y=-1.3618x+0.6242$	0.313
抽穗-成熟期	$Y=-1.4790x+0.7044$	0.359
全生育期	$Y=-2.1899x+1.0103$	0.620

表 4-30　榕江县小麦各生育阶段风险值和产量变化百分率方程

生育阶段	风险值和产量变化百分率相关方程	相关系数 R
播种-出苗期	$Y=-1.2594x+0.4436$	0.698
出苗-分蘖期	$Y=-1.2318x+0.4527$	0.688
分蘖-拔节期	$y=-1.4581x+0.5405$	0.784
拔节-抽穗期	$y=-1.4975x+0.5526$	0.755
抽穗-成熟期	$y=-1.1835x+0.3976$	0.699
全生育期	$y=-1.1519x+0.3407$	0.724

表 4-31　印江县小麦各生育阶段风险值和产量变化百分率方程

生育阶段	风险值和产量变化百分率相关方程	相关系数 R
播种-出苗期	$y=-2.8334x+1.3927$	0.508
出苗-分蘖期	$y=-2.1257x+1.0746$	0.568
分蘖-拔节期	$y=-5.5021x+2.8051$	0.805
拔节-抽穗期	$y=-3.3919x+1.7104$	0.588
抽穗-成熟期	$y=-2.9044x+1.4913$	0.562
全生育期	$y=-2.4905x+1.1375$	0.565

由表 4-31 可以得出，印江县小麦各生育阶段风险值和产量变化百分率之间存在着明显的负相关关系。当减产率达到 5%时，播种-出苗期的临界风险值为 0.509，在各阶段中最小，说明各生育阶段发生干旱灾害风险，该阶段造成减产的可能性最大；其次依次是分蘖-拔节期临界风险值为 0.519、拔节-抽穗期临界风险值为 0.519、出苗-分蘖期的临界风险值为 0.529；抽穗-成熟期临界风险值为 0.531，在各阶段中最大，说明在各生育阶段发生同样的干旱灾害，该阶段造成减产的可能性最小。

4）湄潭县

湄潭县小麦各生育阶段干旱灾害风险值和产量变化百分率关系之间的关系方程和相关系数见表 4-32。

由表 4-32 可以得出，湄潭县小麦各生育阶段风险值和产量变化百分率之间存在着明显的负相关关系。当减产率达到 5%时，播种-出苗期的临界风险值为 0.483，在各阶段中最小，说明各生育阶段发生旱灾风险，该阶段造成减产的可能性最大；其次依次是抽穗-成熟期临界风险值为 0.495、拔节-抽穗期临界风险值为 0.498、出苗-分蘖期临

表 4-32 　湄潭县小麦各生育阶段风险值和产量变化百分率方程

生育阶段	风险值和产量变化百分率相关方程	相关系数 R
播种-出苗期	$y=-4.3935x+2.0719$	0.762
出苗-分蘖期	$y=-3.2521x+1.5842$	0.652
分蘖-拔节期	$y=-6.2082x+3.0863$	0.820
拔节-抽穗期	$y=-6.8431x+3.3579$	0.856
抽穗-成熟期	$y=-5.6265x+2.7342$	0.875
全生育期	$y=-3.7595x+1.6440$	0.655

界风险值为 0.503；分蘖-拔节期的临界风险值为 0.505，在各阶段中最大，说明在各生育阶段发生同样的旱灾，该阶段造成减产的可能性最小。全生育期的临界风险值为 0.451。

5）纳雍县

纳雍县小麦各生育阶段干旱灾害风险值和产量变化百分率关系之间的关系方程和相关系数见表 4-33。

表 4-33 　纳雍县小麦各生育阶段风险值和产量变化百分率方程

生育阶段	风险值和产量变化百分率相关方程	相关系数 R
播种-出苗期	$y=-1.4459x+0.8651$	0.586
出苗-分蘖期	$y=-2.3673x+1.5363$	0.757
分蘖-拔节期	$y=-1.7294x+1.0831$	0.592
拔节-抽穗期	$y=-2.2619x+1.3898$	0.705
抽穗-成熟期	$y=-2.5641x+1.5363$	0.866
全生育期	$y=-2.9161x+1.7441$	0.836

由表 4-33 可以得出，纳雍县小麦各生育阶段风险值和产量变化百分率之间存在着明显的负相关关系。当减产率达到 5%时，抽穗-成熟期的临界风险值为 0.619，在各阶段中最小，说明各生育阶段发生干旱灾害风险，该阶段造成减产的可能性最大；其次依次是播种-出苗期临界风险值为 0.633、拔节-抽穗期临界风险值为 0.637、分蘖-拔节期临界风险值为 0.655；出苗-分蘖期的临界风险值为 0.670，在各阶段中最大，说明在各生育阶段发生同样的干旱灾害，该阶段造成减产的可能性最小。

6）兴仁县

兴仁县小麦各生育阶段干旱灾害风险值和产量变化百分率关系之间的关系方程和相关系数见表 4-34。

表 4-34 　兴仁县小麦各生育阶段风险值和产量变化百分率方程

生育阶段	风险值和产量变化百分率相关方程	相关系数 R
播种-出苗期	$y=-2.4636x+1.2888$	0.571
出苗-分蘖期	$y=-2.1570x+1.2768$	0.506
分蘖-拔节期	$y=-4.9727x+2.8192$	0.826
拔节-抽穗期	$y=-3.0989x+1.7114$	0.561
抽穗-成熟期	$y=-2.1824x+1.3187$	0.648
全生育期	$y=-1.8547x+1.0838$	0.573

由表 4-34 可以得出，兴仁县小麦各生育阶段风险值和产量变化百分率之间存在着明显的负相关关系。当减产率达到 5%时，播种-出苗期的临界风险值为 0.543，在各阶段中最小，兴仁县该阶段临界风险值最低，说明兴仁县各生育阶段发生干旱灾害风险，该阶段造成减产的可能性最大；其次依次是拔节-抽穗期临界风险值为 0.568、分蘖-拔节期临界风险值为 0.577、出苗-分蘖期临界风险值为 0.615；抽穗-成熟期的临界风险值为 0.627，在各阶段中最大，说明在各生育阶段发生同样的干旱灾害，该阶段造成减产的可能性最小。全生育期的临界风险值为 0.611。

4.5.4.2 典型区小麦干旱致灾阈值的空间分布

干旱灾害的发生与气象、地质地貌、水文环境及社会等因素密切相关，因此，具有地域性，即使在相同的条件下，不同地区自然地理环境条件、经济水平和抵御干旱的能力各不相同，发生干旱灾害的临界风险临界风险值也不同。因此，可以根据典型区小麦不同生育阶段风险值和产量变化百分率之间的关系，研究各个生育阶段当减产率达到成灾级别（即减产率达到 5%）时，干旱致灾阈值的空间分布。

由图 4-57 典型区各县干旱致灾阈值的分布情况可知：①播种-出苗期，干旱灾害风险临界值最小的为省东南部的榕江县，风险临界值为 0.392；其次是中部的修文县、北部的湄潭县和东北部的印江县；风险临界值较大的地区为西南部的兴仁县和西北部的纳雍县，两者的风险值分别为 0.543、0.633，说明随着干旱灾害风险的增大，这两个地区较其他地区更不易造成减产。②出苗-分蘖期，干旱致灾阈值较大的地区主要为研究区西北部的纳雍县、西南部的兴仁县，其中，纳雍县的干旱致灾阈值最大（0.670）；该阶段致灾阈值低值区为东南部的榕江县。③分蘖-拔节期，干旱灾害风险临界值最小的为省东南部的榕江县，风险临界值为 0.405；干旱灾害风险临界值最大的为省西北部的纳雍县，风险临界值为 0.655。④拔节-抽穗期，榕江县为风险临界值最小的地区，

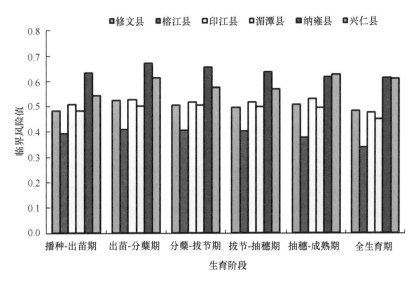

图 4-57 典型区各县小麦各生育阶段干旱致灾阈值的空间分布图

风险值为 0.402，说明随着干旱灾害风险的增大，该地区较其他地区更易造成减产。风险临界值较大的地区为兴仁县和纳雍县，两者的风险值分别为 0.568、0.637。修文县、湄潭县、印江县的临界风险值介于 0.50~0.53 之间，分别为 0.495、0.498、0.519。⑤抽穗-成熟期，致灾阈值最小的为省东南部的榕江县，风险临界值为 0.378；其次是省北部的湄潭县、中部的修文县、东北部的印江县；致灾阈值高值区主要集中于省西部，其中，省西南部的兴仁县风险临界值最大，最不易发生干旱减产。⑥全生育期，榕江县为风险临界值最小的地区，风险值仅为 0.339，说明随着干旱灾害风险的增大，该地区较其他地区更易造成减产。风险临界值较大的地区为省西北部的纳雍县和西南部的兴仁县，风险值已超过 0.6，分别达到 0.615、0.611，与其他典型县相比最不容易发生干旱减产。修文县、印江县、湄潭县的临界风险值介于 0.4~0.5 之间。

4.6　结　　论

本研究根据自然灾害风险评价理论和干旱灾害风险的形成原理，建立不同模型对贵州干旱灾害进行风险评估：一方面建立了基于信息扩散理论的风险评估模型，对不同旱灾成灾面积指数下风险进行评估；另一方面选取致灾因子危险性、承灾体暴露性和脆弱性，以及抗旱减灾能力作为风险评估的定量指标，指标的选取方面考虑了"自然因素和社会因素相结合的角度来研究干旱风险的问题较为全面"这一条件，充分利用降水资料、灾害统计资料和社会经济背景资料等，建立贵州干旱灾害风险评估模型，再对贵州进行干旱风险评估。

（1）从基于信息扩散理论的风险评估模型评估结果可以得出，随着贵州省各市（州）旱灾成灾程度的增加，成灾风险概率值总体上呈现下降态势，总体上，铜仁市旱灾风险最大，其次为黔西地区，而贵阳因为水利化设施比较完善，因此，旱灾风险最小。但贵州地区总体上旱灾风险较大，因此，贵州旱灾研究工作非常具有必要性。

（2）通过对致灾因子危险性评估模型、成灾环境敏感性评估模型、承灾体易损性评估模型和防灾减灾能力评估模型的分析，利用将其进行加权叠加，得到贵州省农业干旱灾害风险的分区结果图表明：风险较高的区域为贵州省北部的遵义一带和西部的毕节一带。风险较低的为中部的贵阳、黔南和黔东南一带，以及铜仁和黔东南东部小部分区域。

（3）在对贵州整体进行风险评估的基础上，选取修文县、榕江县、印江县、湄潭县、纳雍县、兴仁县 6 个地区作为典型区，从致灾因子危险性、承灾体暴露性和脆弱性，以及抗旱减灾能力角度出发，以年为时间尺度对典型区的干旱灾害风险进行分析，并通过各典型区旱灾风险指数与因旱粮食损失、综合减产系数的回归分析，建立起旱灾风险指数与因旱粮食损失、综合减产系数的联系；同时以玉米、小麦作为贵州典型区干旱风险评估的研究对象，对其不同生育阶段干旱灾害风险的时间和空间分布情况进行了分析，并将得到的干旱灾害风险指数和玉米、小麦的产量波动情况进行了相关性分析，建立起干旱灾害风险指数和产量的联系。

5 贵州农业干旱灾害预测预警

通过对干旱规律的研究探求描述干旱及灾损过程的量化方法，并对旱灾的发生提前作出预测，为防灾减灾服务。本章建立了干旱和旱灾预测模型，并以贵州省 6 个典型县为例对干旱灾害进行预测，以期建立符合贵州省不同地区特征的干旱灾害预测模型。

5.1 基于作物缺水率指标的农业干旱预测

5.1.1 贵州省作物缺水率预测模型

5.1.1.1 研究方法

1）农业灌溉需水量

区域农业灌溉总需水量由下式计算：

$$W_r = \frac{W_0}{\beta} \tag{5-1}$$

式中，W_r 为折算到水源的灌溉用水量，即满足灌区作物生长所需的水源地取水量（m^3）；W_0 为区域作物总的净需水量（m^3）；β 为灌溉水利用系数，是农业灌溉净需水量等于毛需水量与灌溉水利用系数的乘积。

区域作物总的净需水量由农业作物种植结构、每种作物需水量和灌溉面积决定，总的净需水量计算公式如下：

$$W_0 = \frac{\sum_{j=1}^{N} \mathrm{ET}_j A_j}{1000} \tag{5-2}$$

式中，W_0 为灌区田间总的净需水量（万 m^3）；ET_j 为第 j 种作物的需水量（mm）；A_j 为第 j 种作物的实际灌溉面积（hm^2）；N 为灌区的作物种类。

其中，ET_j 的计算公式如下：

$$\mathrm{ET}_j = K_{cj}\mathrm{ET}_{0j} \tag{5-3}$$

式中，ET_j 为第 j 种作物的需水量（mm）；K_{cj} 为第 j 种作物的作物系数，无量纲；ET_{0j} 为第 j 种作物的参考需水量，彭曼-蒙特斯（Penman-Monteith）公式可作为推荐的标准计算方法（mm）。

2）农业灌溉可供水量

水源可供水量是水资源供需分析的基础内容之一。可供水量指考虑需水要求、工程设施等可提供的水量。这里的可供水量只考虑地表水源工程，包括蓄、引、提水工程、调水工程等。

$$W = \sum_{i=1}^{n} W_i \qquad (5\text{-}4)$$

式中，W 代表计算期内区域可供农业用水量（m^3）；W_i 代表计算期内区域各种水利工程可供农业用水量（i=1，2，3，4）分别代表蓄、引、提水工程取水及调水工程取水（m^3）。

3）有效降水量

区域总的有效降水量 P_0 的计算公式如下：

$$P_0 = \frac{\sum_{i=1}^{m} \alpha_i P_i A_i}{1000} \qquad (5\text{-}5)$$

式中，P_0 为计算时段内区域总有效降水量（m^3）；P_i 为计算时段内区域 i 的降水量总量（mm）。α 为区域 i 降雨有效利用系数，据有关成果，当 $P \leqslant 5mm$ 时，$\alpha=0$；当 $5mm < P \leqslant 50mm$ 时，$\alpha=0.75$；当 $P > 50mm$ 时，$\alpha=0.7$，无量纲。A_i 为区域 i 的面积（m^2）。

4）作物缺水率

作物缺水率的计算公式如下：

$$D_w = \frac{W_r - W - P_0}{W_r} \times 100\% \qquad (5\text{-}6)$$

式中，D_w 代表区域各种作物总的缺水率（%）；W_r 代表计算期内各种作物实际需水量（m^3）；W 代表同期可用或实际提供的灌溉水量（m^3）。

5）干旱等级划分标准

结合《贵州省地方干旱标准》（DB 52/T501—2006），将基于作物缺水率指标的干旱等级进一步划分为 5 个等级，旱情等级划分标准见表 5-1。

表 5-1 作物缺水率旱情等级划分

旱情等级	无旱	轻旱	中旱	重旱	特旱
作物缺水率 D_w	$0 \leqslant D_w \leqslant 5$	$5 < D_w \leqslant 20$	$20 < D_w \leqslant 35$	$35 < D_w \leqslant 50$	$D_w > 50$

5.1.1.2 预测步骤

首先，搜集区域作物种植结构、种植制度、作物系数、灌溉水利工程的分布和供水状况、降水和气温等气象资料和未来短期内的相关资料，然后利用式（5-1）~式（5-6）计算出供需水量和缺水率；最后，将缺水率与表 5-1 中的干旱等级划分标准比较，就可以对干旱等级进行预测。

5.1.2 贵州省历史农业干旱模拟

5.1.2.1 基础资料

贵州全省多年平均水资源量为 1054.87 亿 m³，总量丰富，但由于山高坡陡、河流比降大等因素，水资源开发利用程度低，用水成本高，工程性缺水严重。水利工程建设方面，截至 2010 年末，全省共建成各类水利工程 4.56 万处，有效灌溉面积 1317.59 khm²。根据统计得出不同时段贵州省各县区水利工程工业供水、生活供水等数据。贵州省灌溉水利用系数见表 5-2。

表 5-2　2012 年贵州省不同区域灌溉水利用系数

分区名称	黔中温和中春夏旱区	黔东温暖重夏旱区	黔北温暖中夏旱区	黔西北温凉重春旱区	黔西南温热中春旱区	全省
灌溉水利用系数	0.475	0.465	0.45	0.425	0.430	0.434

5.1.2.2 历史干旱模拟

由于贵州省大季在田农作物主要为水稻，且水稻灌溉用水量占总灌溉用水量的绝大部分，故以水稻灌溉缺水率代表相应区域农作物缺水率，主要计算 2009 年 7 月到当年大季生长期结束时的缺水率。根据前述方法计算出该时段的有效降雨量，供灌溉水量以及水稻的需水量，见表 5-3。

将以上数据代入式（5-6），计算出作物缺水率，见表 5-4。

由于小季在田作物中油菜播种移栽时间与水稻的收割时间基本衔接，所以以油菜灌溉缺水率作为相应区域小季农作物缺水率。计算各地大季生长期结束到次年 5 月小季作物的缺水率。结果如表 5-5 所示。

把水稻和油菜的缺水率与 2009~2010 年相应时段实际旱情进行比对，结果表明在考虑水利工程补给后的各市（州）情况比较符合实际。同时，通过该模型可以计算出水利工程在贵州抗旱减灾过程中发挥的巨大作用。

以典型县为例，对多年作物缺水率的预测模型进行验证，分析该方法的可靠性。

5.1.3 贵州典型县农业干旱预测

5.1.3.1 基础资料

作物需水量通过作物系数和参考作物蒸发量计算得到。对于作物需水量的计算，研究选取水稻、小麦、玉米为代表作物，水稻、小麦、玉米的逐个生长阶段的需水系数见表 5-6 和表 5-7。

表5-3 贵州省各县(市)区水稻需水量、降雨量及水利工程供水量

行政区	供灌溉水量(降雨加水利工程供水)/万 m³					水稻灌溉需水/万 m³				降雨自然补给水量/万 m³			
	7月	8月	9月	10月上	合计	7月	8月	9月	10月上	7月	8月	9月	10月上
贵阳市	6760.29	3814.07	1957.79	0.02	12532.17	6760.29	5787.71	855.90		4028.54	1632.35	1362.78	0.02
南明区	95.29	62.27	11.89	0.00	169.35	95.29	81.50	12.05	0.00	54.95	40.92	6.06	0.00
云岩区	9.50	31.40	8.05	0.00	48.96	9.50	8.14	1.20	0.00	5.59	4.08	0.61	0.00
花溪区	1036.95	781.16	195.04	0.00	2013.15	1036.95	887.77	131.28	0.00	682.33	335.05	73.37	0.00
乌当区	838.08	704.33	218.86	0.00	1761.27	838.08	717.51	106.11	0.00	494.64	273.26	101.30	0.00
白云区	248.23	83.91	53.17	0.00	384.31	248.23	211.66	31.30	0.00	101.60	37.03	40.38	0.00
小河区	21.21	121.66	32.04	0.00	174.91	21.21	18.16	2.69	0.00	12.24	9.12	1.35	0.00
开阳县	1572.14	694.65	389.76	0.01	2656.56	1572.14	1345.96	199.04	0.00	634.04	444.94	321.66	0.01
息烽县	819.58	481.91	211.39	0.01	1512.89	819.58	701.67	103.76	0.00	638.36	266.75	152.70	0.01
修文县	1065.56	239.26	269.14	0.00	1573.86	1065.56	912.17	134.89	0.00	668.42	102.40	231.81	0.00
清镇市	1054.94	613.50	568.46	0.00	2236.90	1054.94	903.17	133.56	0.00	736.46	118.80	433.54	0.00
六盘水市	3857.68	2864.97	2812.42	654.46	10189.53	2888.05	2864.97	331.19	55.20	3530.46	2966.01	849.11	0.03
钟山区	106.24	12.46	523.95	174.40	817.04	12.56	12.46	1.44	0.24	19.05	13.31	0.78	0.01
六枝特区	1900.38	1375.21	895.96	141.69	4313.13	1386.19	1375.21	158.96	26.49	1829.53	1973.06	470.90	0.00
水城县	955.68	570.98	530.54	164.89	2221.99	575.68	570.98	66.00	11.00	873.15	610.26	35.92	0.01
盘县	895.58	906.43	861.97	173.49	2838.37	913.73	906.43	104.78	17.46	808.73	369.37	341.51	0.00
遵义市	18724.99	27627.40	7957.45	0.12	54309.95	37408.33	27627.40	4415.90	0.00	10554.70	21434.51	6627.40	0.12
红花岗区	418.25	780.47	118.67	0.00	1318.39	1056.75	780.47	124.75	0.00	96.74	725.24	66.33	0.00
汇川区	377.97	823.13	114.88	0.00	1315.98	1114.52	823.13	131.57	0.00	102.02	764.88	69.96	0.00
遵义县	1915.28	4971.85	575.71	0.00	7462.93	6731.85	4971.85	794.69	0.00	584.55	5546.14	359.18	0.00
桐梓县	649.29	1787.67	289.79	0.01	2726.75	2420.49	1787.67	285.74	0.00	183.59	1596.59	213.98	0.01
绥阳县	1046.72	1996.17	206.96	0.00	3249.85	2702.80	1996.17	319.06	0.00	496.25	1785.74	118.35	0.00
正安县	1456.61	2231.37	722.71	0.00	4410.69	3021.26	2231.37	356.66	0.00	987.74	959.30	646.38	0.00
道真县	857.65	2094.91	1479.95	0.02	4432.53	2836.50	2094.91	334.85	0.00	261.14	939.21	1382.85	0.02

续表

行政区	供灌溉水量（降雨加水利工程供水）/万 m³					水稻灌溉需水量/万 m³				降雨自然补给水量/万 m³			
	7月	8月	9月	10月上	合计	7月	8月	9月	10月上	7月	8月	9月	10月上
务川县	1035.26	1562.07	387.01	0.01	2984.25	2115.04	1562.07	249.68	0.00	710.28	937.08	334.12	0.01
凤冈县	2796.63	2051.83	1096.21	0.01	5944.67	2778.16	2051.83	327.96	0.00	214.06	748.41	989.65	0.01
湄潭县	1604.45	2711.52	777.48	0.00	5093.45	3671.38	2711.52	433.40	0.00	827.72	2317.99	651.04	0.00
余庆县	1145.72	1613.91	788.21	0.00	3546.84	2185.23	1613.91	257.96	0.00	593.25	81.16	698.27	0.00
习水县	2356.78	2093.22	640.25	0.02	5090.26	2834.20	2093.22	334.57	0.00	1556.67	1286.85	509.99	0.02
赤水市	836.50	1517.86	329.08	0.04	2683.47	2055.27	1517.86	242.61	0.00	631.05	2545.79	295.74	0.04
仁怀市	2228.00	1391.43	431.45	0.01	4050.88	1883.98	1391.43	222.40	0.00	1381.66	1200.33	293.68	0.01
安顺市	7650.25	8750.63	3161.22	0.01	19562.11	9163.46	8750.63	1122.99	0.00	7035.09	7621.72	1930.91	0.01
西秀区	2315.05	2700.50	990.40	0.00	6005.95	3154.29	2700.50	399.35	0.00	2166.70	2657.70	693.72	0.00
平坝县	919.17	1324.17	952.83	0.00	3196.18	1546.69	1324.17	195.72	0.00	832.62	484.25	779.72	0.00
普定县	864.79	978.26	568.59	0.01	2410.64	1141.48	978.26	144.52	0.00	768.61	1158.97	376.23	0.01
镇宁县	1124.87	1156.53	256.91	0.00	2538.31	1350.87	1156.53	171.03	0.00	1037.04	1992.04	81.24	0.00
关岭县	928.44	1163.89	111.49	0.00	2203.83	884.59	1163.89	95.31	0.00	872.70	928.90	0.00	0.00
紫云县	1497.92	1428.30	280.99	0.00	3208.21	1085.65	1428.30	116.96	0.00	1357.43	399.87	0.00	0.00
铜仁市	7527.94	11765.57	12288.26	0.03	31580.69	22060.25	11765.57	1069.59	0.00	7135.31	5545.67	7575.75	0.03
铜仁市	677.41	879.80	458.23	0.00	2015.54	1649.62	879.80	79.98	0.00	639.22	485.74	0.00	0.00
江口县	636.31	806.54	244.10	0.01	1686.95	1512.26	806.54	73.32	0.00	621.68	286.93	68.52	0.01
玉屏县	633.22	443.18	331.99	0.01	1408.39	830.96	443.18	40.29	0.00	605.65	120.40	0.00	0.01
石阡县	485.24	1440.67	1442.22	0.00	3368.02	2701.25	1440.67	130.97	0.00	444.95	261.36	960.03	0.00
思南县	420.39	2001.76	2605.39	0.00	5027.55	3753.30	2001.76	181.98	0.00	356.07	1440.22	1833.49	0.00
印江县	601.92	1341.63	1642.77	0.00	3586.33	2515.66	1341.63	121.97	0.00	566.34	858.41	1215.79	0.00
德江县	1164.36	1516.19	1020.18	0.00	3700.73	2842.85	1516.19	137.84	0.00	1112.33	709.80	395.72	0.00
沿河县	2146.79	1251.98	1654.62	0.00	5053.39	2347.46	1251.98	113.82	0.00	2104.00	730.14	1141.19	0.00
松桃县	646.75	1909.73	2785.62	0.00	5342.01	3580.75	1909.73	173.61	0.00	578.00	534.05	1960.45	0.00

续表

行政区	供灌溉水量（降雨加水利工程供水）/万 m³					水稻灌溉需水/万 m³				降雨自然补给水量/万 m³			
	7月	8月	9月	10月上	合计	7月	8月	9月	10月上	7月	8月	9月	10月上
万山特区	115.75	173.99	102.22	0.00	391.87	326.24	173.99	15.72	0.00	108.17	118.41	0.46	0.00
黔西南州	4428.00	10959.46	1298.58	831.02	17517.05	8654.32	10959.46	941.59	25.23	7336.52	5150.55	883.08	0.01
兴义市	261.70	2268.73	397.79	342.65	3270.86	1724.30	2268.73	185.78	0.00	1460.96	1313.50	226.47	0.00
兴仁县	953.53	1805.74	85.58	53.59	2898.45	1372.49	1805.74	147.88	0.00	1141.09	740.32	58.69	0.00
普安县	614.23	668.24	32.71	56.83	1372.01	673.62	668.24	78.25	12.87	813.11	631.57	4.30	0.00
晴隆县	441.41	641.37	81.84	45.38	1210.00	646.54	641.37	74.14	12.36	600.21	728.23	59.15	0.01
贞丰县	590.60	1477.00	95.20	107.90	2270.60	1122.56	1477.00	120.95	0.00	968.27	288.70	41.14	0.00
望谟县	274.33	1095.24	197.75	109.75	1676.97	832.34	1095.24	89.68	0.00	658.45	114.40	142.88	0.00
册亨县	230.54	922.53	240.94	39.86	1433.88	701.15	922.53	75.64	0.00	370.06	337.94	221.01	0.00
安龙县	1061.64	2080.60	166.97	75.06	3384.28	1581.32	2080.60	170.38	0.00	1324.36	996.89	129.44	0.00
毕节市	5817.55	6420.12	-1686.92	4654.10	15204.85	7000.74	6420.12	809.80	94.24	4125.20	5103.23	851.60	0.13
毕节市	706.42	872.14	100.82	1263.66	2943.04	879.17	872.14	100.82	16.80	246.91	1020.69	112.86	0.02
大方县	184.97	654.81	75.70	285.98	1201.45	660.08	654.81	75.70	12.62	80.99	897.41	112.35	0.02
黔西县	893.57	1199.62	138.67	740.36	2972.22	1209.28	1199.62	138.67	23.11	624.35	216.12	41.17	0.02
金沙县	1150.96	1528.88	244.37	881.15	3805.36	2070.09	1528.88	244.37	0.00	830.54	1235.62	356.25	0.01
织金县	1691.79	1408.69	162.84	816.65	4079.98	1420.04	1408.69	162.84	28.14	1394.84	954.73	151.07	0.02
纳雍县	967.45	544.67	62.96	369.99	1945.07	549.06	544.67	62.96	10.49	832.92	582.14	34.27	0.01
威宁县	118.35	52.20	6.03	187.55	364.13	52.62	52.20	6.03	1.01	50.16	23.92	2.46	0.02
赫章县	104.04	159.12	18.39	108.77	390.33	160.40	159.12	18.39	3.07	64.50	172.68	41.18	0.02
黔东南州	18643.83	15408.96	14878.84	0.00	48931.62	28176.27	15408.96	1458.48	0.00	15892.73	3674.43	2498.91	0.01
凯里市	1279.53	1035.71	1670.96	0.00	3986.31	1942.15	1035.71	94.16	0.00	935.91	0.00	124.67	0.00
黄平县	924.63	1253.79	1731.46	0.00	3909.88	2350.85	1253.79	113.98	0.00	655.75	26.63	521.49	0.00
施秉县	722.87	531.25	1031.76	0.00	2285.77	996.09	531.25	48.30	0.00	605.06	8.93	501.63	0.00
三穗县	859.19	618.30	598.92	0.00	2076.42	1159.31	618.30	56.21	0.00	767.68	41.59	188.13	0.00

续表

行政区	供灌溉水量（降雨加水利工程供水）/万 m³					水稻灌溉需水/万 m³				降雨自然补给水量/万 m³			
	7 月	8 月	9 月	10 月上	合计	7 月	8 月	9 月	10 月上	7 月	8 月	9 月	10 月上
镇远县	1088.16	833.78	965.36	0.00	2888.31	1563.35	833.78	75.70	0.00	881.02	115.21	33.20	0.00
岑巩县	1400.37	833.56	668.81	0.00	2902.74	1562.92	833.56	75.78	0.00	1252.56	210.24	3.69	0.00
天柱县	2368.23	1311.44	1617.40	0.00	5296.08	2458.96	1311.44	119.22	0.00	2037.98	410.85	135.79	0.00
锦屏县	1201.01	748.09	439.32	0.00	2388.42	1402.67	748.09	68.01	0.00	1104.27	272.76	3.97	0.00
剑河县	966.56	855.59	521.74	0.00	2343.79	1604.05	855.59	77.77	0.00	893.35	201.38	192.30	0.00
台江县	452.00	553.52	483.63	0.00	1489.15	1037.85	553.52	50.32	0.00	363.46	139.12	85.23	0.00
黎平县	2029.55	1994.75	1303.05	0.00	5328.35	3740.16	1994.75	181.34	0.00	1749.39	1233.93	42.37	0.00
榕江县	2100.78	1222.47	1246.12	0.00	4569.37	2292.13	1222.47	111.13	0.00	1861.85	36.78	170.93	0.00
从江县	1297.73	1323.99	901.72	0.00	3523.44	2482.49	1323.99	120.36	0.00	1121.30	842.44	107.80	0.00
雷山县	549.16	624.18	473.07	0.00	1746.41	1170.34	624.18	56.74	0.00	554.59	64.63	47.50	0.00
麻江县	514.14	1012.12	581.80	0.00	2108.06	1182.20	1012.12	149.67	0.00	430.08	61.34	203.54	0.00
丹寨县	1278.48	656.40	2837.67	0.00	4772.55	1230.75	656.40	59.67	0.00	678.48	8.71	137.67	0.00
黔南州	14347.09	15078.87	6395.75	0.00	35821.62	19358.54	15078.87	1754.87	0.00	13151.58	3893.61	4004.65	0.00
都匀市	1122.24	1182.11	919.05	0.00	3223.40	2216.45	1182.11	107.46	0.00	992.77	53.35	660.10	0.00
福泉市	648.82	1151.30	377.88	0.00	2178.00	1344.76	1151.30	170.26	0.00	568.51	218.25	218.25	0.00
荔波县	1371.05	717.00	634.88	0.00	2722.93	1344.37	717.00	65.28	0.00	1237.94	334.39	368.65	0.00
贵定县	892.89	975.76	598.12	0.00	2465.77	1139.61	975.76	144.28	0.00	844.62	326.56	500.59	0.00
瓮安县	1895.70	1652.78	652.06	0.00	4200.55	1930.52	1652.78	244.42	0.00	1773.42	678.41	407.50	0.00
独山县	2040.62	1415.23	862.50	0.00	4318.34	2653.56	1415.23	128.66	0.00	1946.27	82.66	673.81	0.00
平塘县	760.81	1851.53	246.78	0.00	2859.11	1408.22	1851.53	151.62	0.00	662.77	490.85	50.72	0.00
罗甸县	904.42	1529.80	465.04	0.00	2899.26	1162.69	1529.80	125.27	0.00	858.70	134.24	373.59	0.00
长顺县	655.33	863.80	240.44	0.00	1759.57	1008.95	863.80	127.74	0.00	561.58	704.36	52.95	0.00
龙里县	1061.51	962.00	462.06	0.00	2485.68	1123.66	962.00	142.26	0.00	1012.35	189.48	363.73	0.00
惠水县	1098.15	1671.09	288.30	0.00	3055.64	1951.90	1671.09	248.12	0.00	1021.98	311.89	136.95	0.00
三都县	1896.54	1106.59	650.54	0.00	3653.67	2074.85	1106.59	100.60	0.00	1670.67	370.17	198.80	0.00

表 5-4　贵州省各县市水稻在考虑与不考虑水利工程补给水量两种情况下的缺水率

行政区	水稻生长期降雨加水利工程补给后的缺水率/%	不考虑水利工程补给的水稻生长期缺水率/%	行政区	水稻生长期降雨加水利工程补给后的缺水率/%	不考虑水利工程补给的水稻生长期缺水率/%
贵阳市	6.5	47.6	黔西南州	14.89	35.04
南明区	10.28	46	兴义市	21.73	28.19
云岩区	−159.85	46	兴仁县	12.86	41.67
花溪区	2.08	46.95	普安县	4.19	−1.19
乌当区	−5.99	47.69	晴隆县	11.96	−0.89
白云区	21.6	63.48	贞丰县	16.54	52.28
小河区	−315.91	46	望谟县	16.86	54.6
开阳县	14.78	55.07	册亨县	15.72	45.33
息烽县	6.9	34.9	安龙县	11.69	36.05
修文县	25.6	52.54	毕节市	−6.14	29.63
清镇市	−6.94	38.38	毕节市	−57.47	26.14
六盘水市	−65.97	−19.65	大方县	14.38	22.27
钟山区	−96.18	−24.22	黔西县	−15.72	65.7
六枝特区	−46.37	−45.02	金沙县	0.99	36.97
水城县	−81.6	−24.17	织金县	−35.26	18.16
盘县	−46.07	21.77	纳雍县	−66.65	−24.17
遵义市	21.8	44.4	威宁县	−225.62	31.56
红花岗区	32.85	54.72	赫章县	−14.47	18.36
汇川区	36.4	54.72	黔东南州	−8.63	51.01
遵义县	40.29	48.07	凯里市	−29.76	65.58
桐梓县	39.32	55.72	黄平县	−5.24	67.63
绥阳县	35.24	52.19	施秉县	−45.08	29.19
正安县	21.37	53.77	三穗县	−13.23	45.77
道真县	15.73	50.95	镇远县	−16.76	58.38
务川县	24	49.54	岑巩县	−17.41	40.68
凤冈县	−15.25	24.77	天柱县	−36.16	33.55
湄潭县	25.28	44.3	锦屏县	−7.65	37.76
余庆县	12.58	66.19	剑河县	7.63	49.28
习水县	3.26	36.27	台江县	9.29	64.19
赤水市	29.67	9	黎平县	9.95	48.86
仁怀市	−15.71	17.79	榕江县	−26.03	42.92
安顺市	−2.76	12.87	从江县	10.27	48.25
西秀区	3.97	11.77	雷山县	5.76	63.99
平坝县	−4.22	31.63	麻江县	10.07	70.35
普定县	−6.51	−1.79	丹寨县	−145.25	57.63
镇宁县	5.23	−16.13	黔南州	1.02	41.84
关岭县	−2.8	15.96	都匀市	8.06	51.33

续表

行政区	水稻生长期降雨加水利工程补给后的缺水率/%	不考虑水利工程补给的水稻生长期缺水率/%	行政区	水稻生长期降雨加水利工程补给后的缺水率/%	不考虑水利工程补给的水稻生长期缺水率/%
紫云县	−21.91	33.2	福泉市	18.31	62.38
铜仁市	9.5	41.95	荔波县	−28.04	8.73
铜仁市	22.76	56.88	贵定县	−9.12	26.01
江口县	29.48	59.15	瓮安县	−9.74	25.3
玉屏县	−8.15	44.77	独山县	−2.88	35.71
石阡县	21.18	61	平塘县	16.16	64.69
思南县	15.32	38.86	罗甸县	−2.89	51.5
印江县	9.87	33.64	长顺县	12.04	34.07
德江县	17.7	50.68	龙里县	−11.56	29.73
沿河县	−36.09	−7.06	惠水县	21.05	62
松桃县	5.79	45.75	三都县	−11.32	31.76
万山特区	24.06	56.2			

表 5-5 贵州省各县市油菜在考虑与不考虑水利工程补给水量两种情况下的缺水率

行政区	油菜生长期降雨加水利工程补给后的缺水率/%	不考虑水利工程补给的水稻生长期缺水率/%	行政区	油菜生长期降雨加水利工程补给后的缺水率/%	不考虑水利工程补给的水稻生长期缺水率/%
贵阳市	59.10	85.21	**黔西南州**	70.22	85.37
南明区	50.94	84.89	兴义市	62.79	83.71
云岩区	50.94	84.89	兴仁县	75.27	86.51
花溪区	59.05	78.73	普安县	75.34	93.01
乌当区	61.73	88.18	晴隆县	83.43	97.01
白云区	60.76	81.02	贞丰县	65.73	90.18
小河区	50.94	84.89	望谟县	71.67	83.34
开阳县	58.37	72.96	册亨县	61.83	71.07
息烽县	65.76	87.54	安龙县	62.41	74.30
修文县	58.69	78.25	**毕节市**	82.35	95.84
清镇市	69.55	92.74	毕节市	65.03	92.90
六盘水市	71.84	94.23	大方县	84.20	96.78
钟山区	66.40	94.86	黔西县	84.38	96.99
六枝特区	74.90	91.35	金沙县	78.24	89.94
水城县	71.14	94.86	织金县	83.06	95.57
盘县	74.06	94.95	纳雍县	82.42	94.74
遵义市	56.82	71.41	威宁县	86.21	99.09
红花岗区	59.14	84.49	赫章县	86.29	99.18
汇川区	59.14	84.49	**黔东南州**	48.22	58.45
遵义县	66.47	80.08	凯里市	37.96	48.05

续表

行政区	油菜生长期降雨加水利工程补给后的缺水率/%	不考虑水利工程补给的水稻生长期缺水率/%	行政区	油菜生长期降雨加水利工程补给后的缺水率/%	不考虑水利工程补给的水稻生长期缺水率/%
桐梓县	64.89	80.11	黄平县	31.03	38.39
绥阳县	59.40	74.24	施秉县	45.02	54.25
正安县	52.08	66.77	三穗县	42.68	51.42
道真县	31.55	40.45	镇远县	55.71	67.00
务川县	56.67	72.65	岑巩县	44.94	54.14
凤冈县	51.22	64.03	天柱县	43.36	52.25
湄潭县	58.59	73.23	锦屏县	40.80	49.16
余庆县	39.23	49.04	剑河县	55.96	67.42
习水县	65.79	81.10	台江县	50.06	60.31
赤水市	52.47	64.78	黎平县	35.28	42.38
仁怀市	68.28	84.30	榕江县	67.72	81.59
安顺市	73.88	89.94	从江县	55.27	66.60
西秀区	69.01	88.35	雷山县	55.28	66.60
平坝县	72.58	87.44	麻江县	49.10	59.15
普定县	78.39	94.45	丹寨县	57.91	69.77
镇宁县	71.84	86.55	**黔南州**	66.32	83.17
关岭县	74.55	89.82	都匀市	45.27	64.53
紫云县	75.35	90.78	福泉市	61.40	73.97
铜仁市	47.15	62.32	荔波县	67.45	81.26
铜仁市	39.99	54.78	贵定县	53.77	64.78
江口县	49.78	56.57	瓮安县	49.02	59.06
玉屏县	48.69	59.38	独山县	64.29	91.84
石阡县	49.72	64.58	平塘县	77.83	93.77
思南县	62.28	71.58	罗甸县	70.12	84.48
印江县	42.91	66.01	长顺县	76.36	92.00
德江县	56.09	60.97	龙里县	66.11	79.66
沿河县	47.81	59.02	惠水县	76.24	91.86
松桃县	30.26	39.29	三都县	76.80	92.52
万山特区	40.99	51.88			

表 5-6　水稻各生育期及相关参数

作物	生育阶段	开始时间	结束时间	需水系数 α	适宜水深/mm	水深适宜上限/mm	水深适宜下限/mm
	返青	5.20	6.1	1	20	40	0
	分蘖	6.2	7.6	1.07	10	30	0
	晒田	7.7	7.13	1.07	5	20	0
水稻	拔节孕穗	7.14	8.4	1.38	20	50	0
	抽穗扬花	8.5	8.19	1.57	20	50	0
	灌浆	8.20	9.3	1.43	10	50	0
	成熟	9.4	9.26	0.9	10	20	0

表 5-7　玉米–小麦各生育期及相关参数

作物	生育阶段	开始时间	结束时间	需水系数 α	上层土适宜含蓄水上限/mm	上层土含水适宜上限/mm	上层土含水适宜下限/mm
玉米	播种–出苗期	4.8	4.14	0.8	100.8	70.6	60.6
	出苗–拔节期	4.15	5.20	0.9	100.8	70.6	55.4
	拔节–抽穗期	5.21	6.22	1.1	100.8	70.6	65.6
	抽穗–灌浆期	6.23	7.9	1.1	100.8	80.7	70.6
	灌浆–成熟期	7.10	8.9	1.1	100.8	80.7	70.6
小麦	播种–出苗期	10.8	10.15	0.77	100.8	70.6	60.6
	出苗–分蘖期	10.16	2.8	0.79	100.8	70.6	60.6
	分蘖–拔节期	2.9	3.9	1.32	100.8	70.6	60.6
	拔节–抽穗期	3.10	3.20	1.46	100.8	80.7	70.6
	抽穗–成熟期	3.21	4.40	1.37	100.8	70.6	60.6

本书以旬为计算单位，通过计算每年逐旬的缺水量来得到全年的缺水量。

5.1.3.2　历史干旱模拟

通过湄潭县的作物需水量和种植面积情况，得出湄潭县的农作物年缺水量和逐月缺水量，见表 5-8 和表 5-9，以及图 5-1 和图 5-2。

表 5-8　湄潭县 1999~2012 年逐年缺水量

年份	缺水量/万 m³	年份	缺水量/万 m³
1999	2920.3	2006	9452.6
2000	−2716.9	2007	3945.3
2001	2526.1	2008	5495.7
2002	−3636.7	2009	8460
2003	1577.5	2010	2153.8
2004	1291.8	2011	7032.3
2005	2499.1	2012	261.6

从图 5-1 和图 5-2 中可以看出，一般在 7~9 月湄潭县的需水量大于可供水量，所以干旱多发生在该时间段，又因 5~6 月经常出现大到暴雨，大量降雨形成地表径流流失，所以湄潭县在 5~6 月有时也会出现干旱情况。从 1999 年开始，湄潭县的缺水量总体上呈现逐渐增加的趋势，到 2009 年之后趋于稳定。

根据计算的作物缺水率，结合以缺水率划分的干旱等级标准对湄潭县 1999~2012 年的历史干旱情况进行分析（图 5-3）。从图中可以看出，在 1999~2012 年间，湄潭县的干旱情况较为严重，尤其是在 2006 年以后，中旱、重旱越发严重，几乎连年发生，图中可以看出 2010 年湄潭县为重旱等级，这与湄潭县的实际干旱状况一致。

5.1.3.3　干旱预测

在不考虑种植结构变化的情况下，分别对未来丰、平、偏枯和枯水年的干旱情况进

表 5-9 湄潭县 1999~2012 年逐月缺水量分布表

（单位：万 m³）

年份	1月	2月	3月	4月	5月	6月	7月	8月	9月	10月	11月	12月
1999	-320.01	-1743.48	-2056.73	596.56	1778.47	2379.68	98.31	-1097.39	-1017.39	-359.23	-306.17	-872.94
2000	-196.25	-523.56	-838.76	722.38	-542.52	3153.69	-1758.91	245.81	1836.39	1508.12	-432.57	-456.96
2001	-390.86	-779.45	-1114.22	673.14	789.65	1724.83	-1335.26	-1038.96	-1475.61	1273.44	-452.32	-400.50
2002	-648.47	-496.45	-903.69	500.33	2759.45	4790.45	-486.98	-220.79	-521.76	-220.14	-675.38	-239.90
2003	-360.29	-669.44	-575.68	170.17	1590.54	1239.67	1145.47	-3358.57	159.71	-527.75	-451.63	60.33
2004	-326.80	-585.48	-503.61	208.07	2086.84	175.68	-424.47	-2176.34	973.23	-178.46	41.73	-582.24
2005	-160.23	-379.25	-506.26	-718.59	3968.78	-496.34	-2064.09	-47.75	-1146.96	243.03	-604.33	-587.10
2006	-557.27	-82.79	-712.86	-497.06	46.63	-631.15	-2844.66	-3309.33	-1065.95	775.92	-137.37	-436.73
2007	-327.82	-912.56	-837.91	400.00	-1806.30	1831.52	379.76	-1795.23	265.44	59.90	-740.64	-461.44
2008	-413.40	-460.72	-256.42	-586.58	-184.77	-2351.29	174.95	-1255.73	-413.13	572.79	93.86	-415.26
2009	-422.13	-471.36	-503.30	426.82	1579.30	-1209.38	-2927.81	-2330.36	-1662.11	-149.38	-582.88	-207.46
2010	-490.06	-604.68	-331.51	-128.24	1731.90	1018.51	-66.41	-3277.21	70.46	584.92	-373.34	-288.15
2011	-347.45	-650.79	-376.02	-731.41	-1415.59	3724.49	-3202.89	-3391.28	-1027.38	843.14	-91.12	-365.96
2012	-230.03	-307.92	-272.52	-298.55	1511.66	1156.39	1152.91	-2240.11	-108.31	-215.03	-198.85	-211.29

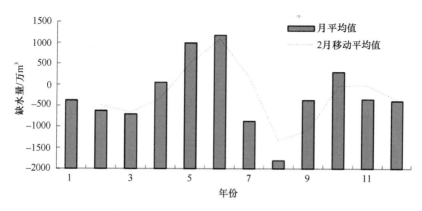

图 5-1 湄潭县多年平均月缺水量变化图

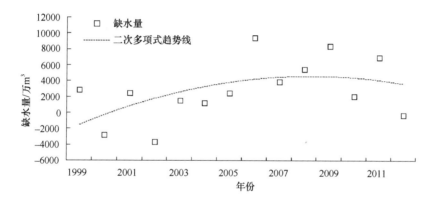

图 5-2 湄潭县 1999~2012 年缺水量变化图

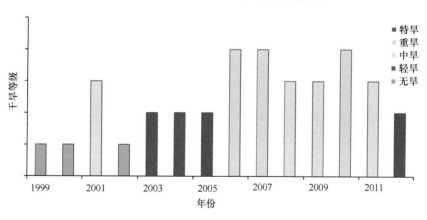

图 5-3 基于缺水率模型的湄潭县干旱评估

行预测。利用 1960~2012 年共 53 年降水系列分析湄潭县降水特征，湄潭县的降水 P-III 型频率曲线如图 5-4 所示，在 $C_s/C_v=2$ 的情况下，湄潭县 $P=20\%$、$P=50\%$、$P=75\%$ 和 $P=95\%$ 频率下的年降水量分别为 1256.1mm、1119.6mm、1009.5mm、853.3mm，可以看出湄潭县降水量较为丰沛，枯水年降水量也大于湿润半湿润地区的划分标准 800mm，说明从降水角度来看，湄潭县并不缺水。另外，丰水年（$P=20\%$）和偏枯年（$P=75\%$）的年

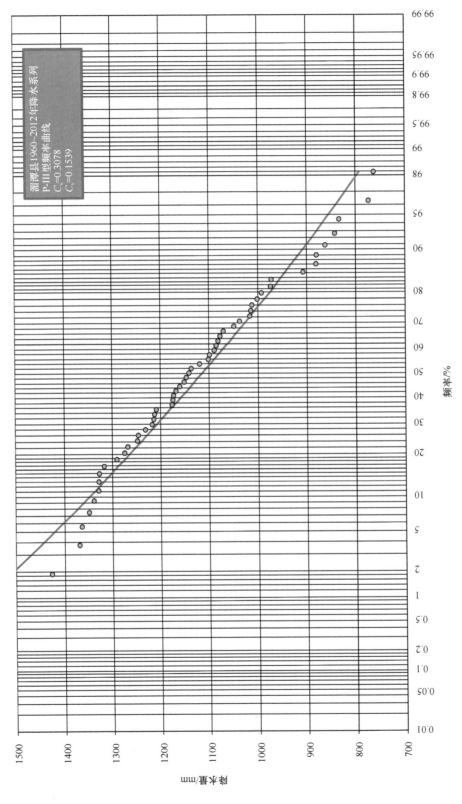

图5-4　湄潭县1960~2012年降水系列P-III型频率曲线

降水总量差异不大。为了选取不同水文年对应的历史降水年份，分别计算了 1960~2012 年的年降水总量，其中，与典型水文年降水量最接近的年份列于表 5-10 中。

由表 5-10 可以看出，每个典型水文年均有多个历史年份的降水量与之接近，例如 1967 年、1968 年、1976 年和 1983 年的降水量与丰水年（$P=20\%$）降水量均较为接近，相对误差在 0.3%~1.4%之间，但是与典型水文年降水总量最接近的年份不一定适合选取作为典型水文年，以下将对上述年份的年内降水分布状况作进一步的分析。

表 5-10　湄潭县典型水文年分析表

水文年	降水量/mm	年份	降水量/mm	相对误差/%
丰水年 （$P=20\%$）	1265.1	1967	1269.3	0.3
		1968	1275.7	0.8
		1976	1247.6	1.4
		1983	1249.5	1.3
平水年 （$P=50\%$）	1119.6	1993	1099.4	1.8
		2004	1120.0	0.0
		2007	1101.9	1.6
		2010	1137.3	1.6
偏枯年 （$P=75\%$）	1009.5	1972	1017.5	0.8
		1989	1013.2	0.4
		2008	1002.2	0.7
		2011	1015.4	0.6
枯水年 （$P=95\%$）	853.3	1979	834.0	2.3
		1986	842.9	1.2
		1988	880.6	3.1
		1990	862.8	1.1

为了避免典型水文年选取时误选（降水异常年份），对表 5-10 中各历史年份降水量的年内分布状况进行分析，经过检验其月降水量的异常，最终丰水年、平水年、偏枯年和枯水年典型年分别选取 1976 年、1993 年、1972 年和 1988 年（图 5-5）。

利用上述选取的典型年逐日气象资料，结合湄潭县种植制度和水利工程状况，对不同水文年的干旱情况进行预测，结果见表 5-11。

首先，水利工程对旱情的影响较大。从表中可以看出，在水利工程发挥抗旱供水作用的情况下，旱情比无水利工程情况下明显减轻，干旱等级降低 1~2 个等级；另外，从各种作物类型来看，水利工程供水对水稻的旱情影响最大，对小麦的影响较小，即使考虑了现有水利工程，小麦仍会发生较重的旱情。因而，就水资源状况及作物需水与降雨的耦合而言，当地不适合种植小麦；从湄潭县的区域总体旱情状况来看，不同水文年湄潭县均处于中旱的干旱等级，可见，仍有必要完善当地的水利工程设施；最后，在偏枯年份，水稻也会发生严重干旱，因此，在偏枯年应提前做好水稻的抗旱应急工作。

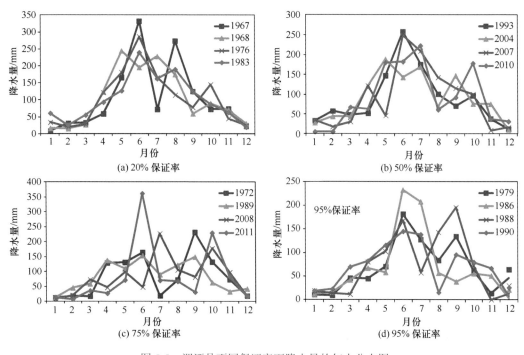

图 5-5 湄潭县不同保证率下降水量的年内分布图

表 5-11 湄潭县干旱状况预测结果

水文年	作物类型	不考虑工程措施		考虑工程措施	
		缺水率/%	旱情	缺水率/%	旱情
丰水年	水稻	79.8	特旱	17.4	轻旱
	油菜	76.7	特旱	16.8	轻旱
	小麦	83.1	特旱	37.8	重旱
	玉米	26.8	中旱	10.8	轻旱
	合计	66.3	特旱	20.1	中旱
平水年	水稻	86.8	特旱	29.1	中旱
	油菜	77.9	特旱	20.4	中旱
	小麦	81.9	特旱	40.5	重旱
	玉米	25.3	中旱	9.4	轻旱
	合计	68.3	特旱	24.5	中旱
偏枯年	水稻	96.0	特旱	33.5	中旱
	油菜	79.5	特旱	18.4	轻旱
	小麦	86.6	特旱	40.2	重旱
	玉米	30.9	中旱	15.0	轻旱
	合计	72.5	特旱	25.9	中旱
枯水年	水稻	90.6	特旱	36.3	重旱
	油菜	87.7	特旱	34.3	中旱
	小麦	94.5	特旱	53.1	特旱
	玉米	32.0	中旱	18.2	轻旱
	合计	75.5	特旱	34.7	中旱

5.2 实时动态修正的农业旱情预测及灾情预测模型和应用

5.2.1 研究方法

模型建立的本质是田间水量平衡原理，它是利用短期内（一般是未来数天）实时天气预报，结合给定的初始田间水分状况对未来短期内的田间水分状况进行预测，并通过田间水分与作物生长适宜水分的比较来评估旱情，实现对未来短期内的旱情预测。在预测过程中田间水分可根据实测结果进行实时动态修正，并可结合 Jensen 模型对预测时段可能的最大减产状况进行预测，从而对抗旱管理决策提供依据，当抗旱措施发生后，需对该模型继续进行实时修正，从而实现干旱预测与地区实际情况相结合，使其在区域干旱预测和抗旱管理中达到真正的应用价值。

5.2.1.1 旱作物旱情预测

1）水量平衡原理

对于旱作物的田间水量平衡，补给项主要是降水、灌溉、地下水上升补给，排泄项主要是蒸发、径流、排水和深层渗漏，在补给和排泄共同作用下土壤水分发生变化。一般情况下，降水和径流综合表示为有效降水量，深层渗漏量不予考虑。

$$W_i = W_{i-1} + I_i + P_{0i} - \mathrm{ET}_{i-1} - D_i \qquad (5\text{-}7)$$

式中，W_i 和 W_{i-1} 分别表示第 i 天和第 $i-1$ 天的土壤水分（mm）；I_i 表示第 i 天的灌溉量（mm）；P_{0i} 表示第 i 天的有效降水量（mm）；ET_{i-1} 表示第 $i-1$ 天的蒸腾蒸发量（简称腾发量）（mm）；D_i 表示第 i 天的排水量（mm）。

其中，土壤水分的计算如下式所示：

$$W_i = h_i \times \theta_i \qquad (5\text{-}8)$$

$$W_{i-1} = h_{i-1} \times \theta_{i-1} \qquad (5\text{-}9)$$

式中，h_i 和 h_{i-1} 分别表示第 i 天和第 $i-1$ 天的计划湿润层深度（mm）；θ_i 和 θ_{i-1} 分别表示第 i 天和第 $i-1$ 天的土壤含水率（cm^3/cm^3）。

2）旱情评估方法

（1）土壤含水率。由式（5-7）可以看出，第 i 天的土壤的土壤水分是由第 $i-1$ 天推导出来的，因此，结合式（5-8）和式（5-9）得到第 i 天的土壤含水率递推公式，如下。

第一天（$i=1$）的 θ_1 为给定的初始值；

当从第二天起（$i>1$）时，利用下式计算 θ_i：

$$\theta_i = \begin{cases} \dfrac{\theta_{i-1}h_i + I_i + P_{0i} - \mathrm{ET}_{i-1} - D_i}{h_i} & \theta_{i-1}h_i + I_i + P_{0i} - \mathrm{ET}_{i-1} - D_i < h_i\theta_F \\ \theta_F & \theta_{i-1}h_i + I_i + P_{0i} - \mathrm{ET}_{i-1} - D_i \geqslant h_i\theta_F \end{cases} \qquad (5\text{-}10)$$

式中，θ_F 表示田间持水量（cm^3/cm^3）。

式（5-10）的核心，或者说难点是计算作物腾发量 ET，腾发量 ET 由作物系数 K_c 和参考作物需水量 ET_0 相乘得到，在实际中，由于土壤水分亏缺导致腾发量低于充分供水状况下的数值，因此，需要对作物系数进行修正。

$$ET = K_c' \times ET_0 \qquad (5\text{-}11)$$

$$K_c' = k \times K_c \qquad (5\text{-}12)$$

式中，k 为土壤水分胁迫系数，结合 Jensen 公式（1990）得到的计算公式如下：

生育期第一天（$i=1$）的 $k=1$（假定土壤水分供应充足）；

当从生育期第二天算起（$i>1$）时，利用下式计算 k：

$$k = \begin{cases} k_0 & \theta_i \leqslant \theta_w \\ \dfrac{\ln\left(\dfrac{\theta_i - \theta_w}{\theta_F - \theta_w} \times 100 + 1\right)}{\ln(101)} & \theta_w < \theta_i < a\theta_F \\ 1 & \theta_i \geqslant a\theta_F \end{cases} \qquad (5\text{-}13)$$

式中，θ_w 表示凋萎系数（cm^3/cm^3）；a 为经验系数，无量纲；$a\theta_F$ 表示土壤水分胁迫的临界值，一般不同地区取值有所差异，需根据实际的田间试验确定。

（2）旱情评估。当土壤水分低于一定程度时会对作物蒸腾蒸发和正常生长产生影响，参照《气象干旱等级》（GB/T 20481—2006）的方法提出了干旱指数：

$$G = \frac{\theta_i - \theta_w}{\theta_F - \theta_w} \qquad (5\text{-}14)$$

确定旱情等级的关键是旱情等级划分标准，综合考虑当地土壤的田间持水量、凋萎系数和干旱的实际发生状况确定不同干旱等级划分标准，如表 5-12 所示。

表 5-12　贵州干旱等级划分标准

干旱等级	G
特旱	0~0.15
重旱	0.15~0.25
中旱	0.25~0.3
轻旱	0.3~0.5
无旱	0.5~1

当确定 G 和 G_y 后，即可判断所处的旱情等级，这就实现了旱作物的旱情预测。实际上，当知道旱情等级后，就可对抗旱管理提供建议，如在不同旱情等级下采取何种措施，作为抗旱减灾工作的借鉴。

3）灾情评估方法

（1）损失率

根据作物产量预测的 Jensen 模型可以计算出生育期作物的减产率：

$$\zeta = 1 - \prod_{j=1}^{n}\left(\frac{\sum ET_i}{\sum ET_{mi}}\right)^{\lambda_j} \times 100\% \qquad (5\text{-}15)$$

式中，ζ 表示作物全生育期的减产率（%）；ET_i 表示第 i 天的实际腾发量（mm）；ET_{mi} 表示第 i 天无水分胁迫下的腾发量（mm）；λ_j 表示 Jensen 模型中的水分敏感指数，无量纲。

$$ET_{mi} = K_{ci} \times ET_{0i} \qquad (5\text{-}16)$$

式中，ET_{mi} 表示第 i 天无水分胁迫下的腾发量（mm）；K_{ci} 表示第 i 天无水分胁迫下的作物系数（cm^3/cm^3）；ET_{0i} 表示第 i 天的参考作物需水量（mm）。

在做旱灾预测和管理时，仅仅知道作物生育期结束后的减产情况是不够的，因为这在实际抗旱工作中没有太大的意义，管理者往往对此时发生的旱情对产量的影响有多大较为感兴趣，鉴于这种考虑，研究不必考虑评价时段之后的干旱情况，可将上述减产率公式做适当修正，将评价时段之后均作不受旱处理，即预测时段之后的生育阶段均有 $ET_i = ET_{mi}$，这样就可推导出预测时段末的减产率：

$$\varsigma_k = 1 - \prod_{j=1}^{k}\left(\frac{\sum ET_i}{\sum ET_{mi}}\right)^{\lambda_j} \times \prod_{j=k+1}^{n}\left(\frac{\sum ET_i}{\sum ET_{mi}}\right)^{\lambda_j} \times 100\% \qquad (5\text{-}17)$$

由上式可得

$$\varsigma_k = 1 - \prod_{j=1}^{k}\left(\frac{\sum ET_i}{\sum ET_{mi}}\right)^{\lambda_j} \times \prod_{j=k+1}^{n}(1)^{\lambda_j} \times 100\%$$

由上式可得

$$\varsigma_k = 1 - \prod_{j=1}^{k}\left(\frac{\sum ET_i}{\sum ET_{mi}}\right)^{\lambda_j} \times 100\% \qquad (5\text{-}18)$$

式（5-18）就是推导出的预测期末的干旱灾损情况计算公式。

（2）灾情评估

不同地区的灾情等级的最大值不能说明其所处的灾情等级最大，因此，不能根据当地的历史灾损分布状况来确定，一般情况下，对一个国家来说，灾情等级是确定的或者说是绝对的。目前我国尚未确定农害灾损等级的划分标准，结合研究区旱作物灾损特征，以下给出了判断灾情等级的划分标准。

$$\varsigma_y \geq \begin{cases} 20\% & \text{较大灾情，明显减产} \\ 40\% & \text{较大灾情，严重减产} \end{cases} \qquad (5\text{-}19)$$

4）实施步骤

上述模型的一大亮点是将预测与管理相结合，将天气预测、墒情监测与旱情旱灾预测相结合，实现了现代科技、旱灾预测、管理的融合。具体的实施步骤，或者说实施框架，如图 5-6 所示。

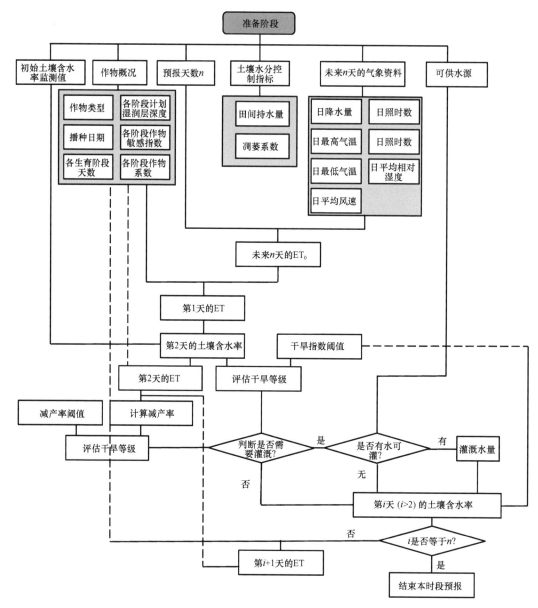

图 5-6　农业干旱短期实时动态预测的技术路线图

5.2.1.2　水稻旱情预测

稻田水量平衡方程为

$$h(i+1) = h(i) - ET(i+1) + PCP(i+1) - DRA(i+1) - LEA(i+1) \qquad (5-20)$$

式中，$h(i+1)$ 表示第 $i+1$ 天的田间水位（mm）；$h(i)$ 表示第 i 天的田间水位（mm）；$ET(i+1)$ 表示第 $i+1$ 天的蒸腾蒸发量（mm）；$PCP(i+1)$ 表示第 $i+1$ 天的降雨量（mm）；$DRA(i+1)$ 表示第 $i+1$ 天的排水量（mm）；$LEA(i+1)$ 表示第 $i+1$ 天的深层渗漏量（mm）。

（1）无灌溉情形下的田间水位

$$h(i+1) = h(i) - ET(i+1) + PCP(i+1) - DRA(i+1) - LEA(i+1) \quad （5\text{-}21）$$

（2）灌溉情形下的田间水位

这种情形下的田间水位为

$$h_i = h_2 \quad （5\text{-}22）$$

$$h(i+1) = h(i) - ET(i+1) + PCP(i+1) - DRA(i+1) - LEA(i+1) \quad （5\text{-}23）$$

式中，h_i' 为灌溉前的田间水位（mm）；h_i 为灌溉后的田间水位（mm）。

当天的灌溉量为

$$IRR_i = h_i - h_i' \quad （5\text{-}24）$$

当田间初始水位已知的情况下，结合式（5-20）~式（5-24）即可对田间水位和腾发量变化过程进行迭代模拟。

5.2.2　模型建立与参数率定

5.2.2.1　历史典型干旱模拟结果分析

（1）1972 年秋旱：1972 年 6 月下旬~9 月初，秋收减产严重，灾情最严重区域在东南部，其次在中部地区。东南部的榕江县和东北部的印江县旱情最为严重，其次是黔北的湄潭县和中部修文县，模拟结果显示湄潭县模拟旱情与实际干旱的发生时段及旱情基本一致（图 5-7）。

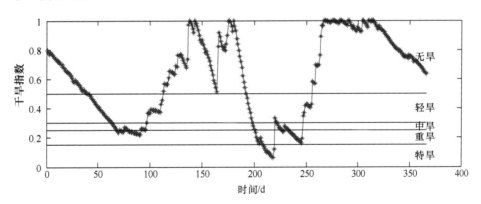

图 5-7　干旱与旱灾预测模型参数率定 1972 年干旱演变过程

（2）1987 年春旱：1987 年春旱持续到 5 月底，旱情最严重区域主要发生在中部和西部地区，中部的修文和西部的纳雍、西南部的兴仁旱情较重，且旱情主要发生在春季，模拟结果显示，湄潭县旱情主要发生在春季，但旱情严重的时期持续时间短，与实际干旱的发生时段及旱情基本一致（图 5-8）。

（3）1990 年夏秋旱：1990 年遵义地区 6 月下旬至 9 月下旬，8 月中旬至 9 月下旬，毕节、安顺、贵阳、铜仁、黔南等市（州）及黔东南州的部分地区少雨，遵义、安顺、黔南 3 个市（州）最为严重，模拟结果显示湄潭县旱情较重，与实际干旱的发生时段及旱情基本一致（图 5-9）。

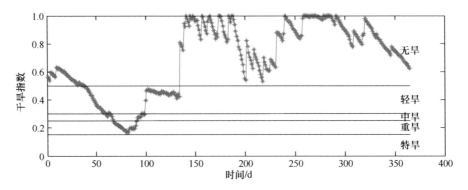

图 5-8　干旱与旱灾预测模型参数率定~1987 年干旱演变过程

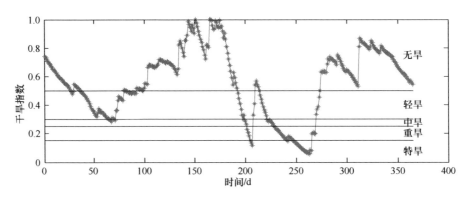

图 5-9　干旱与旱灾预测模型参数率定~1990 年干旱演变过程

5.2.2.2　参数率定结果

通过与实际干旱过程的比较反复调整参数，主要是田间持水量和凋萎系数，调参结果见表 5-13。

表 5-13　贵州短期干旱实时预测模型参数率定结果

县市名	θ_F/（cm³/cm³）	θ_w/（cm³/cm³）
湄潭县	0.34	0.15
修文县	0.40	0.10
兴仁县	0.40	0.10
纳雍县	0.34	0.14
印江县	0.36	0.16
榕江县	0.34	0.21

5.2.3　模型的验证

利用 2009~2010 年的干旱对上述建立的模型进行验证，模拟结果如图 5-10 和图 5-11 所示。根据旱情旱灾统计数据，2009 年 7 月至 2010 年 4 月，全省 88 个县（市、区）有 85 个县（市、区）不同程度受灾，受特旱和重旱的县市区个数分别为 26 个和 17 个，西部地区和黔南地区旱情较为严重，尤其以西南地区最为严重。模拟结果显示，2009~2010年的干旱主要从2009年夏季持续到2010年春季，兴仁和榕江的旱情最重，与实际状况总体相符。上述结果表明，所建立的模型能够反映贵州干旱状况，率定参数合理，是可以用来对其进行预测的。

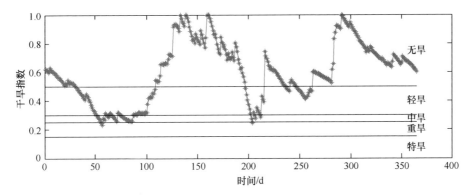

图 5-10　干旱与旱灾预测模型的验证~2009年干旱演变过程

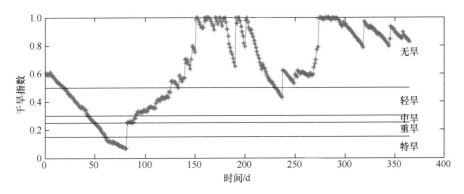

图 5-11　干旱与旱灾预测模型的验证~2010年干旱演变过程

5.2.4　干旱与旱灾预测

研究以历史典型水文年的数据为例说明本模型用于干旱和旱灾预测的方法，但在实际应用中，需要将气象资料替换成预测时段的预测值。

5.2.4.1　干旱与旱灾预测——以湄潭县典型为例

（1）干旱预测。根据湄潭县降水频率分析（5.1.3节的典型水文年分析），分别确定了湄潭县丰、平、偏枯、特枯年4个水文年对应的历史年份。

以未来10天的短期预测为例。首先，给定初始土壤含水量和未来的气象资料（资料清单见图5-6），然后根据式（5-16）计算出第1天的腾发量，并利用式（5-10）第2天的土壤含水率，再利用式（5-9）~式（5-13）计算出第2天的腾发量，然后再利用式（5-10）计算出第3天的土壤含水率，再利用式（5-11）~式（5-13）计算出第3天的腾发量，依次递推，可计算未来 10 天的土壤含水率和腾发量，利用式（5-14）~式（5-18），就可以实现未来 10 天旱情和旱灾预测。这时根据旱情、灾情和区域农业可供水确定灌溉管理策略，这样 10 天为一阶段的就预测结束了。当这 10 天过去后，检验土壤含水率的预测准确性，并将此时的土壤含水率作为下个预测时段的初始值，采用类似上述过程对下个时段（未来 10 天）的旱情、灾情进行预测。依次类推，就可预测一年或作物一个生育期的旱情、灾情状况。

以 10d 为一个预测周期，对湄潭县 4 个典型水文年全年的预测结果如图 5-12 所示。可以看出，随着降水由丰到枯（P=20%~95%），春旱和夏秋旱始终是主要干旱，且有加重趋势。

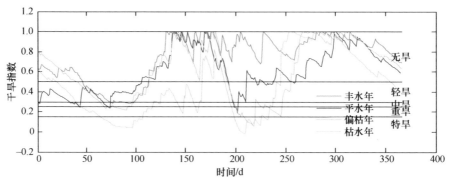

图 5-12　湄潭县干旱预测

（2）旱灾预测。图 5-13（a）和（b）分别是湄潭县不同水文年下的小麦和玉米的灾损情况。可以看出，小麦特枯年的减产率明显高于其他水文年，玉米从平水年到特枯年减产率呈直线上升趋势，其中丰水年和特枯年对小麦减产率的影响较小，主要是由于小麦关键需水时段与主要降雨时段耦合性差，而对玉米的减产率影响较大，因为玉米需水旺盛期与主要降雨期能较好地吻合。

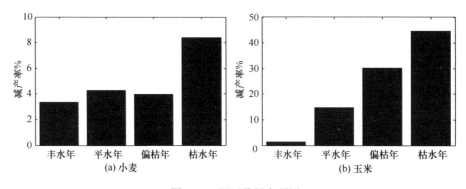

图 5-13　湄潭县旱灾预测

5.2.4.2　干旱预测与旱灾预测在实际应用中注意的问题

在应用上述实时动态修正的农业干旱预测模型时，需注意以下问题：①首先，应明确一次预测期，这需要根据所能提供的气象预测尺度来确定；②模型率定只包括凋萎系数和田间持水量，在实际应用中，其他参数需要进一步率定（如计划湿润层深度、基础作物系数、有效降水利用系数以及式（5-13）中的 a 等），但上述参数率定适用于这些参数未知的情况下，当有准确的试验测定值时，则直接利用实测值；③每个阶段预测结束后，需根据实测土壤含水率对初始值进行实时修正。

本研究建立了基于实时动态修正的短期农业旱情预测及灾情预测模型，该模型的基本特征是基于短期气象预测做出的旱情预测，并根据实测土壤含水率等进行实时修正，充分将现有最先进干旱预测管理、技术手段和区域实时资料相结合，从理论的科学性和资料的时效性两个方面保证了该模型的准确性，通过在贵州省典型县干旱预测中进行应用，尤其是经过了模型的率定和验证，结果显示模拟结果与实际旱情发生发展吻合较好，因此，该模型能够用于贵州省旱情旱灾预测。这种通过一定时间调整，就可以使相应数据的选择更加符合实际预测精度，也会趋于稳定。

5.3　基于集对分析方法的贵州省农业干旱预警

5.3.1　干旱预警指标的分类

5.3.1.1　气象干旱指标

一般情况下，气象干旱发生时，不仅降水量偏少，而且会伴随着少云、日照时间增长、气温升高和空气干燥等气象异常。气象干旱的发生会造成降水对土壤含水量和地表、地下径流补给量的减少。降水指标是气象干旱指标中最常见的指标，主要有标准化降水指数、降水距平百分率、相对湿润度指数、综合气象干旱指数和连续无雨日数，由于降水量的多少基本反映了天气的干湿状况，是影响干旱的主要因素，加之降水量指标具有简便、直观、资料准确丰富的特点，在干旱分析和相关研究中应用较多。

准化降水指数（standardized precipitation index，SPI）。公式为

$$\text{SPI} = \pm[t - (c_0 + c_1 + c_2 t^2)/(1 + d_1 t + d_2 t^2 + d_3 t^3)]　　　　　（5-25）$$

式中，t 为累积概率的函数；c、d 均为系数，当累积概率小于 0.5 时取负号，否则取正值。Hayes 使用 SPI 监测美国的干旱得到了很好的效果，但是 SPI 假定了所有地点旱涝发生概率相同，无法标识频发地区，此外没有考虑水分的支出。

降水距平百分率，表征某时段降水量较常年同期值偏多或偏少的指标之一，能直观反映降水异常引起的干旱。公式为

$$P_a = (P - P_0)/P_0 \times 100\%　　　　　（5-26）$$

式中，P 为某时段降水量（mm）；P_0 为计算时段同期气候平均降水量。

降水距平百分率以历史平均水平为基础确定旱涝程度，反映了某时段降水量相对于同期平均状态的偏离程度。这种方法在我国气象台站中经常使用，但是降水距平百分率对平均值的依赖性较大，对于降水时空分布极不均匀的西北地区不宜使用统一的降水距

平百分率标准。

连续无雨日数。指作物在正常生长期间，连续无有效降雨的天数。有效降雨指：春季的 3~5 月和秋季的 9~11 月，一日雨量大于 3mm 的降水；夏季 6~8 月一日雨量大于 5mm 的降水。

相对湿润度指数表征某时段降水量与蒸发量之间平衡的指标之一，某时段降水量与同一时段长有植被地段的最大可能蒸发量相比的百分率，其计算公式为

$$MI = \frac{P - PE}{PE} \tag{5-27}$$

式中，P 为某时段的降水量（mm）；PE 为某时段的可能蒸散量（mm），用 FAO Penman-Monteith 或 Thornthwaite 方法计算。

综合气象干旱指数，是以标准化降水指数、相对湿润度指数和降水量为基础建立的一种综合指数。它是用近 30d（相当于月尺度）和近 90d（相当于季尺度）降水量标准化降水指数，以及近 30d 相对湿润度指数进行综合而得，该指标既反映短时间尺度（月）和长时间尺度（季）降水量气候异常情况，又反映短时间尺度（影响农作物）水分亏欠情况。该指标适合实时气象干旱监测和历史同期气象干旱评估。其计算公式为

$$CI = \alpha Z_3 + \gamma M_3 + \beta Z_9 \tag{5-28}$$

当 CI＞0 时，$P_{10} \geq P_a$；$P_{30} \geq 1.5 \times P_a$，并且 $P_{10} \geq P_a / 3$；或 $P_d \geq P_a / 2$，则 CI=CI；否则 CI=0。

当 CI＜0，并且 $P_{10} \geq E_0$ 时，则 $CI = 0.5 \times CI$；当 $P_y < 200$ mm 时，CI=0。

P_a =200mm，$E_0 = E_5$，当 E_5＜5mm 时，则 E_0 =5mm。

式中，Z_3、Z_9 为近 30d 和 90d 标准化降水指数 SPI；M_3 为近 30d 相对湿润度指数；E_5 为近 5d 的可能蒸散量，用桑斯维特方法（Thornthwaite）计算。P_{10} 为近 10d 的降水量，P_{30} 为近 30d 降水量，P_d 为近 10d 一日最大降水量，P_a 为常年年降水量；α 为近 30d 标准化降水系数，平均取 0.4；γ 为近 90d 标准化降水系数，平均取 0.4；β 为近 30d 相对湿润系数，平均取 0.8。

通过式（5-28），利用逐日平均气温、降水量滚动计算每天综合干旱指数 CI 进行逐日实时干旱监测。

降水 Z 指数，由于某一时段的降水量一般并不服从正态分布，假设其服从 Person-III 型分布，通过对降水量进行正态化处理，可将概率密度函数 Person-III 型分布转换为以 Z 为变量的标准正态分布，公式为

$$Z = \frac{6}{C_s} \left(\frac{C_s}{2} \phi + 1 \right)^{1/3} - \frac{6}{C_s} + \frac{C_s}{6} \tag{5-29}$$

式中，ϕ 为降水的标准化变量；C_s 为偏态系数，其计算公式为

$$C_s = \frac{\sum_{i=1}^{n} (Ri - \overline{R})^3}{nS^3} \tag{5-30}$$

式中，n 为样本数；S 为样本均方差。

Z 指数是对不服从正态分布的变量经过正态化处理以后得到的，因而对于降水时空分布不均匀的西北地区可使用。

降水温度均一化指标，实际上就是降水标准化变量与温度标准化变量之差，即

$$I_s = \frac{R - \overline{R}}{\sigma_R} - \frac{T - \overline{T}}{\sigma_T} \qquad (5\text{-}31)$$

式中，R 为时段降水量；$\overline{R}$ 为多年平均降水量；σ_R 为降水量均方差；T 为时段平均气温；$\overline{T}$ 为多年平均气温；σ_T 为气温均方差。

I_s 考虑了气温对干旱发生的影响。一般地，在其他条件相同时，高温有利于地面蒸发，反之则不利于蒸发，因此，当降水减少时，高温将加剧干旱的发展或导致异常干旱，反之将抑制干旱的发生与发展，从气温对干旱的影响物理机制上讲是完全正确的。但气温对干旱的影响程度是随地区和时间不同的，因此，在运用 I_s 指标时，应对温度影响项加适当权重。

降水标准化变量 M，它是用某一时段的降水量距平值与历年同期降水量标准差的百分比来表示的，其平均值为 0，方差为 1。计算公式为

$$M_i = 100(X_i - X)/\sigma \qquad (5\text{-}32)$$

5.3.1.2 农业干旱指标

传统的农业干旱监测指标包括帕尔默干旱指数、地表水分供应指数、作物湿度指数、土壤相对湿度、作物受旱率和区域农业旱情综合指数。

帕尔默干旱指数（palmer drought severity index，PDSI）是一种被广泛用于评估旱情的干旱指标。该指标不仅列入了水量平衡概念，考虑了降水、蒸散、径流和土壤含水量等条件，同时也涉及一系列农业干旱问题，考虑了水分的供需关系，具有较好的时间、空间可比性。用该指标方法基本上能描述干旱发生、发展直至结束的全过程。因此，从形式上用 Palmer 方法可提出最难确定的干旱特性，即干旱强度及其持续时间。

地表水分供应指数（surface water supply index，SWSI）。SWSI 是对 PDSI 的一个补充，由 Shafer 和 Dez-man 在 1982 年设计开发，它不考虑地形差异，也不考虑地表积雪及其产生的径流。SWSI 的目的是把水文和气候特征耦合成一个综合的指数值。计算 SWSI 的主要输入参数有积雪当量、流量及流速、降水量、水库存储量。SWSI 的最大优点是计算简单，能够反映流域内的地表水分供应状况。由于 SWSI 在每个地区或流域的计算都不一样，因此，流域之间或地区之间的 SWSI 缺乏可比性。

作物湿度指数（crop moisture index，CMI）。由降水亏缺计算得到的 PDSI 对监测长期干旱状况是一个非常有用的指标，然而，农作物在关键生长季节对短期的水分亏缺是受高度影响的，并且降水亏缺的发生与土壤水分引起的农业干旱之间有一个滞后时间。为此，Palmer 在 PDSI 的基础上开发了 CMI 作为监测短期农业干旱的指标，CMI 主要是基于区域内每周或旬的平均温度和总降水来计算，能快速反映农作物的土壤水分状况。

CMI 已被美国农业部（USDA）采用，并在其《天气和作物周报》上作为短期作物水分需求指标发布。

土壤相对湿度。土壤相对湿度是土壤湿度占田间持水量的百分比，它是表征土壤中含有水分多少的指示性指标，能够直接反映农作物可利用水分高低的程度。它采用 10~20cm 深度的土壤相对湿度，实用范围为旱地农作物。土壤相对湿度的计算公式如下：

$$R = \frac{\omega}{f_c} \times 100\% \tag{5-33}$$

式中，R 为土壤相对湿度（%）；ω 为土壤重量含水率（%）；f_c 为土壤田间持水量（%）。

作物受旱率。指某一地区某时段作物受旱面积占总播种作物面积的百分比。计算公式为

$$S_1 = \frac{A_1}{A_0} \times 100\% \tag{5-34}$$

式中，A_1 为区域内作物受旱面积，包括水田和旱田（万亩）；A_0 为区域内作物种植面积，（万亩）。

区域农业旱情指数。它用来评估区域农业旱情，计算公式为

$$I_a = \sum_{i=1}^{4} A_i B_i \tag{5-35}$$

式中，I_a 为区域农业旱情指数，指数区间为 0~4；i 为农作物旱情等级，i=1、2、3、4 依次代表轻、中、严重和特大干旱；A_i 为某一旱情等级农作物面积与耕地总面积之比（%）；B_i 为不同旱情等级的权重系数，轻、中、严重和特大干旱的权重系数 B_i 分别赋值为 1、2、3、4。

5.3.1.3 水文干旱指标

水文干旱指标是根据水量平衡方程，考虑不同干旱情况下的供水保证率，如以河川径流低于一定供水要求阈值的历时和不足量、以衡量水利设施的蓄水量为特征的指标等。通常包括水库蓄水量距平百分率、河湖蓄水量距平百分率、河流来水量、河流水位、地下水埋深、城市干旱缺水率等。

水库蓄水量距平百分率和河流来水量距平百分率是反映一个地方地表水丰枯程度的重要指标，这些地表水往往是一个区域供水的主要来源；地下水埋深则是反映地下水多少的指标，它可以直观地表现地下水，并且容易测得。在水文指标中常选用水库蓄水量距平百分率、河流来水量距平百分率等来监测区域干旱的程度。

水库蓄水量距平百分率公式：

$$I_k = (S - S_0) / S_0 \times 100 \tag{5-36}$$

式中，S 为当前水库蓄水量（万 m^3）；S_0 为同期多年平均蓄水量（万 m^3）。

河流来水量距平百分率公式：

$$I_r = (R_w - R_0) / R_0 \times 100\% \tag{5-37}$$

式中，R_w 为当前江河流量（m³/s）；R_0 为多年同期平均流量（m³/s）。

5.3.1.4 社会经济干旱指标

社会经济干旱与其他干旱类型明显不同，因为它是按正常用水需求是否得到满足来定义的。

人均可获得水资源量是衡量可利用水资源的程度指标之一，它是指在一个地区（流域）内，某一个时期按人口平均每个人占有的水资源量，单位为 L/（人·d）。

因旱饮水困难人口占当地总人口比例，指由于干旱造成城乡居民临时性的饮用水困难人口与当地总人口相比的百分率，属于长期饮水困难的不列入此范围。

$$\eta = \theta_1 / \theta_2 \tag{5-38}$$

式中，θ_1 为因旱饮水困难人口；θ_2 为当地的总人口。

5.3.2 贵州干旱预警指标体系的构建

预警指标体系由几部分组成，是能够表示危机趋势和风险程度的主要特征量。

选择预警指标一般遵循以下原则。

（1）动态性原则。旱情的发展随着时间条件的变化和推移而发生着变化，个别预警指标可能不再具有预测作用。为了充分代表预警指标，实践中需要随时随地调整和替换新的预警指标。

（2）匹配性原则。预警方法和预警目的应当与预警指标相互匹配，预警方法不同，预警目的不同，预警指标也不尽相同。

（3）可靠性原则。在选预警指标前，应当确定其数据来源的可靠性，尽可能多地统计数据的样本数量，为了实现预警和满足预测需要，应选择较长的时间序列。

（4）准确性原则。为了能够反映旱情发展过程中的变化趋势，还有出现的各种问题，应当灵敏、准确、及时地选择预警指标。

（5）可操作性原则。选择预警指标时，应充分利用现有规范标准和统计指标，全面反映干旱系统中的各种内涵，尽量考虑指标和数据的量化难易程度。

（6）数据可获取性。预警数据是预警有效性的基础，没有及时有效数据，预警精准度将大幅度降低，甚至失去预警意义。

遵循以上原则结合贵州实际情况，贵州省干旱预警指标体系的构建如下。

未来旬降水距平百分率计算比较简单，天气预报可以预测出未来 10 天的降水量，由此可算出未来旬降水距平百分率，相对于其他气象干旱指标而言，时间尺度可以精确到旬，能和预警周期保持一致。所以气象干旱指标选择未来旬降水距平百分率 P_a。

土壤相对湿度为预测指标，干旱预测部分能够预测出下一旬每天的土壤相对湿度，取其平均值得出下一旬预测的土壤相对湿度，这样也可以和干旱预测章节保持一致。区域农业旱情指数在研究区农业旱情动态统计信息中可以算出，所以农业干旱指标选择土壤相对湿度 R 和区域农业旱情指数 I_a。

　　水利工程蓄水距平百分率可通过研究区水利工程蓄水动态统计信息查得，资料容易获取，所以水文干旱指标选择水利工程蓄水距平百分率 I_k。

　　因旱饮水困难人口占当地总人口的比例能够反映出干旱时在水资源短缺情况下，人们的正常用水需求得不到满足而产生的社会经济影响。所以社会经济干旱指标选择因旱饮水困难人口占当地总人口的比例 η。

　　干旱是一个持续的累积过程，干旱积累指标也是预警修正指标，它反映上一旬发生干旱情况对预警旬的影响，能够反映干旱的累积效应和动态实时效应。上一旬干旱状况必定对预警旬干旱发展有影响。干旱预警中的未来旬降水距平百分率中的降水是通过预测得出的，而预警修正指标中的降水是实际发生的，其计算结果是以实际的降水距平评估出来的。如预警中旬发生轻旱，当预警下旬时，中旬实际的降水量已得知，中旬实际干旱情况可通过实际降水距平百分率求出，此即为预警修正指标。将它作为预警下旬干旱的一个预警指标，这样就实现了预警结果的动态修正，所以，预警修正指标为上一旬实际旱情。

　　指标体系图如图 5-14 所示。

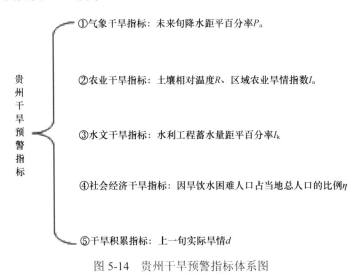

贵州干旱预警指标
{
①气象干旱指标：未来旬降水距平百分率 P_a
②农业干旱指标：土壤相对温度 R、区域农业旱情指数 I_a
③水文干旱指标：水利工程蓄水量距平百分率 I_k
④社会经济干旱指标：因旱饮水困难人口占当地总人口的比例 η
⑤干旱积累指标：上一旬实际旱情 d
}

图 5-14　贵州干旱预警指标体系图

　　上述预警指标体系中，未来旬降水距平百分率是未来的指标，反映未来水分的短缺状况和旱情，而其余几项指标是现状的指标，反映的是干旱的累积效应。

5.3.3　旱情警度划分和警限确定

5.3.3.1　旱情警度划分标准

　　用预警指标对区域的干旱程度进行预警时，为了取得比较一致的标准，根据国家有关规定和各类技术标准，结合专家意见和抗旱实践经验，按照灾情严重性和紧急程度，将干旱程度从无旱到特大干旱划分为 5 个等级：分别为无旱（Ⅴ级）、轻度干旱（Ⅳ级）、中度干旱（Ⅲ级）、重度干旱（Ⅱ级）和特大干旱（Ⅰ级），与之相对应的警度为：无警、

轻警、中警、重警和特警，其中无旱为无警，轻旱为轻警，中旱为中警，重旱为重警，
特大干旱为特警，见表 5-14。应该注意的是干旱程度是一个渐变的过程，因此，警度的
划分是一个比较模糊的概念。

表 5-14 干旱警度划分表

干旱等级	旱情表现	警度	信号显示
无旱	区域供水情况良好，能满足正常的工农业生产和生活用水，不存在警情	无警	绿灯
轻度干旱	县级及以上城市轻度干旱，供水量低于正常日用水量 5%~10%，部分地方因少雨、缺墒、缺水影响农作物生长，水田不能按需求供水，禾苗出现萎蔫，警情处于孕育和发展阶段	轻警	蓝灯
中度干旱	县级及以上城市中度干旱，供水量低于正常日用水量 10%~20%，生产生活受到较大影响，农作物严重缺水，水田脱水，出现禾苗枯死，工业生产受到限制	中警	黄灯
重度干旱	县级及以上城市重度干旱，供水量低于正常日用水量 20%~30%，较大面积较长时间无雨，居民生活出现危险，农作物发育生长严重受阻，稻田龟裂、禾苗枯萎死苗，工业生产受到极大限制，高耗水企业停产。警情爆发	重警	橙灯
特大干旱	县级及以上城市极度干旱，供水量低于正常日用水量 30%，居民生活受到严重影响，耕地长期大面积缺水，对农作物生长构成极大威胁，旱灾损失已不可避免。水田出现大面积稻田龟裂、禾苗枯死现象，工业生产基本停止，警情完全爆发	特警	红灯

5.3.3.2 警限确定

为准确预报旱情警度必须科学合理确定旱情预警警限。我国各地气候差异较大，各
地的旱情和敏感程度也不相同，为了准确预报警情，必须根据研究区域所处自然环境、
气候类型、土壤性质和作物品种等，按旬、月或作物的生长阶段合理划分预警指标的警
限。表 5-15、表 5-16、表 5-17、表 5-18、表 5-19、表 5-20 和表 5-21 分别为降水量距平
百分率 P_a 干旱等级划分表、以旬为尺度的降水量距百分率 P_a 干旱等级划分表、土壤相
对湿度 R 干旱等级划分表、区域农业旱情指数 I_a 干旱等级划分表、水利工程蓄水量距
平百分率 I_k 干旱等级划分表和因旱饮水困难判别条件，以及因旱饮水困难人口占当地总人
口的比例 η 干旱等级划分表。

依据中华人民共和国国家标准《气象干旱等级》（GB/T 20481—2006）的降水距平
百分率等级划分见表 5-15。

表 5-15 降水量距平百分率 P_a 干旱等级划分表

等级	类型	P_a 值/%		
		月尺度	季尺度	年尺度
V	无旱	$-40<P_a$	$-25<P_a$	$-15<P_a$
IV	轻旱	$-60<P_a\leqslant-40$	$-50<P_a\leqslant-25$	$-30<P_a\leqslant-15$
III	中旱	$-80<P_a\leqslant-60$	$-70<P_a\leqslant-50$	$-40<P_a\leqslant-30$
II	重旱	$-95<P_a\leqslant-80$	$-80<P_a\leqslant-70$	$-45<P_a\leqslant-40$
I	特旱	$P_a\leqslant-95$	$P_a\leqslant-80$	$P_a\leqslant-45$

　　未来旬降水量距平百分率 P_a 可根据天气预报的方法，预测出未来 10 天的降水量，然后根据计算时段同期平均降水量，求得 P_a。上表中 P_a 的时间尺度为月尺度、季尺度和年尺度，然而干旱预警是以旬为尺度的，贵州省以旬为尺度的降水量距平百分率参考《贵州省干旱标准》（DB 52/T 501—2006）月尺度划分标准并进行适当修正，见表 5-16。

表5-16　以旬为尺度的降水量距平百分率 P_a 干旱等级划分表

等级	类型	P_a 值/%
V	无旱	$-40 < P_a$
IV	轻旱	$-60 < P_a \leqslant -40$
III	中旱	$-80 < P_a \leqslant -60$
II	重旱	$-95 < P_a \leqslant -80$
I	特旱	$P_a \leqslant -95$

　　土壤相对湿度 R 的等级划分参照《贵州省干旱标准》（DB 52/T 501—2006），这里指的是 10~20cm 深度的土壤相对湿度。

表5-17　土壤相对湿度 R 干旱等级划分表

等级	类型	R 值（10~20cm 深度）/%
V	无旱	$R > 60$
IV	轻旱	$50 < R \leqslant 60$
III	中旱	$40 < R \leqslant 50$
II	重旱	$30 < R \leqslant 40$
I	特旱	$R \leqslant 30$

　　区域农业旱情指数 I_a 的等级划分参照水利部发布的中华人民共和国水利行业标准《旱情等级标准》（SL 424—2008）。在计算时，公式中 A_i 为目前农作物受不同等级旱情面积占总面积的百分比，即为轻旱面积、中旱面积、重旱面积和特旱面积与总耕地面积之比。

表5-18　区域农业旱情指数 I_a 干旱等级划分表

行政区级别	不同旱情等级的区域农业旱情指数 I_a			
	轻度干旱	中度干旱	严重干旱	特大干旱
全国	$0.05 \leqslant I_a < 0.1$	$0.1 \leqslant I_a < 0.2$	$0.2 \leqslant I_a < 0.3$	$0.3 \leqslant I_a \leqslant 4$
省（自治区、直辖市）	$0.1 \leqslant I_a < 0.5$	$0.5 \leqslant I_a < 0.9$	$0.9 \leqslant I_a < 1.5$	$1.5 \leqslant I_a \leqslant 4$
地（市）	$0.1 \leqslant I_a < 0.6$	$0.6 \leqslant I_a < 1.2$	$1.2 \leqslant I_a < 2.1$	$2.1 \leqslant I_a \leqslant 4$
县（区）	$0.1 \leqslant I_a < 0.7$	$0.7 \leqslant I_a < 1.2$	$1.2 \leqslant I_a < 2.2$	$2.2 \leqslant I_a \leqslant 4$

　　水利工程蓄水量距平百分率 I_k 的等级划分参照中华人民共和国水利行业标准《旱情等级标准》（SL 424—2008）。

表 5-19 水利工程蓄水量距平百分率 I_k 干旱等级划分表

等级	类型	I_k 值
V	无旱	$I_k>-10$
IV	轻旱	$-30<I_k\leqslant-10$
III	中旱	$-50<I_k\leqslant-30$
II	重旱	$-80<I_k\leqslant-50$
I	特旱	$I_k\leqslant-80$

因旱饮水困难人口占当地总人口的比例 η 的等级划分参照中华人民共和国水利行业标准《旱情等级标准》(SL 424—2008)。用因旱饮水困难人口总数或因旱饮水困难人口占当地总人口数量的比例中等级高者作为省级因旱饮水困难等级,用因旱饮水困难人口占当地总人口比例作为市(州、地)和县(市、区)因旱饮水困难等级。研究对因旱饮水困难程度评价仅以干旱评价期间全省因旱饮水困难高峰值作为评价依据。鉴于目前饮水困难人口主要为农村地区,因此,计算基数采用农村人口数据,而非总人口数据。

因旱饮水困难必须同时满足表 5-20 条件一和条件二,其中条件一任意一项符合即可。

表 5-20 因旱饮水困难判别条件

	判别条件	判别标准
条件一	取水地点	因旱改变
	基本生活用水量/(L/(人·d))	<35
条件二	因旱饮水困难持续时间/d	>15

表 5-21 因旱饮水困难人口占当地总人口的比例 η 干旱等级划分表

行政区级别		全国	省(自治区、直辖市)	地(市)	县(区)
轻度困难	困难人口/万人	500~1500	50~100	—	—
	困难人口占当地总人口比例/%	—	5~10	10~15	15~20
中度困难	困难人口/万人	1500~3500	100~400	—	—
	困难人口占当地总人口比例/%	—	10~15	15~20	20~30
严重困难	困难人口/万人	3500-5000	400-600	—	—
	困难人口占当地总人口比例/%	—	15~20	20~30	30~40
特别困难	困难人口/万人	≥5000	≥600	—	—
	困难人口占当地总人口比例/%	—	≥20	≥30	≥40

5.3.3.3 预警信号显示

为了将预警结果予以生动的表示,研究中采用信号灯法,对于不同状况的干旱程度采用红、橙、黄、蓝、绿五种颜色的灯号来表示。各灯号的含义如下。

"绿灯",无警状态。表示区域供水状况良好,能满足正常的工农业生产和生活用水,不存在警情,没有干旱现象发生,此时应注意水资源的合理配置使用,加强污水的处理和防治,防止由于配置和使用不当导致的供水不足和人为干旱。

"蓝灯",轻警状态。表示区域供水开始略低于正常日用水量,旱像已初露,并且已经向轻旱发展，警情处于孕育和发展阶段，此时应及时掌握旱情变化情况，了解社会各方面的用水需求，充分挖掘河网优势，以防止其向"黄灯"转变。

"黄灯"，中警状态。表示区域干旱状况略严重，生产生活受到较为严重的影响，属于中度干旱状态，警情处于发展和爆发阶段，此时应该密切注视旱情发展变化情况，通过各种排警措施努力使其向"蓝灯"转变。

"橙灯"，重警状态。表示区域内干旱状况已经严重。此时应加强旱情监测，加强抗旱水源的管理和调度，充分挖掘河网可利用蓄水，错峰用水，优先保证生活用水。

"红灯"，特警状态。表示区域内干旱状况极其严重，已经威胁到区域内人民群众的生命安全，属于特大干旱状态，警情完全爆发。此时内部挖掘潜力已经很小，必须采取各种紧急措施，通过压缩用水指标引调外来水、人工降雨等来控制灾情发展，尽量减少灾害损失。

5.3.4 集对分析方法

5.3.4.1 定义有关概念

本研究在常规集对分析思路的基础上，利用可展性对同一度进行扩展。同异反联系度结构的特征之一是具有可展性，μ 在同一层次上是可以展开的，其一般展开形式为

$$\mu = (a_1 + a_2 + \cdots + a_m) + (b_1 + b_2 + \cdots + b_n)\,i + (c_1 + c_2 + \cdots + c_l)\,j \qquad (5\text{-}39)$$

$$\sum_{t=1}^{m} a_t + \sum_{t=1}^{n} b_t + \sum_{t=1}^{l} c_t = 1, \quad a_t \geqslant 0, \quad b_t \geqslant 0, \quad c_t \geqslant 0, \quad i \in [-1,1], \quad j \equiv -1 \text{。}$$

$$\mu = (a_1 + a_2 + \cdots + a_m) + (b_1 i_1 + b_2 i_2 + \cdots + b_n i_n) + (c_1 j_1 + c_2 j_2 + \cdots + c_l j_l) \qquad (5\text{-}40)$$

$$\sum_{t=1}^{m} a_t + \sum_{t=1}^{n} b_t + \sum_{t=1}^{l} c_t = 1, \quad a_t \geqslant 0, \quad b_t \geqslant 0, \quad c_t \geqslant 0, \quad i_k \in [-1,1], \quad j_s \equiv -1 \text{。}$$

定义 1：统称 $a_t(t=1,2,\cdots,m)$、$b_t(t=1,2,\cdots,n)$、$c_t(t=1,2,\cdots,l)$ 为集对元，可统一用 e 来表示。

定义 2：称 e 为多元联系向量，$e = (a_1, \cdots, a_m, b_1, \cdots, b_n, c_1, \cdots, c_l) = (e_1, \cdots, e_p)$，$p$ 为评价等级数。

定义 3：称 ε 为多元系数向量，$\varepsilon = (z_1, \cdots, z_h, i_1, \cdots, i_g, j_1, \cdots, j_k)^{\mathrm{T}}$，$z_t \geqslant 0$，$i_k \in [-1,1]$，$j_s \equiv -1$，$h+g+k=p$。

5.3.4.2 多元系数向量确定准则

在综合评级标准中，优劣性从左向右单调递变，根据评价等级与细化要求确定多元非零元系数，使得 ε 与 e 元素相对应，多元系数向量确定准则如下。

规定 1：在多元向量中，定义最大元素为主要同一度，简称主同，记作 a_m；主同左侧 $a_{m-1} \sim a_1$ 的元素为超级同一度，简称超同，记作 a_{si}（$1 < i < m-1$）；a_{si} 对 a_m 有支持、

同化等积极影响作用，把这种作用定义为同化度，记作 S；a_{si} 离 a_m 越远，其优越性越高，支持、同化影响 a_m 的作用越强。主同右侧根据评价需要设置差异度个数，记作 b_y，一般只设一个差异度就可以满足需求；差异度右侧的元素统称为对立度，记作 c_z。

规定 2：在多元系数向量中，定义与主同元素对应元素为主同系数，记作 z_h，$z_h=1$；定义与超同对应元素为超同系数，记作 z_k，$z_k=1$；定义主同系数右侧相邻 n 个系数为差异系数，记作 i_y；定义差异度右侧所有系数为对立系数，记作 j_m，$j_m\equiv-1$。

单一指标集对分析联系度 μ 与联系向量 e 的关系为

$$\mu = e\varepsilon \tag{5-41}$$

5.3.4.3　集对元模糊计算

评价指标可分为效益型、成本型、三角固定型和梯形固定型，最常用的是效益型和成本型。所谓效益型，指的是实测值越大，评价等级越高，即越大越优型；所谓成本型，指的是实测值越小，评价等级越高，即越小越优型。当某评价指标值 x 落在第 i 级与第 $i+1$ 级之间时，s_i、s_{i+1} 分别为评价标准上下阈值，效益型和成本型指标对应的集对元 e_i 计算公式如下。

效益型：

$$e_i=\begin{cases}0 & x=s_i\\ \dfrac{x-s_i}{s_{i+1}-s_i} & s_i<x<s_{i+1}\\ 1 & x=s_{i+1}\end{cases} \tag{5-42}$$

成本型：

$$e_i=\begin{cases}1 & x=s_i\\ \dfrac{s_{i+1}-x}{s_{i+1}-s_i} & s_i<x<s_{i+1}\\ 0 & x=s_{i+1}\end{cases} \tag{5-43}$$

e_{i+1} 的计算公式为

$$e_{i+1}=1-e_i \tag{5-44}$$

此评价指标联系向量为 $e_k=(e_{1k},\cdots,e_{pk})=(0,\cdots,e_i,e_{i+1},\cdots,0)$。计算 n 个指标后，构建评价联系矩阵 R：

$$R=\begin{bmatrix}e_{11},\cdots,e_{p1}\\ \vdots\\ e_{1t},\cdots,e_{pt}\\ \vdots\\ e_{1n},\cdots,e_{pn}\end{bmatrix} \tag{5-45}$$

5.3.4.4　综合评价多元联系数

设 $\varpi = (\omega_1, \cdots, \omega_n)$ 为权重向量，则综合评价多元联系向量 e 为

$$e = \varpi R = (\sum_{t=1}^{n} e_{1t}, \cdots, \sum_{t=1}^{n} e_{pt}) \tag{5-46}$$

式（5-41）与式（5-46）联立得到综合评价多元联系数 μ：

$$\mu = e\varepsilon = \sum_{t=1}^{m-1} e_t z_k + a_m z_h + \sum_{t=m+1}^{m+1+g} e_t i_t + \sum_{t=m+g+2}^{p} e_t j_t \tag{5-47}$$

式中，$z_k \equiv z_h \equiv 1$，$-1 \leqslant i_t \leqslant 1$，$j_t \equiv -1$。

$$\mu = e\varepsilon = \sum_{t=1}^{m-1} e_t z_k + a_m z_h + e_{m+1} i + \sum_{t=m+2}^{p} e_t j \tag{5-48}$$

式中，$z_k \equiv z_h \equiv 1$，$-1 \leqslant i \leqslant 1$，$j \equiv -1$。

5.3.4.5　综合评价判别条件

基于式（5-47）和式（5-48），在多元综合评价中，当最大隶属度处于各种状态的中间，且两侧状态的隶属度值呈对称分布情形时，a_m 所在级别就是评价对象的级别，即 m 级。最大隶属度处于其他状态与分布情形时，为了评价结果更真实合理，探讨多元联系数的集对分析在评价系统归属级别时的适用条件。

设在[0，1]闭区间，连续系统两个极点之间，取 p（$p \geqslant 3$）个级别点（含两端极点级别点）应用集对分析系统优劣性进行评价后，得到系统对各个级别点的归属程度，分别为 $e_1, e_2, \cdots, a_m, \cdots, e_p$。

多元联系数的集对分析在评价系统归属级别时需满足适用条件：

$$a_m \geqslant 0.5 \tag{5-49}$$

当式（5-49）成立时，a_m 所在级别就是评价对象的级别，即 m 级；当不满足上式条件时，以黄金分割率0.618作为多元评级定级判断点，依据同化度定义计算同化度：

$$N = a_m + \left(\frac{1}{m}\right) e_{m-1} + \cdots + \left(\frac{i}{m}\right) e_{m-i} \quad （2 < i < m-1） \tag{5-50}$$

当 $N < 0.5$ 时，评价对象级别是 $m+1$ 级；当 $0.5 \leqslant N < 0.618$ 时，a_m 所在级别就是评价对象的级别，即 m 级；当 $0.618 \leqslant N < 1$ 时，评价对象级别是 $m-1$ 级；当 $N \geqslant 1$ 时，评价对象级别是 $m-2$ 级。

5.3.5 典型地区干旱预警模型

5.3.5.1 干旱预警等级标准

表 5-22 中，X_1、X_2、X_3、X_4、X_5 分别表示未来旬降水距平百分率、土壤相对湿度、区域农业旱情指数、水利工程蓄水距平百分率和因旱饮水困难人口占当地总人口比例。

表 5-22 贵州干旱预警指标标准分级

指标	V级无旱	IV级轻旱	III级中旱	II级重旱	I级特旱
X_1	>−40%	(−60%, −40%]	(−80%, −60%]	(−95%, −80%]	≤−95%
X_2	>60%	(50%, 60%]	(40%, 50%]	(30%, 40%]	(0, 30%]
X_3	[0, 0.1)	[0.1, 0.7)	[0.7, 1.2)	[1.2, 2.2)	[2.2, 4]
X_4	>−10%	(−30%, −10%]	(−50%, −30%]	(−80%, −50%]	≤−80%
X_5	[0, 15%)	[15%, 20%)	[20%, 30%)	[30%, 40%)	≥40%

5.3.5.2 典型县各指标统计资料

应用本研究方法对贵州地区旱情进行分析评价，并根据评价结果发出预警信号，对各干旱级别采用五色信号灯法发布预警信息。因为资料中 2013 年 8 月各指标数据最为全面，所以实例选取贵州省修文县、兴仁县、湄潭县、纳雍县、榕江县、印江县 2013 年 8 月各项指标监测数据，分别在 7 月 31 日、8 月 10 日、8 月 20 日对各个县 8 月上旬、中旬、下旬发出干旱预警（表 5-23~表 5-28）。表中的 X_1 为依据天气预报预测的未来 10d 降水量算出的未来旬降水距平百分率，而 X_6 为依据实际降水量算出的降水距平百分率，根据它可求出实际发生干旱情况，即预警修正指标。

表 5-23 修文县 8 月各指标值

8 月	X_1/%	X_2/%	X_3/%	X_4/%	X_5/%	X_6/%
上旬	−60.59	19.21	1.96	−12	16	−77.03
中旬	−40.25	15.69	1.96	−20	18	−36.94
下旬	200.65	27.69	1.96	−25	10	258.67

表 5-24 兴仁县 8 月各指标值

8 月	X_1/%	X_2/%	X_3/%	X_4/%	X_5/%	X_6/%
上旬	−25.68	66.36	0.21	−80	3	−23.03
中旬	−60.52	58.73	0.49	−80	3	−51.85
下旬	−4.23	69.82	0.49	−80	3	−3.76

表 5-25 湄潭县 8 月各指标值

8 月	X_1/%	X_2/%	X_3/%	X_4/%	X_5/%	X_6/%
上旬	−89.23	14.5	0.39	−40	13	−91.10
中旬	−62.31	13.5	0.39	−42	13	−59.76
下旬	−55.20	13.5	0.39	−42	13	−49.16

表 5-26　纳雍县 8 月各指标值

8 月	X_1/%	X_2/%	X_3/%	X_4/%	X_5/%	X_6/%
上旬	−72.36	19.21	0.06	0	0	−70.01
中旬	−51.41	19.21	0.07	0	1	−50.68
下旬	−4.67	26.8	0.07	−11	1	−4.85

表 5-27　榕江县 8 月各指标值

8 月	X_1/%	X_2/%	X_3/%	X_4/%	X_5/%	X_6/%
上旬	−90.78	15.69	0.56	0	7	−97.62
中旬	−30.42	15.69	0.83	0	4	−32.82
下旬	500.18	20.5	0.56	−15	4	546.46

表 5-28　印江县 8 月各指标值

8 月	X_1/%	X_2/%	X_3/%	X_4/%	X_5/%	X_6/%
上旬	−93.27	58.73	0.80	0	20	−95.62
中旬	−36.26	58.73	0.97	0	25	−35.24
下旬	−4.87	69.82	0.85	−8	25	−4.62

5.3.5.3　层次分析法确定指标权重

运用层次分析法确定指标权重，其中，判断矩阵为

$$\begin{bmatrix} 1 & 3 & 2 & 3 & 3 & 1 \\ 1/3 & 1 & 1/2 & 3 & 2 & 1/3 \\ 1/2 & 2 & 1 & 3 & 2 & 1/2 \\ 1/3 & 1/3 & 1/3 & 1 & 2 & 1/3 \\ 1/3 & 1/2 & 1/2 & 1/2 & 1 & 1/3 \\ 1 & 3 & 2 & 3 & 3 & 1 \end{bmatrix}$$

得到权重向量 $\varpi = [0.2742, 0.1245, 0.1705, 0.0842, 0.0724, 0.2742]$，求出此时对应的 $\lambda_{\max} = 6.2641$。最后再对判断矩阵进行一致性检验，经计算，一致性指标 $C \cdot I = 0.0528$，平均随机一致性指标 $R \cdot I = 1.26$，得出一致性比率 $C \cdot R = 0.0419 < 0.1$，符合要求，所以接受此判断矩阵。

5.3.5.4　预警结果与分析

利用式（5-18）~式（5-23）计算，当 7 月 31 日预警修文县 8 月上旬警度时，已知 7 月下旬实际发生中旱，将此结果代入 8 月上旬预警计算过程中作为一个预警指标，即干旱预警修正指标为上一旬实际旱情：Ⅲ级中旱。结合另外五项预警指标，得到综合评价多元联系向量 e 为：$e_{上旬} = [0.023, 0.142, 0.581, 0.174, 0.080]$。同理，当 8 月 10 日预警 8 月中旬警度时，8 月上旬实际发生降水量已得知，可求得 8 月上旬实际发生干旱情况，将其作为预警 8 月中旬的干旱预警修正指标，以此类推，这样就实现了预警结果的修正。具体计算过程如下。

修文县：

$$e_{预警上旬} = [0.023, 0.142, 0.581, 0.174, 0.080]$$

$$e_{实际上旬} = [0.023, 0.175, 0.548, 0.174, 0.080]$$

$$e_{预警中旬} = [0.074, 0.356, 0.315, 0.189, 0.065]$$

$$e_{实际中旬} = [0.345, 0.086, 0.315, 0.189, 0.065]$$

$$e_{预警下旬} = [0.344, 0.361, 0.041, 0.140, 0.115]$$

$$e_{实际下旬} = [0.344, 0.361, 0.041, 0.140, 0.115]$$

兴仁县：

$$e_{预警上旬} = [0.488, 0.154, 0.274, 0.000, 0.084]$$

$$e_{实际上旬} = [0.488, 0.154, 0.274, 0.000, 0.084]$$

$$e_{预警中旬} = [0.133, 0.515, 0.267, 0.000, 0.084]$$

$$e_{实际中旬} = [0.245, 0.671, 0.000, 0.000, 0.084]$$

$$e_{预警下旬} = [0.516, 0.400, 0.000, 0.000, 0.084]$$

$$e_{实际下旬} = [0.516, 0.400, 0.000, 0.000, 0.084]$$

湄潭县：

$$e_{预警上旬} = [0.145, 0.140, 0.422, 0.229, 0.064]$$

$$e_{实际上旬} = [0.145, 0.140, 0.423, 0.227, 0.064]$$

$$e_{预警中旬} = [0.145, 0.163, 0.567, 0.065, 0.068]$$

$$e_{实际中旬} = [0.148, 0.401, 0.325, 0.056, 0.068]$$

$$e_{预警下旬} = [0.211, 0.340, 0.325, 0.056, 0.068]$$

$$e_{实际下旬} = [0.271, 0.280, 0.325, 0.056, 0.068]$$

纳雍县：

$$e_{预警上旬} = [0.259, 0.173, 0.444, 0.045, 0.080]$$

$$e_{实际上旬} = [0.259, 0.205, 0.411, 0.045, 0.080]$$

$$e_{预警中旬} = [0.389, 0.486, 0.000, 0.045, 0.080]$$

$$e_{实际中旬} = [0.322, 0.554, 0.000, 0.045, 0.080]$$

$$e_{预警下旬} = [0.465, 0.410, 0.000, 0.000, 0.125]$$

$$e_{实际下旬} = [0.465, 0.410, 0.000, 0.000, 0.125]$$

榕江县：

$$e_{预警上旬} = [0.163, 0.165, 0.351, 0.257, 0.065]$$

$$e_{实际上旬} = [0.163, 0.165, 0.274, 0.059, 0.339]$$

$$e_{预警中旬} = [0.411, 0.064, 0.126, 0.334, 0.065]$$

$$e_{实际中旬} = [0.411, 0.064, 0.126, 0.334, 0.065]$$

$$e_{预警下旬} = [0.388, 0.487, 0.000, 0.000, 0.125]$$

$$e_{实际下旬} = [0.388, 0.487, 0.000, 0.000, 0.125]$$

印江县：

$$e_{预警上旬} = [0.100, 0.143, 0.515, 0.243, 0.000]$$

$$e_{实际上旬} = [0.100, 0.143, 0.483, 0.000, 0.274]$$

$$e_{预警中旬} = [0.374, 0.223, 0.402, 0.000, 0.000]$$

$$e_{实际中旬} = [0.374, 0.223, 0.402, 0.000, 0.000]$$

$$e_{预警下旬} = [0.483, 0.362, 0.156, 0.000, 0.000]$$

$$e_{实际下旬} = [0.483, 0.362, 0.156, 0.000, 0.000]$$

本例中一元差异度就可以满足要求，根据多元系数向量确定规则，采用式（5-41）和式（5-47），分别得到修文县、兴仁县、湄潭县、纳雍县、榕江县、印江县 8 月上、中、下旬综合评价多元联系度 μ 。

修文县：

$$\mu_{预警上旬} = 0.023z_2 + 0.142z_1 + 0.581 + 0174i + 0.080j$$

$$\mu_{预警中旬} = 0.074z + 0.356 + 0.315i + 0.189j_1 + 0.065j_2$$

$$\mu_{预警下旬} = 0.344z + 0.361 + 0.041i + 0.140j_1 + 0.115j_2$$

兴仁县：

$$\mu_{预警上旬} = 0.488 + 0.154i + 0.274j_1 + 0.000j_2 + 0.084j_3$$

$$\mu_{预警中旬} = 0.133z + 0.515 + 0.267i + 0.000j_1 + 0.084j_2$$

$$\mu_{预警下旬} = 0.516 + 0.400i + 0.000j_1 + 0.000j_2 + 0.084j_3$$

湄潭县：

$$\mu_{预警上旬} = 0.145z_2 + 0.140z_1 + 0.422 + 0.229i + 0.064j$$

$$\mu_{预警中旬} = 0.145z_2 + 0.163z_1 + 0.567 + 0.065i + 0.068j$$

$$\mu_{预警下旬} = 0.211z + 0.340 + 0.325i + 0.056j_1 + 0.068j_2$$

纳雍县：

$$\mu_{预警上旬} = 0.259z_2 + 0.173z_1 + 0.444 + 0.045i + 0.080j$$

$$\mu_{预警中旬} = 0.389z + 0.486 + 0.000i + 0.045j_1 + 0.080j_2$$

$$\mu_{预警下旬} = 0.465 + 0.410i + 0.000j_1 + 0.000j_2 + 0.125j_3$$

榕江县：

$$\mu_{预警上旬} = 0.163z_2 + 0.165z_1 + 0.351 + 0.257i + 0.065j$$

$$\mu_{预警中旬} = 0.411 + 0.064i + 0.126j_1 + 0.334j_2 + 0.065j_3$$

$$\mu_{预警下旬} = 0.388z + 0.487 + 0.000i + 0.000j_1 + 0.125j_2$$

印江县：

$$\mu_{预警上旬} = 0.100z_2 + 0.143z_1 + 0.515 + 0.243i + 0.000j$$

$$\mu_{预警中旬} = 0.374z_2 + 0.223z_1 + 0.402 + 0.000i + 0.000j$$

$$\mu_{预警下旬} = 0.483 + 0.362i + 0.156j_1 + 0.000j_2 + 0.000j_3$$

应用常规集对分析预警结果为：修文县 8 月上旬为中警，中旬为轻警，下旬为轻警；兴仁县 8 月上旬为无警，中旬为轻警，下旬为无警；湄潭县 8 月上旬为中警，中旬为中警，下旬为轻警；纳雍县 8 月上旬为中警，中旬为轻警，下旬为无警；榕江县 8 月上旬为中警，中旬为无警，下旬为轻警；印江县 8 月上旬为中警，中旬为中警，下旬为无警。具体结果见表 5-29~表 5-34。

表 5-29　修文县 2013 年 8 月干旱预警结果

时间（8 月）	本研究 SPA			常规 SPA		
	类型	警度	信号	类型	警度	信号
上旬	中旱	中警	黄灯	中旱	中警	黄灯
中旬	中旱	中警	黄灯	轻旱	轻警	蓝灯
下旬	轻旱	轻警	蓝灯	轻旱	轻警	蓝灯

表 5-30　兴仁县 2013 年 8 月干旱预警结果

时间（8 月）	本研究 SPA			常规 SPA		
	类型	警度	信号	类型	警度	信号
上旬	轻旱	轻警	蓝灯	无旱	无警	绿灯
中旬	轻旱	轻警	蓝灯	轻旱	轻警	蓝灯
下旬	无旱	无警	绿灯	无旱	无警	绿灯

表 5-31　湄潭县 2013 年 8 月干旱预警结果

时间（8 月）	本研究 SPA			常规 SPA		
	类型	警度	信号	类型	警度	信号
上旬	中旱	中警	黄灯	中旱	中警	黄灯
中旬	中旱	中警	黄灯	中旱	中警	黄灯
下旬	中旱	中警	黄灯	轻旱	轻警	蓝灯

表 5-32　纳雍县 2013 年 8 月干旱预警结果

时间（8 月）	本研究 SPA			常规 SPA		
	类型	警度	信号	类型	警度	信号
上旬	轻旱	轻警	蓝灯	中旱	中警	黄灯
中旬	无旱	无警	绿灯	轻旱	轻警	蓝灯
下旬	轻旱	轻警	蓝灯	无旱	无警	绿灯

表 5-33　榕江县 2013 年 8 月干旱预警结果

时间（8 月）	本研究 SPA			常规 SPA		
	类型	警度	信号	类型	警度	信号
上旬	中旱	中警	黄灯	中旱	中警	黄灯
中旬	轻旱	轻警	蓝灯	无旱	无警	绿灯
下旬	无旱	无警	绿灯	轻旱	轻警	蓝灯

表 5-34　印江县 2013 年 8 月干旱预警结果

时间（8 月）	本研究 SPA			常规 SPA		
	类型	警度	信号	类型	警度	信号
上旬	中旱	中警	黄灯	中旱	中警	黄灯
中旬	轻旱	轻警	蓝灯	中旱	中警	黄灯
下旬	轻旱	轻警	蓝灯	无旱	无警	绿灯

　　然而，根据本模型评价判别条件可知，修文县的中、下旬；兴仁县的上旬；湄潭县的上、下旬；纳雍县的上、中、下旬；榕江县的上、中、下旬；印江县的中、下旬的 a_m 都不符合式（5-49）的适用条件，需计算同化度 N。

　　经计算，修文县 $N_{中旬}=0.394$，$N_{下旬}=0.533$；兴仁县 $N_{上旬}=0.488$；湄潭县 $N_{上旬}$ 0.565，$N_{下旬}=0.445$；纳雍县 $N_{上旬}=0.674$，$N_{中旬}=0.681$，$N_{下旬}=0.465$；榕江县 $N_{上旬}$ 0.515，$N_{中旬}=0.411$，$N_{下旬}=0.681$；印江县 $N_{中旬}=0.726$，$N_{下旬}=0.483$。

　　依据本研究多元集对分析模型预警结果应为：修文县 8 月上旬为中警，信号为黄灯；中旬为中警，信号为黄灯；下旬为轻警，信号为蓝灯。兴仁县 8 月上旬为轻警，信号为蓝灯；中旬为轻警，信号为蓝灯；下旬为无警，信号为绿灯。湄潭县 8 月上旬为中警，信号为黄灯；中旬为中警，信号为黄灯；下旬为中警，信号为黄灯。纳雍县 8 月上旬为轻警，信号为蓝灯；中旬为无警，信号为绿灯；下旬为轻警，信号为蓝灯。榕江县 8 月上旬为中警，信号为黄灯；中旬为轻警，信号为蓝灯；下旬为无警，信号为绿灯。印江县 8 月上旬为中警，信号为黄灯；中旬为轻警，信号为蓝灯；下旬为轻警，信号为蓝灯。

　　根据图 5-15 可得，从两种方法评价与预警结果比较来看，改进 SPA 理论预警结果与实际发生干旱情况是一致的；常规 SPA 模型没考虑更优指标对同一度的影响，只看同一度，不符合最大隶属度原则，把修文县 8 月中旬警度评为轻警，发出预警信号为蓝灯；兴仁县 8 月上旬警度评为无警，发出预警信号为绿灯；湄潭县 8 月下旬警度评为轻警，发出预警信号为蓝灯；纳雍县 8 月上旬警度评为中警，发出预警信号为黄灯，中旬警度评为轻警，发出预警信号为蓝灯，下旬警度评为无警，发出预警信号为绿灯；榕江县 8 月中旬警度评为无警，发出预警信号为绿灯，下旬警度评为轻警，发出预警信号为蓝灯；印江县 8 月中旬警度评为中警，发出预警信号为黄灯，下旬警度评为无警，发出预警信号为绿灯；这些都不符合实际情况。而本研究不仅看同一度，而且看同一度左侧更优值对同一度的影响，考虑更为全面。本研究多元集对分析模型与常规集对分析模型相比，先判断适用条件，适用后评级预警，不适用时计算同化度，再评级预警，得出结论更符合实际情况，结果更为合理。

典型县	时间		
	8 月上旬	8 月中旬	8 月下旬
修文县	Yellow	Yellow	Blue
兴仁县	Blue	Blue	Green
湄潭县	Yellow	Yellow	Yellow
纳雍县	Blue	Green	Blue
榕江县	Yellow	Blue	Green
印江县	Yellow	Blue	Blue

图 5-15　典型县干旱预警结果图

5.4　结　　论

　　建立了基于土壤含水率指标、作物缺水率指标和实时动态修正的贵州省农业干旱与旱灾预测模型，主要从土壤干旱和作物旱灾损失两个方面对干旱和旱灾进行了预测研究，通过本研究能够为贵州农业干旱的抗旱减灾提供一定的支持。

（1）作物缺水率指标是根据作物需水与区域实际供水能力之间的对比关系，结合缺水率干旱等级标准进行干旱评估，该方法相对简单，同时基于区域实际供需水量关系，因此，不仅能够体现现状的干旱状况，还能对潜在干旱风险做出一定的预测。该方法是基于抗旱能力的土壤干旱预测，相对较为科学，但由于该方法预测的准确性主要取决于供水能力、实际用水状况等资料的完备程度，该预测模型不仅适用于作物生育期和年尺度的预测，而且能体现水利工程在贵州抗旱减灾中发挥的巨大作用。

（2）实时动态修正的农业旱情旱灾预测模型能够与天气预测、灌溉管理和土壤含水率监测等相结合，对作物干旱影响因素考虑最为全面和及时，可准确地对农作物旱情及旱灾损失进行动态预测，因此，建议作为贵州农业灾害损失预测的首选方法。此外，该方法尤其适用于以县市为评价区，以乡镇为单元的小区域尺度上的旱情旱灾预测与抗旱管理决策。

（3）构建了干旱预警指标体系，将旱情等级划分为 5 个等级，确定了旱情预警的警度划分标准和警限。利用集对分析可展性，引入同化度等概念建立了多元集对分析模糊预警模型，并采用层次分析法（AHP）确定各指标权重。应用该模型对贵州省修文县、兴仁县、湄潭县、纳雍县、榕江县、印江县 2013 年 8 月上、中、下旬发生的干旱情况进行预警，发现运用该模型得出的预警结果与实际发生干旱情况相符合，该预警模型是一种切实有效可行的预警方法。

6 贵州省农业旱灾管理

6.1 干旱灾害风险管理体系及管理流程

旱灾风险管理体系包括法律法规体系、组织保障体系、应急指挥体系、装备保障体系等，而旱灾风险管理流程大致如图 6-1。

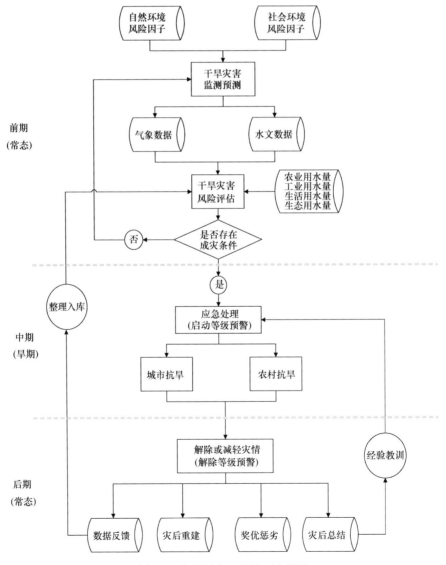

图 6-1 贵州旱灾风险管理流程图

（1）前期。前期工作是在未发生干旱灾害的常态环境下进行的，工作的重点是干旱风险识别和风险衡量，属于归纳和鉴定干旱灾害的过程。从自然环境和社会环境两个角度分析干旱致灾因子的危险性和承载体的易损度，结合干旱灾害监测体系中的气象数据和水文数据，完成干旱灾害风险评估。评估指标可以考虑水量平衡，从农业用水量、工业用水量、生活用水量、生态用水量四个角度出发，判断是否存在出现干旱灾害的可能。如果判断具有成灾条件，则要进入下一个工作阶段，为应急抗旱做准备。如果判断没有成灾条件，则继续进行常态的干旱灾害监测和预测。

（2）中期。中期阶段是指已经判断具有成灾条件或者干旱灾害已经出现的阶段。从城市抗旱和农业抗旱两方面实施抗旱。整个抗旱工作实施行政首长负责制，定岗定责，将工作落实到个人。城市抗旱工作以节水和调水为主，公益宣传节水重要性及节水措施，供水工程在满足本地区的水资源供给的同时可以为周围县市调配水资源。农村抗旱工作以农艺措施和开源节流为主，抗旱组织派出农技专家从抗旱作物选择、作物种植、灌水方式、病虫害防治等角度在旱区第一线指导农户抗旱，加紧抗旱应急水源工程建设，以解决人畜饮水困难为主。

（3）后期。后期阶段是指干旱得到解除或减轻，整个社会又恢复到常态的阶段。尽管就干旱灾害而言风险已经降到安全阶段，但是干旱灾害对自然和经济的破坏还没有得到恢复，管理工作还要继续进行，要对前中期的抗旱管理进行效果检查评价，为日后的抗旱进行修正补充。因为干旱灾害的性质和情况是经常变化的，所以对前期的预测和中期的抗旱都要定期检查和修订，这就需要后期工作给予监测数据和抗旱经验的支持，只有这样才能保证旱灾风险管理得到充分发挥，达到风险管理的目标和效果。

通观前中后3个部分，是相互独立的过程，但是每个部分之间都存在循环工作区。例如：后期工作中的数据反馈要整理纳入到前期工作的干旱灾害风险评估中，丰富干旱灾害风险评估数据库，提高风险评估和风险衡量的准确率。干旱灾害风险评估数据库的组成规范了后期数据反馈的内容，二者相互照应，相互衔接。后期工作的灾后总结要从中期工作,应急处理的应用实践和抗旱效果中获取，得到的经验教训要归纳到下一次的应急处理方案中。应急处理依靠灾后总结来完善，灾后总结通过应急处理来实现。贵州干旱灾害风险管理的循环工作区也是建立管理工作中的信息交流和部门之间合作的一个重要方式。利用这种循环工作建立信息平台，打破组织合作受到制约的局面，既不打扰各部门的分散管理，又可以建立抗旱部门之间的交流，形成合作，聚多为一。

6.2　长效抗旱措施及应急处置

（1）加强抗旱法律法规舆论引导。法律法规是开展工作的支撑和保障。针对抗旱工作，国家及贵州各级各有关部门在《中华人民共和国水法》基础上，先后出台了系列相关法律法规，如《中华人民共和国抗旱条例》《中华人民共和国农田水利条例》《贵州省抗旱办法》等，且每年借"世界水日""中国水周"等机会加强相关法律法规的宣传普及，不定期以电视、报纸、杂志及新媒体等多种平台强化舆论引导，但目前这些法律法规宣传普及程度总体不高，群众尤其是农民群体法治意识不强，取用水文明程度有待进一步提高。今后宜继续强化抗旱相关法律法规知识的普及力度,充分挖掘新媒体优势,丰富抗旱法律法规宣传渠道和形式。

(2)拓展农村水利建设投资渠道,多渠道整合资金,挖掘成库条件资源,继续推进水源工程建设和连通工作。针对研究区居住人口分散,人畜饮水和耕地零星分布的实际,引导农户自行兴建或支持政府兴修小微型水源工程,以改善农作物和人饮用水条件。鼓励用水协会或当地政府通过融资、信贷、补贴等方式多渠道筹集资金,推动大中型骨干水源工程建设。充分利用喀斯特岩溶地质条件,发挥岩溶地下水供水能力相对稳定、水位变幅相对较小的优势,发掘地下水库成库条件,兴建地下水水库。

水源联网工程是抗旱应急备用水源的集中规划。针对研究区农村供水工程供水保证率普遍偏低的实际,本着以人为本的发展理念,在巩固提升农村饮水安全的同时,以研究区近年大力推进实施的骨干水源工程为契机,研究骨干水源工程的管网配套连通工程,以提高易旱区、重旱区村镇和城市抗旱应急备用水源储备。

(3)继续推进农村水利尤其是农田水利建设,提升抗旱应急供水能力。农业灌溉是贵州省的用、耗水大户,在大中型灌区节水配套改造建设基础上,结合近年持续实施的小型农田重点县建设、高效节水示范区建设、高标准农田建设以及山区水利现代化建设等专项农田水利基础设施建设,探索农田水利工程合理布置方案,优化农业灌溉取用水配置模式。针对传统种植习惯,考虑民族聚居、民族习俗等特殊地域因素,优化农业种植结构,鼓励培育、选种抗旱种质资源,继续推进农业高效节水工程措施、农艺措施和管理措施发展进程。尤其对于需水、耗水最多的水稻,普及推广"薄、浅、湿、晒"灌溉制度。

对于农村庭院经济及偏远地区未有农田水利工程覆盖的旱坡地,鼓励通过新建集雨工程等小微型水利工程作为抗旱补给水源。

(4)加强对农村水利工程的岁修和养护保障。水利工程运行环境普遍恶劣,建后管护是保证工程持续发挥效益的重要保障。贵州很多地方农村水利工程尤其是农田水利工程多为20世纪50~70年代修建,运行多年后均存在不同程度的老化失修、效益衰减甚至瘫痪弃管现象,而近年兴建的很多农村水利工程,也普遍存在重建轻管现象。为确保农村水利工程效益的持续发挥,今后应更加重视其建后管护问题。对于小微型工程,建议继续推进产权制度改革,明确小微型工程的所有权、使用权和经营权;对于以公益性为主但暂不具备产权制度改革的农村水利工程,鼓励和支持用水户依法成立用水合作机构对水利工程供水开展水费支撑维修和养护费用,必要时通过财政补助渠道解决。

(5)搞好水土保持综合治理,涵养山区水源。研究区贵州境内土壤侵蚀面积、喀斯特面积和石漠化面积占比均较大,土层稀薄,诸多不利的自然因素阻碍了降水对土壤水分的有效补给,使得土壤干裂速度较快。实施天然林保护、退耕还林、速生林木基地建设、石漠化治理等工程均可作为解决水土流失问题的有力措施;在不适宜种植树木的地方进行草场种植,实施人工种草和草地改良,可选根系发达、耐旱的乔灌木。通过水土保持综合治理,在改善降雨径流下垫面条件,遏制水土流(漏)失的同时,大幅增加了山地土壤的水分涵养能力。

（6）加强节水改造和用水管理

启用边缘水如生活用水、暴雨洪水的资源化利用。加强农业供配水系统节水改造工程措施和非工程措施建设；继续强化用水定额管理，制订合理可行的农业用水水价，通过经济杠杆促进节约用水，促进和培养群众节水意识，减少农业用水损失，提高农业用水效率。

（7）完善干旱预测预警监测网点建设，挖掘大数据防灾减灾潜力

目前贵州旱情动态监测预警主要是靠气象数据分析，水文墒情、库情监测站点则严重匮缺，基于水利工程抗旱效益的监测站网建设严重缺乏，站网覆盖度、代表性、可靠性均远不能满足旱灾监测预警工作需要，水利旱情监测预警主要通过逐层上报统计数据分析，人为因素和经验判断对干旱预测预警影响较大。加快干旱预测预警及其配套设施非工程措施建设已迫在眉睫。

为保证旱灾预测预警信息的共享整合，提高旱灾预测预警的精度，建议以贵州大数据建设为契机，整合气象、水利、农业、民政等相关涉农部门旱情旱灾监测信息，加强旱情、旱灾演进趋势研判，以便及时、有效为防旱抗旱决策工作提供可靠参考。

（8）加大抗旱服务组织建设步伐，提高抗旱服务水平。抗旱服务组织是抗旱应急工作的应急后备力量。研究区目前各级行政区均已建立了防汛抗旱服务组织，但各级组织服务能力因经济投入力度、成员业务素质水平、上级重视程度等原因，服务能力严重参差不齐，且在组织建设理念上普遍存在重涝轻旱现象。因此，鉴于研究区相对落后的社会经济水平和抗旱服务组织的公益属性，建议将抗旱服务组织能力建设纳入地方财政预算统筹考虑，结合地方抗旱工作客观需要，在抗旱服务组织物资库建设、物资配置、组织人员规模等方面给予重点关注，并在抗旱物资管理和维护、人员素质等方面加强引导和提升。

（9）编制抗旱应急预案，提高抗旱应急预案的时效性和可操作性。抗旱应急预案是建立在综合防灾规划基础上的专项预案。各级防汛抗旱指挥部门制订的抗旱应急预案应体现完善的应急组织管理指挥系统、应急工程救援保障体系和综合协调、应对自如的相互支持系统，以及充分备灾的保障供应体系，并体现综合救援的应急队伍等，特别重视预案的可操作性。及时对抗旱应急预案进行修订，以确保抗旱应急预案的时效性、科学性和前瞻性。

（10）抗旱应急处置。抗旱应急响应能力及处置效果是防汛抗旱成员单位、抗旱服务组织工作水平的核心检验。研究区抗旱工作实行行政首长负责制，在干旱监测、预测和预警过程中，牵头单位和各成员单位应在行政首长组织领导下，结合抗旱应急预案，各司其职优化工作方案，开展抗旱应急工作，并实时公布旱情、灾情信息，引导公众参与抗旱，必要时实施供水优先次序调整、供水指标压缩、制订旱期水价等特殊手段；对于用水大户农业，考虑基于投入产出的非充分灌溉制度。

（11）灾后评估及生产重建。遇区域严重甚至特大干旱结束后，防汛抗旱各成员单位和各级抗旱服务组织应结合旱情、旱灾具体情况，开展灾害预防、监测预警工作、成灾原因、影响范围、影响程度和抗旱应急工作处置工作等方面的评估工作，总结工作经验，吸取教训，为今后类似情况提供经验参考。同时，强化灾后跟踪扶持，协助灾民恢

复重建，避免因灾返贫。

（12）易旱地区生态移民。旱灾影响程度往往与生态环境的宜居性、社会经济发展的先进性等紧密关联。严重或特大旱灾频发地区往往自然环境恶劣，交通便捷程度不高，社会经济落后，人口密度较小，抗旱救灾成本较高。对于易旱且频繁成灾地区，可考虑自主生态移民优惠政策倾斜；而对于缺乏自主生态移民的群众，政府可通过农业劳动力转移、人口居住转移等方式引导扶持其进行生态移民。

6.3　小　　结

构建贵州省干旱灾害风险管理框架，提出适合贵州省的抗旱措施，完善贵州省干旱灾害风险管理体系，并给出贵州干旱的长效抗旱措施和应急抗旱措施的建议。

7 贵州省农业旱灾综合管理信息系统开发

7.1 系统开发关键技术

7.1.1 地理信息系统二次开发技术

7.1.1.1 ComGIS 技术

ComGIS 开发技术是指利用 GIS 厂商提供的 GIS 功能组件，将 GIS 功能嵌入到应用程序中。ComGIS 开发模式能够充分地利用可视化开发工具，如：NET、Java、C++、VB、Delphi 等，将 GIS 功能嵌入到应用程序中。例如，MapInfo 公司的 MapX、ESRI 公司的 ArcGIS Engine、中地公司的 Map GIS SDK 等。将庞大的 GIS 系统分解成能够按需要组装的 GIS "元件"，通过规范化的系统开发环境与其他非 GIS "元件" 的结合，有效地实现系统融合。

ComGIS 具有以下优点。

（1）不需要专门的 GIS 开发语言。只要掌握基于 Windows 开发的通用环境，以及 ComGIS 各个控件的属性、方法和事件，就可以完成应用系统的开发。

（2）大众化。开发人员可以与使用其他 ActiveX 控件一样，调用 GIS 的控件，使非专业的 GIS 开发人员也能完成 GIS 的应用开发工作。

（3）开发成本低。传统 GIS 软件由于其自身的封闭性，功能大而全，但是常常含有许多用户并不需要的功能。通过 ComGIS 用户可以自由选择自己需要的功能，这样就在很大程度上降低了软件的开发成本。

7.1.1.2 GIS 开发组件

1）ArcGIS Engine

ArcGIS Engine 是 ESRI 公司提供的嵌入式 GIS 组件产品，开发人员不仅可以将 GIS 功能嵌入到已有的软件中，如自定义专用产品，而且可以嵌入到商业软件中，如 Microsoft office 办公软件中，还可以构建集中式自定义应用软件，并将软件提供给机构内的多个用户安装使用。ArcGIS Engine 基于 ArcObjects 构建，对 ArcObjects 进行了重新封装，通过 ArcGIS Engine，开发人员可以为用户搭建及配置 GIS 解决方案，而不需要在同一机器上安装 ArcGIS 桌面应用程序（ArcMap、ArcCatalog 等）。ArcGIS Engine 支持所有标准的开发环境，如.NET、COM（Component Object Model，组件对象模型）、Java 和

C++等，并支持所有主流操作系统，如 Windows、Unix 和 Linux。此外，开发商还可以嵌入部分 ArcGIS 扩展模块中提供的功能。同 ArcObjects 相比，ArcGIS Engine 是对 ArcObjects 的提炼和简化，脱离了 ArcGIS 桌面软件的 ArcGIS Engine，结构更加合理，能够提供满足各种层次、不同用户的开发需要，而且保持了软件的开放性和扩展性。

2）MapX

MapInfo GIS 平台是一个图形-文字信息完美结合的软件，可以将需要的信息资料直观地与图形数据完美地结合起来，该软件提供了常用的分析、查询功能，将结果以图形、表格的方式表现出来。MapInfo 软件提供了与一些常用相连接的数据库接口，可以直接或间接地与数据库进行数据交换。MapInfo 软件提供的开发工具 Map Basic，可以满足用户在图形、界面、查询、分析等方面的各种要求，形成了全用户化的应用集成（张强等，2009）。

MapX 是以 MapInfo 公司开发的二次开发组件，在地图处理数据分析时继承了 MapInfo Professional 的特点，但在图形数据的操作方面，采用 MapX 开发的系统远不如 ArcGIS Engine 开发的系统功能强大。

3）Super Map

Super Map GIS 是我国开发的具有完全自主知识产权的大型地理信息系统软件平台。包括组件式 GIS 开发平台、服务式 GIS 开发平台、嵌入式 GIS 开发平台、桌面 GIS 平台、导航应用开发平台，以及相关的空间数据生产、加工和管理工具。虽然也提供二次开发功能，但在功能和用户体验上，与国外的 GIS 二次开发平台还存在一些差距。

7.1.2　GIS 在干旱评估中的应用

空间分析是 GIS 软件的核心部分，是 GIS 区别于其他软件的重要特征。在 GIS 中，空间分析的方法很多，其中，空间插值是地理信息系统的一种重要的空间分析功能。插值方法可以分为两种，一是空间内插，即在区域内通过已知点的数据插值生成未知点的数据；二是空间外推，通过区域内的数据，外推区域外的数据。通过空间插值，可以由点数据拟合生成栅格表面数据。本研究主要应用克里金插值方法来进行空间内插，生成连续的栅格表面数据。

7.1.2.1　克里金插值

克里金（Kriging）法假设任何变量的空间变化可由 3 个主要成分的和来表示：①与均值和趋势面有关的结构部分；②与局部变化有关的成分；③随机噪声项或者观测误差。令 X 为一维、二维或三维空间中的某一位置，变量 Z 在 X 处的值可以由下面公式计算而得

$$Z(x) = m(x) + \varepsilon'(x) + \varepsilon''(x) \tag{7-1}$$

克里金插值方法采用半方差来构造推估的方差、协方差矩阵。半方差的计算过程为：

第一步确定合适 $m(x)$ 函数。最简单的情况是不存在多项式的趋势面。$m(x)$ 等于采样区的平均值。相距 h 的两点 x 和 $x+h$ 间的差分期望值应为零：

$$E\big[z(x)-z(x+h)\big]=0 \qquad (7\text{-}2)$$

同时假设差分的方差只与两位置之间的距离 h 有关，于是：

$$E\big[z(x)-z(x+h)\big]^2=E\big[\varepsilon'(x)-\varepsilon'(x+h)\big]^2=2\gamma(h) \qquad (7\text{-}3)$$

式中，$\gamma(h)$ 表示半方差函数。

7.1.2.2 ArcGIS 中克里金插值的实现

ArcGIS 空间分析模块中提供了空间插值分析，在 ArcGIS 软件平台提供了普通克里金和泛克里金插值两类，根据不同的半方差理论模型，共有 7 种方法，可以根据数据的特点选择不同的克里金插值方法。以下以普通-球面模型方法为例，对克里金插值在 ArcGIS 平台中实现进行描述。在 ArcGIS 软件平台下，打开 ArcToolbox 工具箱，在"Spatial Analyst Tools"工具箱中选择克里金插值，如图 7-1 所示。

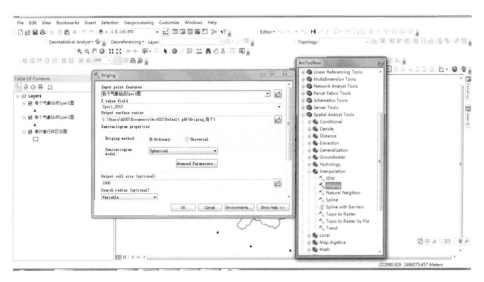

图 7-1　ArcGIS 中克里金插值的实现

在干旱评估中进行插值主要是通过点图层数据生成栅格数据，以便于进行叠加分析、等值线提取等。本系统利用 ArcGIS Engine 二次开发组件，实现了降水量数据的批量插值代码。

7.2 数据处理及建库

针对专用的 GIS 系统来说，数据是基础，数据在很大程度上决定了系统的实用性，一个 GIS 系统构建的快慢与好坏，很大程度上是由数据来决定的。因此，数据处理是很重要的环节。由于 GIS 数据来源繁多，导致数据的格式多种多样。因此，必须对数据进行标准化处理。

7.2.1　数据来源

贵州省农业干旱数据来源广泛，不同的数据有不同的来源方式。例如，站点气象数据中，降水数据来源于国家气象数据平台，旱灾旱情数据及人口数据由来源于贵州省的统计年鉴提供，因此，需针对不同来源的数据进行分析，并做相应的处理。

7.2.2　数据处理

数据处理的目的是将不符合系统要求的数据处理成适应系统要求的数据。由于贵州省的数据大部分是以表格形式存在的数据，因此，需要将属性数据与图形数据进行融合，最终得到可进行图形与属性互查的地理信息基础数据。

7.2.2.1　数据分析

首先需要对所获得的数据进行分类，以确定不同数据质量的数据需要进行不同操作。收集得到的数据包括图形数据和属性数据。

图形数据包括贵州省行政区划图、贵州省水系图、贵州省土地利用图等。

表格数据包括贵州省人口数据表、贵州省三大产业数据表、降水量数据、农业干旱指标数据表（SPEI1、SPEI3）、旱情旱灾数据表包（括受旱率、成灾率、粮食损失量、粮食减产率）、贵州省气象站点数据表、气象站点蒸发量数据。

7.2.2.2　气象站点矢量图层生成

通过气象站点数据所包含的坐标与其他数据，通过插值方法进行空间平均，得到能够表达区域气象特征的栅格与矢量数据，具体过程如下。

在打开软件 ArcMap 后，在 Catalog 目录下找到数据，点击右键→创建要素类→从 XY 数据表，在弹出的对话框中为添加投影（与贵州省行政区数据投影相同）。依次点击确定后就可以生成要素图层，如图 7-2 所示。

在完成要素图层生成后可以添加创建的要素图层，查看数据结果，如图 7-3 所示。

在该数据的基础上，可以进行其他数据的操作，如区域蒸发量的求解。

7.2.2.3　蒸发量数据求解

由于现有的数据是以站点为单位存在的蒸发量，为了表征贵州省各市（州）蒸发量的不同，需要对各站点数据进行空间插值来得到面域数据。在插值分析后，需要进行区域统计，获得各个区域插值后的平均蒸发量，实现步骤如下。

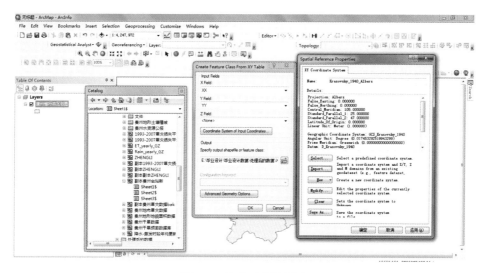

图 7-2　生成要素图层图

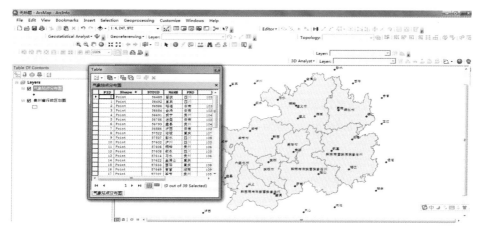

图 7-3　气象站点数据结果图

（1）由于蒸发量是一个实际存在的数据，不可能为 0 值，若存在，是由于气象站点更换引起的，所以应先处理这样的异常点。

（2）对处理后的数据进行插值分析，插值方法用克里金方法。

（3）对得到的插值结果进行区域统计。在空间分析下，找到区域统计，找到区域制表，统计结果是各个市（州）的蒸发量平均值。结果如图 7-4 所示。

（4）重复以上三步，得到其他年份的各市（州）蒸发量。最后将各个年份的平均值作为属性字段添加到图层中，得到各个市（州）各年份蒸发量图形数据。结果如图 7-5 所示。

7.2.3　数据入库

将整理后的数据存入空间数据库，使用 ArcGIS 里自带强大的空间数据库，能够对矢量数据、栅格数据、影像数据、表格数据和文本数据进行统一的管理，且能够与 AE

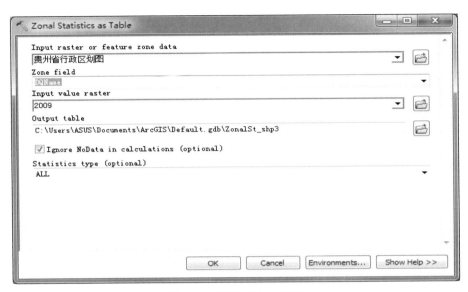

图 7-4　区域统计制表界面

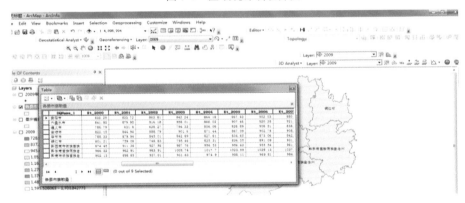

图 7-5　各县市蒸发量数据图

二次开发较好地链接。在 GeoDatabase 基础上，建立起贵州省干旱信息数据库，对数据进行统一管理。

7.2.3.1　数据库建立

数据库的建立包含两个方面：图形数据库与属性数据库。

图形数据库主要涉及与地理位置相关的地理信息数据，如行政区划、土地利用、地形、地貌、植被、土壤、水系等，该类数据则主要通过建立 Geodatabase 数据库的方式实现数据的存储与管理，即将收集到或通过数字化方式得到的基本图层数据以数据导入的方式载入 Geodatabase 数据库中，如图 7-6 所示。

属性数据库的建立主要针对本研究所涉及的旱情旱灾数据，如历史旱灾数据、历史旱情数据等，通过数据分析，得到的旱灾预测、旱灾风险评估和干旱预警数据也要存储在数据库中进行管理，本系统采用 Access 作为数据库管理软件，对获取的旱情旱灾数据以及由此分析得到的结果进行存储和管理。

图 7-6 贵州省干旱信息数据库示意图

7.2.3.2 地图文档制作

在所有数据入库以后，可以调用数据库中的数据来制作地图数据文档。地图文档的制作主要是对数据的可视化表达。根据系统需要，制作地图文档（*.mxd 文件），图 7-7表示已经制作好的贵州省概况地图文档。

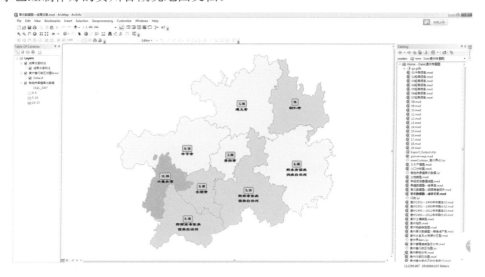

图 7-7 地图文档制作结果图

7.3 系统设计与实现

7.3.1 系统分析

贵州干旱综合管理信息系统作为贵州省抗旱减灾的一部分，要求对贵州省农业干旱做出科学、真实的评价。在对农业干旱程度进行评估时，依据的数据有矢量空间数据。针对需求进行分析，该系统应具有以下业务。

（1）由于系统针对不同的使用人员，因此，需要对该系统的使用人员的权限进行限制；

（2）与干旱相关的数据信息较多，需要对相关的数据分项查询显示；

（3）对于气象站点点状分布数据，需要进行插值获得全省的面状数据；

（4）需要根据已有抗旱内外部条件，对贵州省各县级行政区的抗旱能力进行评价；

（5）需要通过对历史旱情旱灾数据的分析，以及引发旱灾发生的因素出发，对贵州省进行旱灾区划，并进一步针对农业干旱，进行旱灾预测、旱灾风险评估与干旱预警。

7.3.2　开发原则及目标

系统基于以下原则进行设计。

1）规范性和开放性原则

系统的构建应遵守国家有关规范，符合行业标准，根据所选软件平台和系统结构的要求，合理地引导整个系统开发过程。应用结构模块化，以使系统具有较强的灵活性。应用系统结构允许功能的扩充和修改，适应干旱标准结构调整。系统采集的数据应该严格按共享标准和要求进行规范化统一入库，规范作业方法，标准化数据，有效地存储管理图形、图像和音像等海量数据。为系统建成后进一步提升系统的应用奠定基础。

2）扩展性和完整性原则

系统设计在考虑满足当前农业干旱评估的同时，要充分考虑后续工作的相关性。业务上的处理、模型的接口，都留有扩展余地，以满足今后业务规模发展的需求。部分功能考虑采用参数定义生成方式以保证其具备普遍适应性。部分功能采取多种处理模块选择以适应管理模块的变更。

3）数据的共享性原则

GIS 应用系统使用了大量空间数据，空间和地理数据是 GIS 系统运行的基础，空间数据必须保证其时效，才能够保证数据更新和扩充。

4）可移植性原则

地理信息系统平台建设的一项重要优势是可移植性。一个有实用价值的地理信息系统平台，不仅在于它自身结构的合理，而且在于它对环境的适应能力，即它不仅能在一台机器设备上运行，而且能够在其他型号设备上运行。贵州省农业干旱信息评估系统做到了跨机器的移植。

7.3.3　开发平台

7.3.3.1　开发环境选择

在桌面应用系统开发中，微软的系统开发框架和集成开发环境获得了广泛应用。.NET Formwork 4.0 是一个富有革命性的平台，是一个基于"公共语言运行时"（Common Language Runtime CLR）的虚拟执行系统，通过 CLR 和.NET Formwork 提供统一的、面向对象的可扩展的类库集，使它支持多种语言，包括 C#、VB.NET、C++、Python 等的开发语言。

Visual Studio.NET 集成开发环境（Integrated Development Environment，IDE）是.NET 平台下十分强大的开发工具，可以为软件服务商或企业应用程序的部署与发布提供近乎完美的解决方案，并提供了包括设计、编码、编译、调试、数据库链接操作等基本功能和基于开放架构的服务器组件开发平台、企业开发工具和应用程序重新发布工具，以及性能评测报告等高级功能（王建华等，2007 年）。Visual Studio.NET 将Microsoft 公司所有语言的开发环境整合在一起，即所有的语言使用在同一套工具中，在统一的 IDE 中进行开发，使用不同开发语言的程序员可以在这个平台上进行开发和交流。

7.3.3.2　GIS 组件选择

通过对不同的 GIS 组件的功能对比，本系统最终选择 ArcGIS Engine 作为本系统的GIS 二次开发组件，并借用 DevExpress 控件来进行系统界面设计及功能实现。

7.3.4　总体设计

针对贵州干旱的特点、系统设计的原则及目标，基于界面简洁、使用方便的原则，系统总体设计如图 7-8 所示。

系统总体功能主要包括以下 4 个方面。

1）系统登录模块

进入系统需要输入用户名和密码。管理员用户具有对数据进行增加、删除、修改等数据管理权限；一般用户仅具有数据查询、浏览与数据分析的功能，不具备数据管理的权限。

2）数据管理模块

数据管理模块主要体现在属性数据维护、属性数据导出和专题地图输出 3 个方面，属性数据维护主要针对本系统所涉及的随时间变化的数据管理，如降雨数据维护、旱灾预测、旱灾风险评估、干旱预警等，提供数据的增加、删除、修改等编辑功能，使

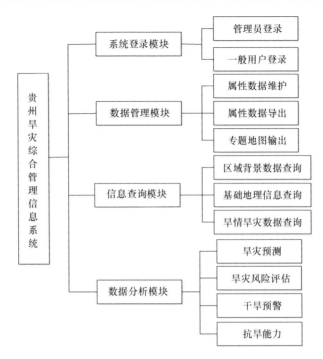

图 7-8　系统总体设计图

得数据能够得到及时更新；属性数据导出则根据用户需求，通过条件查询方式输出用户所需要的数据内容；专题地图输出则主要针对地图数据，按一定比例尺输出用户感兴趣的专题地图。

3）信息查询模块

信息查询模块包括区域背景数据查询、基础地理信息数据查询、旱情旱灾数据查询3 个模块。区域背景数据查询包括区域地理概况、项目概况、人口密度、GDP、土地利用等图形和属性数据的查询；基础地理信息数据查询则通过按属性查询图形或通过鼠标点击查询属性数据的方式，完成基础地理信息查询；旱情旱灾数据则基于构造条件语句查询，以图表格式表达历史旱情、历史旱灾和抗旱能力等数据。

4）数据分析模块

数据分析模块主要包括抗旱能力分析、旱灾预测、旱灾风险评估、干旱预警4 个子模块。抗旱能力分析模块通过对贵州多个县级行政区的抗旱能力分析，提取评价因子，配置权重，得到某一县市的抗旱能力强弱；旱灾预测则根据历史数据，对小麦与玉米等主要农作物的单产产量进行预测；旱灾风险评估则根据危险性风险指数、暴露性风险指数、脆弱性风险指数、抗旱能力风险指数对农业干旱风险进行评价，并针对小米、玉米等主要作物，评估其不同生育期和全生育期的旱灾风险；干旱预警模块则以旬为时间尺度，通过未来旬降水距平百分率、土壤相对湿度、区域农业旱情指数、水利工程蓄水距平百分率、因旱饮水困难人口占当地总人口的比例、依据实际降水量算出的降水距平百分率 6 个指标对某月下一旬可能出现的旱灾情况进行分析，并根据不同的分析结果进行干旱预警。

　　系统主菜单包括文件、区域背景、水文气候、旱情旱灾、抗旱能力、旱灾预风险评估、干旱预警、帮助，如图 7-9 所示。

图 7-9　系统菜单

　　工具条主要是调用 AE 开发中的 axTOCControl 中的工具，如图 7-10 所示。

图 7-10　系统工具条

　　该工具条包含的工具有放大图层、缩小图层、平移图层、全视图显示、固定比例放大、固定比例缩小、上一视图、下一视图、图形选择与清除、按属性查找，点击查询、距离量测、批量插值、图层动态展示要素。

7.3.5　系统功能模块

7.3.5.1　系统登录功能

　　系统登录功能主要是根据用户角色提供不同的功能。可通过输入用户名和密码的方式进入系统。登录界面如图 7-11 所示。

　　以"管理员"和"一般用户"身份登录成功后，系统主界面如图 7-12 所示。两种身份的不同之处在于管理员具有数据维护的权限，而一般用户不具有该权限，以避免多人管理而引发数据的不一致性。因此，管理员需进行一定的系统培训，按一定的标准和格式进行数据的录入与修改。

1）属性数据维护

　　管理员用户可以对本系统所涉及的随时间变化的数据进行维护，实现数据的增加、删除和修改，例如降雨数据，如图 7-13 所示，按照年平均降水量统计的历年降水量数据，则可通过"增加数据"的功能实现数据的更新。在这一过程中，采取"多选择，少填空"的原则，保证数据输入的一致性，如图 7-13 增加数据时，市（州）名称则不需要用户输入，通过下拉组合框选择即可，"修改数据"也采用了相同的原则。数据的增加、删除和修改如图 7-14 所示。

　　图 7-15 为干旱预警数据的维护界面。

图 7-11　系统登录界面

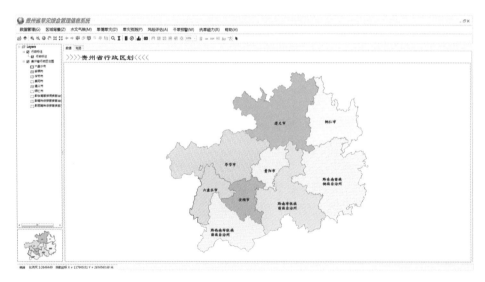

图 7-12　系统主界面

2）属性数据导出

按用户要求，通过条件查询语句，得到数据查询结果之后，即可通过导出数据模块，将数据以 Excel 表格的形式导出，如图 7-16 所示。

3）专题地图输出

对于专用 GIS 系统而言，地图输出是一项基本的功能，本系统实现了这一功能，不

图 7-13　降雨数据维护

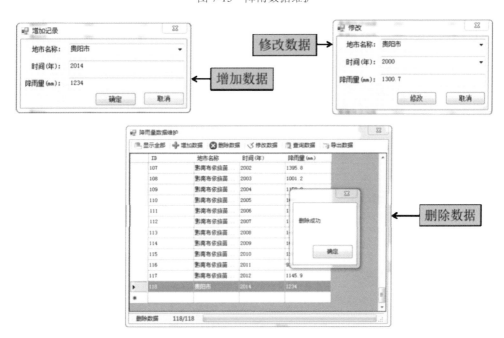

图 7-14　降雨数据的增删改

仅可由用户选择标准化页面进行输出,还可通过"自动检测"的方式,自动检测当前比例尺下地图图幅大小,进行定制输出,图 7-17 页面设置所示为"出图页面设置"对话框。图 7-18 为专题图输出对话框。

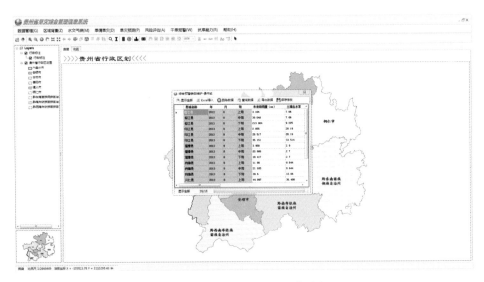

图 7-15 干旱预警数据的增删改

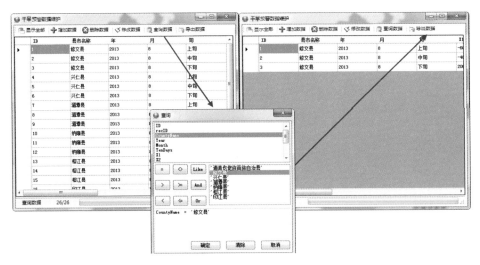

图 7-16 属性数据的导出

7.3.5.2 信息查询模块

1）区域背景数据查询

区域背景数据主要包括研究区自然地理概况、项目概况、人口密度、GDP、土地利用等数据，系统采用专题图表达的方式，使用户能够基于菜单选择的方式查询该区域的背景资料数据，如图 7-19 所示为植被、地形、土壤类型、水系的专题数据。

2）基础地理信息数据查询

基础地理信息数据查询主要指不受限于专题数据的查询，即针对地图中所包含的图层查询相关的信息，例如，通过地图查询属性，即通过在地图上点击图形要素，获得其

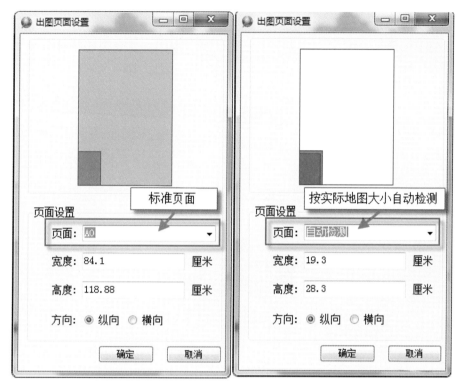

图 7-17　出图页面设置

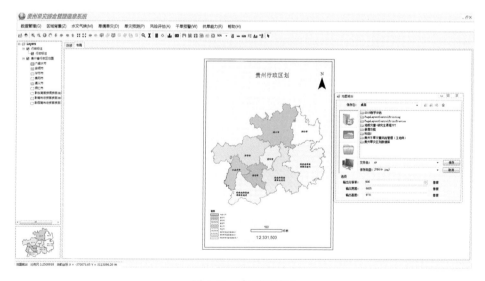

图 7-18　专题图输出

相关的属性信息，如图 7-20 所示；也可根据属性查询图形，即通过获得某一图层的属性中所涉及的字段信息，构造结构化查询语句，获得满足条件的图形信息，并居中高亮显示图形，如图 7-21 所示；此外，本系统还设计了进行距离查询的距离量测功能，即通过鼠标点击构造多段线的方式进行距离查询，如图 7-22 所示。

图 7-19　区域背景数据

图 7-20　点击查询

图 7-21　点击查询

3）旱情旱灾数据查询

旱情旱灾数据是本系统所涉及的最核心的数据，是进行旱灾预测、旱灾区划、干旱预警等研究的基础，因此，历史旱情与旱灾数据的存储、展现尤为重要，本系统提供了针对历史旱情旱灾数据的查询功能，用户可选择某一时间区间段，展示该时间区间段内的历年受旱面积、成灾面积和绝收面积等旱灾数据，如图 7-23 所示。同理，可展示某一时间区间段内的因旱粮食损失、因旱饮水困难人口、因旱饮水困难牲畜等旱情数据，如图 7-24 所示。

图 7-22　距离查询

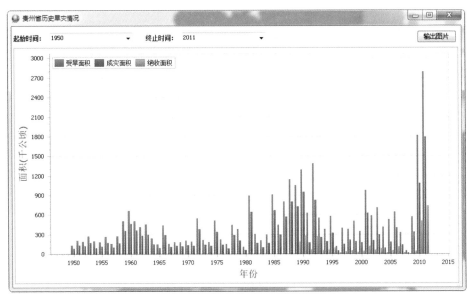

图 7-23　历史旱灾

7.3.5.3　数据分析模块

1）旱情与旱灾预测

通过历年产量数据构建模型，通过载入未来 10 天的气象数据，例如，最高气温、最低气温、平均风速、日照时数、平均相对湿度和降水量等，在给定初始土壤含水率的条件下，预测未来 10 天的土壤含水率。以图表方式展现土壤含水率变化曲线，并给出阈值，根据土壤含水率预测旱情。图 7-25 为依据土壤含水率预测旱情的参数输入窗口；图 7-26 为未来 10 天内的土壤水量；图 7-27 为通过预测模型计算得到的未来 10 天以干

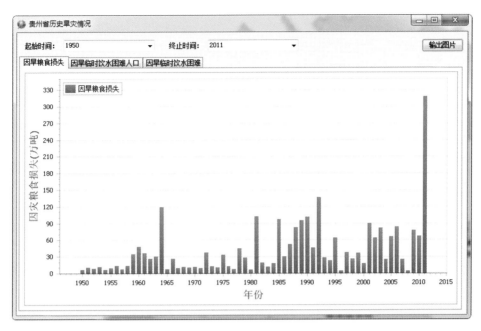

图 7-24 历史旱情

图 7-25 旱情预测参数输入窗口

旱指数曲线，以及由此曲线判定的旱情级别；旱灾预测则根据 ET 的变化来预测灾情的变化，如图 7-28 所示。该功能的设计主要基于第 5 章 5.3.4 小节农业旱灾预测的理论和方法。

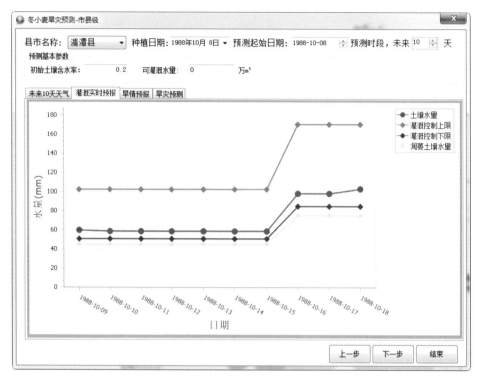

图 7-26　灌溉实时预报

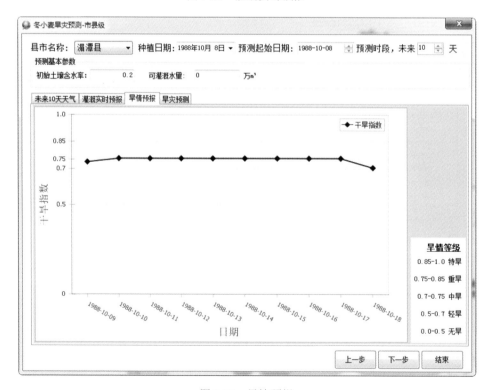

图 7-27　旱情预报

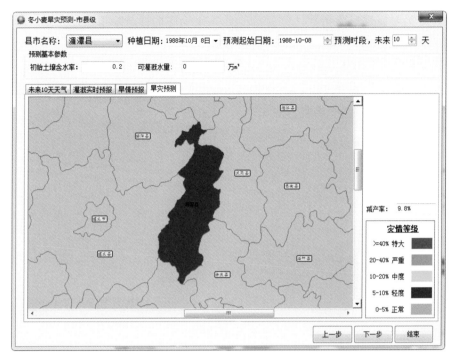

图 7-28 旱灾预测

2）旱灾风险评估

旱灾风险评估采用指标加权叠加的方式实现，按照层次分析法确定权重，将危险性风险指数、暴露性风险指数、脆弱性风险指数和抗旱能力风险指数作为评价干旱灾害风险的第一层次指标，每个指标又存在若干个评价因子，系统按步骤实现了冬小麦和夏玉米各生育阶段、全生育期的旱灾风险评估，如图 7-29 所示，为危险性风险指数计算窗

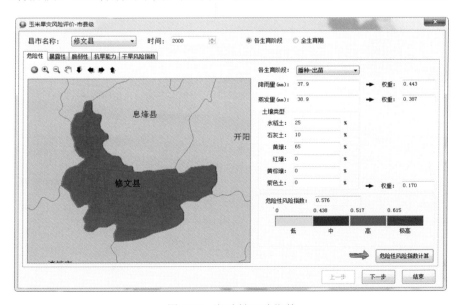

图 7-29 危险性风险指数

口，图7-30为暴露性风险指数计算窗口，图7-31为脆弱性风险指数计算窗口，图7-32为抗旱能力风险指数计算窗口，最终计算得到干旱灾害风险指数，如图 7-33 所示。该功能的设计主要基于第4章贵州省干旱灾害风险评估的理论和方法。

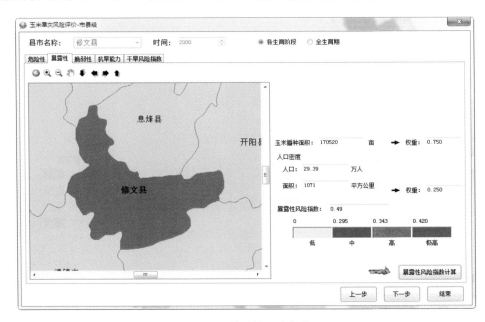

图 7-30　暴露性风险指数

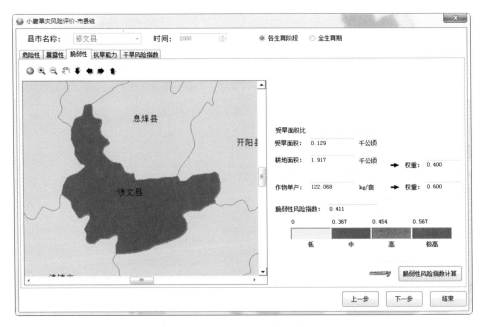

图 7-31　脆弱性风险指数

3）干旱预警

选取未来旬降水距平百分率、土壤相对湿度、区域农业旱情指数、水利工程蓄水距

图 7-32　抗旱能力风险指数

图 7-33　干旱灾害风险评价结果

平百分率、因旱饮水困难人口占当地总人口的比例、依据实际降水量算出的降水距平百分率 6 个指标作为干旱预警指标，以集对分析为基础，计算评价指标矩阵，以旬作为时间预警尺度，对某一县市未来旬可能出现的干旱状况作出相应的旱情级别预警，图 7-34 为预警参数输入窗口，图 7-35 为基于未来降水量、土壤含水率及现状数据计算得到的干旱预警结果，图 7-36 是由实际降水量计算得到的实际旱灾等级，图 7-37 为预警与实际结果的对比分析。该功能的设计主要基于第 6 章贵州典型区干旱预警的理论和方法。

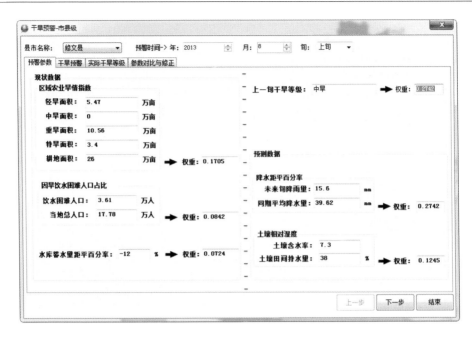

图 7-34　干旱预警参数输入窗口

图 7-35　干旱预警结果

4）抗旱能力

从抗旱人员投入、抗旱设备投入和抗旱资金投入三方面的数据出发，对比贵州各市（州）的抗旱投入，如图 7-38~图 7-40 所示，并从抗旱浇灌面积、临时解决饮水困难人口、临时解决饮水困难大牲畜 3 个方面对比贵州各市（州）在某一年所取得的抗旱效果，如图 7-41 所示。

图 7-36 由实际降水量计算得到的实际旱灾等级

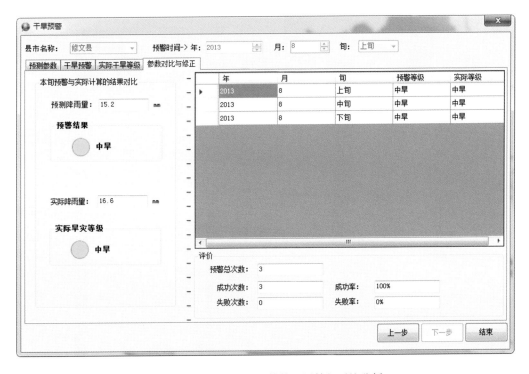

图 7-37 预警与实际计算的干旱等级对比分析

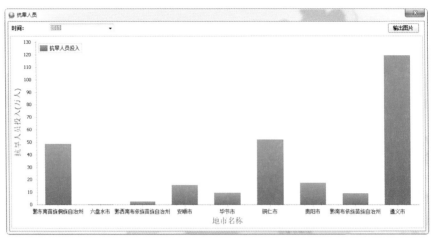

图 7-38 抗旱人员

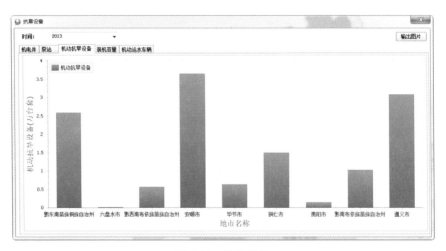

图 7-39 抗旱设备

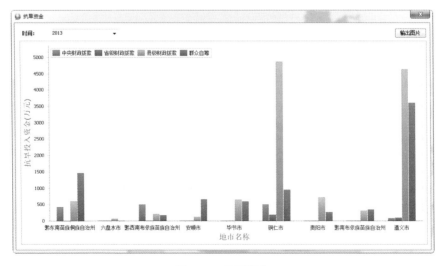

图 7-40 抗旱资金

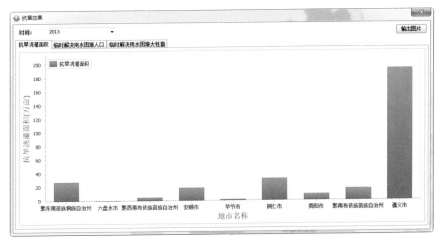

图 7-41　抗旱效果

7.4　结　　论

本系统基于 MicroSoft Visual Stutio 2010 可视化开发平台，采用嵌入 ArcGIS Engine 二次开发组件，实现了对贵州旱灾数据的管理与分析，能够完成旱灾基础数据的载入、旱灾区划、旱灾预测、旱灾风险评估和干旱预警等多个功能，并能够将分析结果以图形、图表的形式进行表达，并按指定格式输出，系统主要功能主要体现在以下几个方面。

（1）旱灾数据管理。将以图形、表格等格式表达的数据，通过数据载入接口，载入数据库，进行统一的管理，提供对数据增加、删除、修改和查询功能，并能够以多种形式进行表达和输出。

（2）旱灾预测、风险评估与干旱预警。针对农业旱灾状况，对贵州省旱灾分布进行空间区划，并基于未来气象数据，根据田间持水量进行灌溉实时预报，根据旱情指数旱灾预测，根据旱灾损失率进行旱情预测；分别在县、乡的空间尺度上对玉米、小麦不同生长期和全生育期的干旱风险状况进行评估；以月、旬为预警时间尺度，在县、乡的空间尺度上进行干旱灾害预警。

（3）成果输出。以专题地图、图表等方式表达旱灾数据的分析结果并输出，使得旱灾数据分析成果能够被多渠道应用。

8 结论与建议

8.1 结　　论

（1）在贵州干旱灾害变化环境研究中，开展了贵州省环境变化的量化研究工作，完成了贵州省典型站点的降水、蒸发、降水蒸发差和径流的趋势性、变异性等气象、水文要素年际基本变化特征，及其在不同时间尺度下的丰枯交替与周期性演变，揭示了贵州省气候变化在时频域内的演变规律和气候因素的时空分布规律。

（2）在贵州干旱灾变规律及致灾机理研究中，在分析贵州旱情规律及特征的基础上，以旱灾损失成灾率为指标，深入分析了贵州旱灾的时空和季节分布特征，并以 2009~2010年连旱、2011 年旱灾、2013 年旱灾作为典型研究对象，以 2008 年非旱灾年份作为对比，通过深入分析各场旱灾发生发展过程中各致灾因素的变化规律、典型农作物受灾时间过程及各场次旱灾的成灾结果，揭示了贵州旱灾的致灾机理。

（3）在贵州典型区干旱灾害风险分区与评估研究方面，以旱灾成灾面积指数为指标，采用信息扩散理论对不同成灾面积指数下的旱灾风险进行了评估。分别以单指标 SPEI和多指标体系对贵州省干旱灾害风险进行研究，得出贵州农业干旱灾害风险区划。根据干旱灾害风险的形成原理，以致灾因子危险性、承灾体暴露性、脆弱性，以及抗旱减灾能力 4 个方面构建了评价指标体系，建立了贵州干旱灾害风险评估模型。

（4）在贵州干旱灾害预测方面，建立了基于土壤含水率指标、作物缺水率指标和实时动态修正的贵州省农业旱情与旱灾预测模型，主要从土壤干旱和作物干旱损失两个方面对干旱和旱灾进行了预报研究。其中，实时动态修正的农业旱情旱灾预测模型能够与天气预测、灌溉管理和土壤含水率监测等相结合，可准确地对农作物旱情及旱灾损失进行动态预测，建议作为贵州农业干旱灾害损失预测的首选方法。

（5）在贵州典型区干旱预警研究方面，利用集对分析可展性，引入同化度等概念建立了多元集对分析模糊预警模型，并采用层次分析法（AHP）确定各指标权重。应用该模型对贵州省修文县、兴仁县、湄潭县、纳雍县、榕江县、印江县 2013 年 8 月上、中、下旬发生的干旱情况进行干旱预警。根据预警结果，提出了针对贵州不同县级行政区不同旱情排警措施。

（6）在贵州干旱灾害管理体系研究方面，建立了贵州省干旱灾害风险管理框架，并初步构建了贵州干旱灾害风险管理体系。在此基础上，提出了贵州干旱的长效抗旱措施和应急抗旱措施的建议。

（7）在贵州干旱灾害综合管理信息系统研发方面，研究以 MicroSoft Visual Stutio 2010 为开发平台，并嵌入 ArcGIS Engine 二次开发组件，开发出了贵州省旱灾形成机理及管理信息系统。该系统具备旱灾基础数据资料的载入和管理、旱灾区划、旱灾预测、旱灾风险评估和干旱预警等多个功能。本系统的开发为贵州省的防旱减灾管理工作提供了技术平台支撑，有效地提高了全省的旱灾信息化管理水平。

8.2 建 议

（1）进一步提高复杂地形下各种气象要素的斑块处理精度。在现有技术条件下，本研究在处理地形和气象要素时，往往将一个县域概化成一个斑块，造成了在同一县域范围内将地形和气象概化成同一种状态，而忽略了县域范围内不同空间、不同地形条件下气象因素的差异性，对研究成果的精度产生了一定影响。随着现代卫星遥感技术的快速发展，气象站网、水文站网等的进一步完善，建议在以后的研究中，将斑块范围进一步细化，充分考虑在不同空间、地形条件下气象要素的差异性，进一步提高成果研究精度。

（2）本研究以玉米、小麦作为贵州典型区干旱风险评估的研究对象，对其不同生育阶段干旱灾害风险的时间和空间分布情况进行分析，并将得到的干旱灾害风险指数和玉米、小麦的产量波动情况进行相关性分析，建立起干旱灾害风险指数和产量的联系。另一方面，在贵州，水稻是农业第一大耗水作物，也最容易受旱灾的影响，研究未将水稻作为干旱风险评估的研究对象中，是此次研究中存在的不足。在今后的研究中，建议结合地域情况，将水稻纳入到研究对象中，对其开展深入研究。

（3）农业是国民经济中的第一产业，其产品及经济效益主要通过露天作业的方式取得，而供水保证程度则相对处于弱势，因此，其也是受旱灾影响最大的部门。基于此，本研究着重对农业旱灾进行重点分析，对贵州农业干旱灾害风险进行区划，对典型区农业干旱灾害风险进行评估等。但另一方面，旱灾对贵州省城乡居民生活、工业、社会治安及生态环境等各行业均产生不同程度的影响，如旱灾容易导致农产品物价上涨，工业生产供水不足，涉水旅游业遭受重创等。因此，在今后的旱灾研究中，也要加大旱灾对其他行业的影响研究深度和广度。

（4）干旱灾害预测预报预警能力有待加强。当前，干旱灾害预测、预报、预警的研究主要分为三大类：一是基于作物、墒情的预测预报预警研究；二是基于气象观测数据的预测预报预警研究；三是基于气陆耦合模式的预测预报预警研究。前两类研究主要是基于某一方面或几方面的因素开展的研究。相比之下，第三类研究考虑的因素更为全面，让大气过程、地表过程、土壤过程和地下过程能够有机结合，其成果精度更高。但受现有观测技术等条件的制约，这类研究还未全面地发展起来。随着卫星遥感等现代技术的快速发展，必将为此类研究找到新的发展途径。在贵州，受经济、技术等因素的影响，旱情信息监测和预测预报能力较弱，旱情采集、传递缺乏必要的监测站网和平台，旱情监测评估和预测分析能力严重滞后。目前水利部门的5个土壤墒情监测系统站点严重偏少，覆盖范围十分有限，难以为科学抗旱决策提供全面、及时、有效的信息，致使抗旱工作缺乏系统和长期技术支撑。在今后一段时间，应加强全省旱情监测站网的建设，并与现代卫星遥感技术、地理信息系统等高新技术有机结合起来，全面提高干旱灾害预测预报预警能力。

（5）旱灾应急管理方案可操作性有待提高。主要表现在：一些地方对水情、旱情信息报送工作不够重视，报送机制不够完善，信息时效性较差，导致一些地方的旱灾不能及时预测；二是抗旱应急物资储备有待加强，目前存在储备物资品种单一，数量不足等问题，抗旱应急处置能力弱；三是基层抗旱应急管理能力较弱，抗旱服务队伍发展滞后，应急机制不够健全。目前，各级政府、部门应急演练对象以消防、地震、山洪等灾害居多，而针对大范围的干旱灾害应急演练较少，部分旱灾应急管理方案可操作性不能得到及时验证，在大范围干旱灾害来临时，各级各部门抗旱应急能力严重不足；因此，在下一步抗旱工作中，我们应努力完善旱情信息报送制度，积极保障应急物资有效储备，大力提高基层抗旱应急管理能力，并有效开展旱灾应急演练，在此基础上，逐步完善旱灾应急管理方案，使其具有更强的可操作性。

（6）努力提高系统推广应用价值。本研究以农业干旱为例，建立了干旱和旱灾预测模型。同时，构建了贵州省干旱灾害风险管理框架，完善了贵州省干旱灾害风险管理体系，并对贵州省旱灾综合管理信息系统进行开发，实现对贵州旱灾数据的管理与分析。今后，在对信息系统进行推广的同时，应不断加强目前较弱的监测手段、信息情报的完善性、抗旱应急物资储备等方面的工作，并将干旱风险对农业外的其他产业的影响纳入系统考虑，同时，随着基础数据系列的延长，不断修正完善系统模型，在此基础上，努力提升系统推广的应用价值，以全面提高全省的抗旱减灾工作管理水平。

参 考 文 献

白玉双, 马建, 武金贤等. 2007. 呼伦贝尔地区春末至初夏干旱气候特征及预测. 内蒙古农业科技, (7): 51~53

拜存有, 苏莹, 郭旭新. 2010. 流域水文过程变点分析研究综述. 水资源与水工程学报, 21(1): 83~86

陈隆勋, 朱文琴, 王文等. 1998. 中国近 45 年来气候变化的研究. 气象学报, 56(3): 257~271

陈涛, 刘兰芳, 肖兰等. 2008. 利用环流特征量进行衡阳干旱预测及其系统开发. 贵州气象, 32(1): 21~23

程静, 彭必源. 2010. 干旱灾害安全网的构建——从危机管理到风险管理的战略性变迁. 孝感学院学报, 30(4): 79~82

迟道才, 王海南, 李雪等. 2011. 灰色新陈代谢 GM(1, 1)模型在参考作物腾发量预测中的应用研究. 节水灌溉, (8): 32~35

迟道才, 张兰芬, 李雪等. 2013. 基于遗传算法优化的支持向量机干旱预测模型. 沈阳农业大学学报, 44(2): 190~194

迟道才, 张宁宁, 袁吉等. 2006. 时间序列分析在辽宁朝阳地区干旱灾变中的应用. 沈阳农业大学学报, 37(4): 627~630

丛建鸥, 李宁, 许映军等. 2010. 干旱胁迫下冬小麦产量结构与生长、生理、光谱指标的关系. 中国生态农业学报, 18(1): 67~71

丁一汇, 任国玉, 赵宗慈等. 2007. 中国气候变化的检测及预估. 沙漠与绿洲气象, 1(1): 1~10

段晓凤, 刘静, 张晓煜等. 2012. 基于旱灾指数的宁夏小麦产量分析. 干旱气象, 30(1): 71~76

樊高峰, 张勇, 柳苗等. 2011. 基于支持向量机的干旱预测研究. 中国农业气象, 32(3): 475~478

房巧敏, 龚道溢, 毛睿. 2007. 中国近 46 年来冬半年日降水变化特征分析. 地理科学, 27(5): 711~717

冯蜀青, 殷青军, 肖建设等. 2006. 基于温度植被旱情指数的青海高寒区干旱遥感动态监测研究. 干旱地区农业研究, 24(5): 141~145

冯新灵, 冯自立, 罗隆诚等. 2008. 青藏高原冷暖气候变化趋势的 R/S 分析及 Hurst 指数试验研究. 干旱区地理, 31(2): 175~181

符淙斌, 温刚. 2002. 中国北方干旱化的几个问题. 气候与环境研究, 7(1): 22~29

宫德吉, 郝慕玲, 侯琼. 1996. 旱灾成灾综合指数的研究. 气象, 22(10): 3~7

龚宇, 张红红. 2010. 区域作物旱灾产量和经济损失定量估算——以唐山地区为例. 中国农学通报, 26(23): 375~379

顾颖, 刘静楠, 薛丽. 2007. 农业干旱预警中风险分析技术的应用研究. 水利水电技术, 38(4): 61~64

顾颖. 2006. 风险管理是干旱管理的发展趋势. 水科学进, 17(2): 296~298

郭娟, 师庆东. 2008. 南疆地区近 41 年的温度变化及其对农业生产的影响. 干旱区资源与环境, 22(9): 76~82

郭文献, 夏自强, 王鸿翔. 2008. 近 50 年来长江宜昌站水温变化的多尺度分析. 水利学报, 39(11): 1197~1203

国家防汛抗旱总指挥部办公室. 2010. 防汛抗旱专业干部培训教材. 北京: 中国水利水电出版社

韩爱梅, 宋喜柱, 原文国. 2007. 晋中市主要秋作物生育关键期干旱预测系统研究. 山西农业科学, 35(10): 53~55

韩萍, 王鹏新, 王彦集等. 2008. 多尺度标准化降水指数的 ARIMA 模型干旱预测研究. 干旱地区农业研究, 26(2): 212~218

郝润全, 白美兰, 乌兰巴特尔. 2006. 内蒙古地区农业干旱预测方法研究. 干旱区资源与环境, 20(4): 92~96

侯姗姗, 王鹏新, 田苗. 2011. 基于相空间重构与 RBF 神经网络的干旱预测模型. 干旱地区农业研究,

29(1): 224~230

胡家敏, 李继新, 陈中云等. 2010. 贵州省植烟土壤干旱预测模型初步研究. 水利水电科技进展, 30(5): 45~49

姜翔程, 陈森发. 2009. 加权马尔可夫 SCGM(1, 1)_c 模型在农作物干旱受灾面积预测中的应用. 系统工程理论与实践, 29(9): 179~184

金彦兆, 王亚竹, 王军德. 2010. 基于旱灾面积的粮食损失评估模型研究. 人民黄河, 32(11): 21~22

康西言, 李春强, 马辉杰等. 2011. 基于作物水分生产函数的冬小麦干旱评估模型. 中国农学通报, 27(8): 274~279

雷红富, 谢平, 陈广才等. 2007. 水文序列变异点检验方法的性能比较分析. 水电能源科学, 25(4): 36~40

李凤霞, 伏洋, 冯蜀青. 2003. 青海省干旱服务系统设计与建立. 青海气象, (4): 42~48

李涵茂, 方丽, 贺京等. 2012. 基于前期降水量和蒸发量的土壤湿度预测研究. 中国农学通报, 28(14): 252~257

李景保, 王克林, 杨燕等. 2008. 洞庭湖区 2000~2007 年农业干旱灾害特点及成因分析. 水资源与水工程学报, 19(6): 1~5

李俊亭, 竹磊磊, 李晔. 2010. 河南省春季降水的气候特征及干旱预测. 人民黄河, 32(12): 68~70

李茂稳, 李秀华. 2002. 承德旱灾成因分析及防灾减灾思考. 河北水利水电技术, (4): 37

李维京, 赵振国, 李想等. 2003. 中国北方干旱的气候特征及其成因的初步研究. 干旱气象, 21(4): 1~5

李艳春, 桑建人, 舒志亮. 2008. 用最长连续无降水日建立宁夏的干旱预测概念模型. 灾害学, 23(1): 10~13

李玉爱, 郭志梅, 栗永忠等. 2001. 大同市短期农业气候干旱预测系统. 山西气象, (1): 38~42

李振朝, 韦志刚, 文军等. 2008. 近 50 年黄土高原气候变化特征分析. 干旱区资源与环境, 22(3): 57~62

李政, 苏永秀. 2009. 1961—2004 年广西降水的变化特征分析. 中国农学通报, 25(15): 268~272

李智飞, 胡泽华. 2013. 旱涝事件主客体系统研究. 珠江现代建设, (4): 10~14

李祚泳, 彭荔红. 1999. 四川旱涝时间分布的变维分形特征. 厦门大学学报(自然科学版), 38(4): 599~603

厉玉升, 杨继武, 罗新兰等. 2000. 玉米生育模拟模式区域应用研究之水分利用子模式. 河南气象, (1): 29~30

林盛吉, 许月萍, 田烨等. 2012. 基于 Z 指数和 SPI 指数的钱塘江流域干旱时空分析. 水力发电学报, 31(2): 20~26

刘海涛, 张向军, 李绣东等. 2009. 和田河流域 1954—2007 年气温及降水特征分析. 沙漠与绿洲气象, 3(4): 26~30

刘建栋, 王馥棠, 于强等. 2003. 华北地区农业干旱预测模型及其应用研究. 应用气象学报, 14(5): 593~604

刘俊民, 苗正伟, 崔娅茹. 2008. GM(1, 1)模型在宝鸡峡灌区干旱预测中的应用. 人民黄河, 30(3): 52~55

刘康平, 罗静, 郑自君. 2011. 德阳市西部近 52a 降水变化特征. 贵州气象, 35(5): 33~39

刘义军, 唐洪. 2003. 西藏农区初夏干旱预测热力概念模型的研究. 西藏科技, (4): 51~56

卢爱刚. 2009. 1951—2002 年中国降水变化区域差异. 生态环境学报, 18(1): 46~50

吕娟. 2013. 我国干旱问题及干旱灾害管理思路转变. 中国水利, (8): 7~13

罗隆诚, 冯新灵, 陈峰等. 2007. 南充近 50 年极端气候变化研究. 绵阳师范学院学报, 26(8): 95~106

罗哲贤, 马镜娴. 1997. 混沌动力学及其在干旱预测中的应用. 甘肃气象, 15(3): 1~4

马振锋, 彭骏, 高文良等. 2006. 近 40 年西南地区的气候变化事实. 高原气象, 25(4): 633~642

宁亮, 钱永甫. 2008. 中国年和季各等级日降水量的变化趋势分析. 高原气候, 27(5): 1010~1020

彭高辉, 张振伟, 马建琴等. 2012. 基于可公度理论的安徽省干旱预测. 水电能源科学, 30(9): 6~8

蒲金涌, 邓振镛, 姚小英等. 2005. 甘肃省冬小麦生态气候分析及适生种植区划. 干旱地区农业研究,

23(1): 179~186

祁宦, 朱延文, 王德育等. 2009. 淮北地区农业干旱预警模型与灌溉决策服务系统. 中国农业气象, 30(4): 596~600

曲迎乐, 高晓清, 陈文等. 2008. 近50年来我国东、西部地面气温和降水变化对比的初步分析. 高原气象, 27(3): 524~529

桑国庆. 2006. 区域干旱风险管理研究. 济南: 山东大学硕士学位论文

桑燕芳, 王栋, 吴吉春. 2010. 水文序列噪声成分小波特性的揭示与描述. 南京大学学报(自然科学), 46(6): 643~653

邵骏, 袁鹏, 李秀峰等. 2008. 基于最大熵谱估计的水文周期分析. 中国农村水利水电, (1): 30~33

史东超. 2011. 河北省唐山市干旱状况与旱灾成因分析. 安徽农业科学, 39(8): 4684~4686

史培军. 1991. 论灾害研究的理论与实践. 南京大学学报(自然科学版), (11): 37~42

史培军. 1996. 再论灾害研究的理论与实践. 自然灾害学报, 11(4): 6~17

史培军. 2002. 三论灾害系统研究的理论与实践. 自然灾害学报, 11(3): 1~9

史培军. 2005. 四论灾害系统研究的理论与实践. 自然灾害学报, 14(6): 1~7

史培军. 2009. 五论灾害系统研究的理论与实践. 自然灾害学报, 18(5): 1~9

孙卫国, 程炳岩, 李荣. 2009. 黄河源区径流量与区域气候变化的多时间尺度相关. 地理学报, 64(1): 117~127

唐明, 邵东国. 2008. 旱灾风险管理的基本理论框架研究. 江淮水利科技, (1): 7~9

田红. 2007. 江淮地区极端气候事件的时空变化特征. 自然灾害学报, 6(6): 36~41

田苗, 王鹏新, 韩萍等. 2013. 基于SARIMA模型和条件植被温度指数的干旱预测. 农业机械学报, 44(2): 109~116

田苗, 王鹏新, 侯姗姗等. 2013. 基于相空间重构与RBF神经网络模型的面上干旱预测研究. 干旱地区农业研究, 31(6): 164~168

田苗, 王鹏新, 严泰来等. 2012. Kappa系数的修正及在干旱预测精度及一致性评价中的应用. 农业工程学报, 28(24): 1~7

汪青春, 秦宁生, 唐红玉等. 2007. 青海高原近44年来气候变化的事实及其特征. 干旱区研究, 24(2): 234~239

汪哲苏, 周玉良, 金菊良等. 2010. 改进马尔可夫链模型在梅雨和干旱预测中的应用. 水电能源科学, 28(11): 1~4

王璨, 周秀平, 王文圣. 2012. 窟野河洪水序列变异点综合诊断. 水电能源科学, 30(7): 50~53

王澄海, 王芝兰, 郭毅鹏. 2012. GEV干旱指数及其在气象干旱预测和监测中的应用和检验. 地球科学进展, 27(9): 957~968

王建华, 郭跃. 2007. 2006年重庆市特大旱灾的特征及其驱动因子分析. 安徽农业科学, 35(5): 1290~1292

王鹏祥, 何金海, 郑有飞等. 2007. 近44年来我国西北地区干湿特征分析. 应用气象学报, 18(6): 769~775

王让会, 卢新民. 2002. 干旱区自然灾害监测预警系统的一般模式——以塔里木盆地为例. 干旱区资源与环境, 16(4): 64~68

王石立, 娄秀荣. 1997. 华北地区冬小麦干旱风险评估的初步研究. 自然灾害学报, 6(3): 65~70

王小玲, 翟盘茂. 2008. 1957~2004年中国不同强度级别降水的变化趋势特征. 热带气象学报, 24(5): 4509~466

王彦集, 刘峻明, 王鹏新等. 2007. 基于加权马尔可夫模型的标准化降水指数干旱预测研究. 干旱地区农业研究, 25(5): 198~203

王英, 迟道才. 2006. 应用改进的灰色GM(1,1)模型预测阜新地区干旱发生年. 节水灌溉(2): 24~25

王志南, 朱筱英, 柳达平等. 2007. 基于干旱自然过程的干旱指数研究和应用. 南京气象学院学报,

　　　30(1): 134~139

魏芳芳. 2012. 东北地区气候时空变异特征研究. 长春: 东北师范大学硕士学位论文

魏凤英. 2003. 华北干旱的多时间尺度组合预测模型. 应用气象学报, 14(5): 583~592

翁白莎, 严登华. 2010. 变化环境下我国干旱灾害的综合应对. 中国水利, (7): 4~7

伍红雨, 王谦谦. 2003. 近49年贵州降水异常的气候特征分析. 高原气象, 22(1): 65~70

席北风, 贾香凤, 武书龙等. 2007. 干旱预警指标初探. 山西水利, 23(5): 12~13

向辽元, 陈星, 黎翠红等. 2007. 近55年中国大陆地区降水突变的区域特征. 暴雨灾害, 26(2): 149~153

肖志强, 尚学军, 樊明等. 2002. 陇南春旱指数与冬小麦产量关系及预测研究. 中国农业气象, 23(1):
　　　9~11

徐利岗, 周宏飞, 李彦等. 2008. 中国北方荒漠区降水稳定性与趋势分析. 水科学进展, 19(6): 792~799

徐启运, 张强, 张存杰等. 2005. 中国干旱预警系统研究. 中国沙漠, 25(5): 785~789

徐宗学, 张楠. 2006. 黄河流域近50年降水变化趋势分析. 地理研究, 25(1): 27~34

许文宁, 王鹏新, 韩萍等. 2011. Kappa系数在干旱预测模型精度评价中的应用——以关中平原的干旱预
　　　测为例. 自然灾害学报, 20(6): 81~86

薛昌颖, 霍治国, 李世奎等. 2003. 华北北部冬小麦干旱和产量灾损的风险评估. 自然灾害学报, 12(1):
　　　131~139

薛丽, 顾颖. 2007. 南方农业干旱风险管理及干旱预警. 湖南水利水电, (1): 38~40

闫淑敏. 2008. 灾害危机管理中的人力资源能力提升研究. 科学管理研究, 26(2): 76~79

杨启国, 杨金虎, 魏锋等. 2006. 甘肃河东地区春小麦生育期干旱指数的时空特征. 干旱区研究, 23(4):
　　　644~649

杨太明, 陈金华, 李龙澍. 2006. 安徽省干旱灾害监测及预警服务系统研究. 气象, 32(3): 113~117

杨永生. 2007. 粤北地区干旱监测及预警方法研究. 干旱环境监测, 21(2): 79~82

殷红, 张美玲, 辛明月等. 2011. 近50年沈阳气温变化与城市化发展的关系. 生态环境学报, 20(3):
　　　544~548

游珍, 徐刚. 2003. 农业旱灾中人为因素的定量分析——以秀山县为例. 自然灾害学报, 12(3): 19~24

袁素芬, 唐海萍. 2008. 全球气候变化下黄土高原泾河流域近40年的气候变化特征分析. 干旱区资源与
　　　环境, 22(9): 43~48

曾玉珍, 穆月英. 2011. 农业风险分类及风险管理工具适用性分析. 经济经纬(2): 128~132

翟盘茂, 潘晓华. 2003. 中国北方近50年温度和降水极端事件变化. 地理学报, 58(增刊): 1~10

张秉祥. 2013. 河北省冬小麦干旱预测技术研究. 干旱地区农业研究, 31(2): 231~237

张存杰, 董安祥, 郭慧. 1999. 西北地区干旱预测的EOF模型. 应用气象学报, 10(4): 503~508

张国庆. 2012. 灾害管理理论研究. 现代农业科技, (10): 22~23

张国桃. 2004. 雷州半岛干旱特性及预测研究. 武汉: 武汉大学硕士学位论文

张和喜, 迟道才, 王永涛等. 2014. 基于灰色模型贵州喀斯特典型区域旱情规律研究及预测. 中国农村
　　　水利水电, (3): 48~53

张继权, 严登华, 王春乙等. 2012. 辽西北地区农业干旱灾害风险评价与风险区划研究. 防灾减灾工程
　　　学报, 32(3): 300~306

张家团, 屈艳萍. 2008. 近30年来中国干旱灾害演变规律及抗旱减灾对策探讨. 中国防汛抗旱, (5):
　　　47~52

张磊, 潘婕, 陶生才. 2013. 1961—2011年临沂市气温变化特征分析. 中国农学通报, 29(5): 204~210

张琪, 张继权, 严登华等. 2011. 朝阳市玉米不同生育阶段干旱灾害风险预测. 中国农业气象, 32(3):
　　　451~455

张强, 潘学标, 马柱国等. 2009. 干旱. 北京: 气象出版社

张润润. 2010. 基于风险管理的干旱防灾减灾计划. 水资源保护, 26(2): 83~87

张树誉, 杜继稳, 景毅刚等. 2009. 陕西省干旱监测预测评估业务平台. 陕西气象, (6): 31~34

张遇春, 张勃. 2008. 黑河中游近49年降水序列变化规律及干旱预测——以张掖市为例. 干旱区资源与环境, 22(1): 84~88

赵俊芳, 郭建平. 2009. 内蒙古草原生长季干旱预测统计模型研究. 草业科学, 26(5): 14~19

赵利红. 2007. 水文时间序列周期分析方法的研究. 南京: 河海大学硕士学位论文

赵少华, 杨永辉, 邱国玉等. 2007. 河北平原34年来气候变化趋势分析. 资源科学, 29(4): 109~113

赵同应, 王华兰, 魏宗记等. 1998. 山西省农业干旱预测模式. 中国农业气象, 19(3): 43~47

赵艳霞, 王馥棠, 裘国旺. 2001. 冬小麦干旱识别和预测模型研究. 应用气象学报, 12(2): 234~241